我们为什么会做梦

Exploring the Science
and
Mystery of Sleep

When
Brains
Dream

[加] 安东尼奥·扎德拉
Antonio Zadra

[美] 罗伯特·斯蒂克戈尔德
Robert Stickgold

著

向南 译

让梦
不再神秘的
新科学

U0346975

机械工业出版社
CHINA MACHINE PRESS

图书在版编目（CIP）数据

我们为什么会做梦：让梦不再神秘的新科学 /（加）安东尼奥·扎德拉（Antonio Zadra），（美）罗伯特·斯蒂克戈尔德（Robert Stickgold）著；向南译 . —北京：机械工业出版社，2024.5

书名原文：When Brains Dream: Exploring the Science and Mystery of Sleep

ISBN 978-7-111-75554-8

Ⅰ. ①我… Ⅱ. ①安… ②罗… ③向… Ⅲ. ①梦 – 精神分析 Ⅳ. ① B845.1

中国国家版本馆 CIP 数据核字（2024）第 071197 号

机械工业出版社（北京市百万庄大街 22 号　邮政编码 100037）
策划编辑：向睿洋　　　　　　　责任编辑：向睿洋
责任校对：樊钟英　丁梦卓　　　责任印制：常天培
北京铭成印刷有限公司印刷
2024 年 9 月第 1 版第 1 次印刷
147mm × 210mm · 10.125 印张 · 1 插页 · 216 千字
标准书号：ISBN 978-7-111-75554-8
定价：69.00 元

电话服务　　　　　　　　　　网络服务

客服电话：010-88361066　　　机　工　官　网：www.cmpbook.com
　　　　　010-88379833　　　机　工　官　博：weibo.com/cmp1952
　　　　　010-68326294　　　金　书　网：www.golden-book.com
封底无防伪标均为盗版　　机工教育服务网：www.cmpedu.com

前言

梦为何物？梦从何来？有何深意？世间又为何有梦？数千年来，人类一直试图解开这些疑惑，可惜苦求无果。不过，自 19 世纪以来，科学家又反复提出这些问题，力图揭示大脑、思维和梦之间的关系。如今到了 21 世纪，我们离答案可能只有咫尺之遥了。

和其他人一样，翻开这本书时，你大概对梦已经有了一些认识。对一些人来说，"做梦的科学"听上去是很矛盾的，甚至是不可能实现的事。科学家研究那些我们能够看到并测量的事物和过程，研究我们生活在其中的、可见的、可量化的世界，它囊括从无限微小到浩渺宇宙之间的万物。相比之下，梦是主观事件，除了梦者，谁都看不见。外人无法得知梦里发生了什么，除非梦者亲口诉说他对梦仅有的、支离破碎且时常模糊不清的回忆。对另一些人来说，科学解释只会削弱甚至摧毁梦所固有的神秘与奇妙。还有人笃信科学已经表明，梦只是人在沉睡时脑中神经元无意义随机放电的反映。而我们认为，这些离真相都还差了十万八千里。我们坚决主张的，也正是以上所有说法的对立陈述。

我们从 20 世纪 90 年代初开始致力于梦的研究，目前已经合作发表了 200 多篇关于睡眠和梦的科学论文。但是对我们俩来说，睡梦的神秘感和奇妙之处仍与日俱增。实际上，长久以来对睡梦这一共同体验的迷恋，即对人为何以及如何做梦的兴趣，正是我们决定写这本书的初心。大量关于睡眠脑和梦本质的近期研究和见解表明，在心理学和神经学上，梦都是重要而有意义的体验。

在本书中，我们从探究孩子是如何逐步理解什么是梦和做梦开始。接下来，我们会带你进入梦的研究之旅，向你描述早期的梦之探险者在 19 世纪做出的贡献：他们开拓性的方法及思路引出了许多研究梦的科学手段。我们会从你可能感到新鲜的角度，来回顾一下西格蒙德·弗洛伊德（Sigmund Freud）和卡尔·荣格（Carl Jung）的著作。你会了解到关于快速眼动（Rapid Eye Movement，REM）睡眠，也就是那些最生动的梦境发生之时的研究。你会了解到学界当前对睡眠功能的理解，以及围绕梦的潜在功能展开的争论。我们会告诉你什么样的人会做梦，他们何时做梦，以及他们一般会梦到什么。我们会谈及其他动物是否也会做梦，还会深入探究典型梦、重复梦、性梦和梦魇。我们会仔细探讨梦是如何提高创造力，又是如何促进个体领悟的。我们会探索清醒梦的世界，以及具有心灵感应的梦和预知梦，并且，可能最令你感到兴奋的是，我们还会提出关于人为何做梦的新见解。

将睡眠和梦境领域中许多极有趣的神经科学理论和前沿发现综合在一起，我们提出了关于人为何做梦的全新模型。我们称为 NEXTUP，即"对可能性理解的网络式探索"（Network Exploration to Understand Possibilities）。通过详细介绍 NEXTUP 的工作原理，我们会告诉你人脑为何需要做梦。同时，我们也会给出开篇四个问题的新答案，即梦的定义、起源、含义及意义。

在此过程中，我们会为许多有关做梦的观点提供实证依据：我们不仅仅在快速眼动睡眠期做梦，也不只做黑白色的梦。此外，我们的梦很少受到被压抑的欲望的驱使。梦能够以一种我们在清醒时做不到的方式，真实地预测未来。此外，做梦是有认知基础的。梦境如此真实而有意义，不是毫无来由的。你会了解到盲人的梦，以及大脑又是从何处获得构建梦所需要的图像和概念的。我们会介绍我们所认为的对梦魇和许多其他与梦有关的疾病的新颖见解。你将能够更好地理解自己以及他人的梦。你会发现，即使我们对梦的认识已经有了这么多拓展，但梦的领域仍然充斥着令人好奇的神秘与奇妙之处。

愿你在阅读此书时，亦能感受到我们写书时的欣喜之情。

WHEN BRAINS
DREAM

目录

第1章　梦之畅想

　　"梦：名词，指睡眠期间产生的一系列想法、图像或情绪。"这就是大多数词典对本书核心主题的定义。虽然此定义为探讨什么是梦以及如何看待梦等问题提供了合理的出发点，但更多的问题随之而来。例如，这些想法、图像和情绪从何而来？它们与清醒状态下的那些有何关联？以及，我们究竟为什么要做梦呢？

　　我们将在本书中回答的这些问题，绝非由我们首次提出。人类对于梦的起源和含义的疑惑与人类自身的存在一样悠久。从已有 4000 年历史的《吉尔伽美什史诗》（世界上记载的最古老的故事），到古希腊哲学和现代医学的诞生，即便人们对梦有误解，梦在人类历史上也一直是一种特殊的存在。梦在许多古代文献中占有重要地位，包括《旧约》《塔木德》《奥义书》（公元前 1000 年至 800 年间著成的印度精神信仰论著），荷马的《奥德赛》和《伊利亚特》，希波克拉底的《梦》，以及亚里士多德的至少三部作品——《梦》《论睡与醒》和《梦的预言》。正如许多其他经典著作一样，这些不朽之作在谈及梦时都不吝笔墨，而且它们通常都为那些精彩的问题提供了明确但又矛盾的答案。梦是预兆吗？它是神明的示意吗？它代表着更真实、更高级的现实吗？我们该如何理解它的含义？先祖们对这些问题的回答不仅仅影响了人们对梦的认知，还深刻影响了人们如何看待人类的处境以及人类在这个茫茫未知世界中的角色。

因此，不足为奇的是，许多学者对关于梦的历史文献的回顾[1]，包括最早的已知文明的记载到 20 世纪的著作，都发现梦在世界上所有主要宗教的建立中，在人类对宇宙、死亡的本质，以及俗世与神界及神性交互方式的认识过程中，均起到了重要作用。在某种很现实的意义上，梦塑造了人们对世界的认识，包括对人类在世界中所处的位置。

现在，请你从更个人的角度上来思考这个观点：几乎可以肯定，梦影响了你理解周遭世界的方式。不认同？那就让我们来仔细看看孩子如何逐渐理解成年人所说的梦和做梦是指什么。这件事并非轻而易举。

大多数人可能最先是在否定性陈述里听到梦这个字的："不，亲爱的，那只是一个梦！"但是对年幼的我们来说，这句话于事无补。怪物、恐龙、坏人就在我们面前，然后父母告诉我们这只是一个梦？世界上还有什么东西是梦？他们说这话是什么意思，只是一个梦？只是个玩具？只是个鬼？只是有人打扮得像个怪物？只是住在壁橱或床下的一些可怕但很可能不会伤害我们的东西？那个字究竟意味着什么？如今我们对梦这个事物已经如此熟悉，以至于我们都忘了在当时那个年纪里，它是一个多么奇怪而不真实的概念。

我们可以通过许多不同的方式来思考梦，而每种方式都有一定的意义。也许，最初也是最简单的解释是，梦中的经历确实发生了。鲍勃⊖的女儿杰西在两岁时，她的祖父伊尔夫给了她一只用木头和纱线制成的木偶鸭（见图1-1）。他让它走来走去，叫着"嘎嘎，嘎嘎"，随后亲吻了她。杰西喜欢这只鸭，她让鲍勃和伊尔夫在她睡觉前把木偶挂在卧室的墙上。

图 1-1 杰西的玩偶

⊖ 鲍勃（Bob）是第二作者名字罗伯特（Robert）的简称。——译者注

但是当晚晚些时候，鲍勃听到了楼上传来惊恐的尖叫声。他飞奔到杰西的房间，看到她紧贴着婴儿床栏杆站着，慌张地向他伸出双臂。当鲍勃抱起她时，她在他的怀里转过身，低头看到了她的婴儿床，尖叫道："我的床上有只鸭子!"

我们成年人都知道梦虽然不真实，但可以看上去真实无比。但在杰西这个年龄段，她要花一些时间才能知道它并不是真实的。的确，要达到成年人对梦的理解绝非易事。

当托尼[⊖]的侄子塞巴斯蒂安五岁时，也就是杰西拿到木偶鸭时的年龄的两倍大时，他对梦已经有了非常好的理解。但是塞巴斯蒂安的理解经不起托尼的追问。以下讨论来自托尼的回忆。

托尼：塞巴斯蒂安，告诉我，你是不是有时能记得自己的梦？

塞巴斯蒂安：是的。

托尼：很好。这些梦是在哪里发生的？

塞巴斯蒂安：嗯……它们像是在我面前发生的。

托尼：怎么在你面前发生？

塞巴斯蒂安：它们就发生在我眼前。我亲眼看到的。

托尼：当你有梦的时候，你是睡着了还是清醒的？

塞巴斯蒂安：（怪怪地看了托尼一眼）睡着了。

托尼：好。那你是睁着眼睛睡的，还是闭着眼睛睡的？

塞巴斯蒂安：当然是闭着眼睡的。

⊖　托尼（Tony）是第一作者名字安东尼奥（Antonio）的简称。——译者注

托尼：那么，如果你睡觉时是闭着眼睛的，你怎么能看到自己的梦呢？

塞巴斯蒂安：（愣住了一会儿）妈妈！托尼叔叔又在问我那些愚蠢的问题！

可怜的塞巴斯蒂安！托尼将这些问题重复了几年，但是我们已经可以从中学到好几点。首先，家里有个研究梦的学者并不总是件好事。其次，尽管塞巴斯蒂安已经五岁了，但当他意识到即使闭上眼睛也能看到画面时，他还是会感到困惑，而且他不知道这是怎么回事。想想托尼的问题，你会如何回答？也许你会解释说，这就像闭上眼睛想象某个事物时那样。你说得对，部分对了。但是这并不算回答了问题。你是怎么想象出一个画面的呢？为什么做梦时的画面要比想象中的生动可信十倍？当大脑做梦时，它如何创造与清醒时一样真实的视觉、听觉和触觉？塞巴斯蒂安不是唯一一个对此感到困惑的人。为了让梦的故事更具合理性，我们必须解决梦是什么这个问题。

为了理解梦的概念，孩子和成年人需要有比最初用眼睛和想象来认识世界时更强的洞察力。而且，不管你是否还记得，在试图弄清楚这些所谓的"梦"到底是什么时，我们都经历了一个非常相似的过程。

伟大的瑞士心理学家让·皮亚杰（Jean Piaget）系统地研究了儿童对梦的理解。这是他在儿童认知发展领域中的开创性工作之一。他发现大多数学龄前儿童认为梦是真实的，梦来源于梦者的外部世界，并且可以被他人看到。直到六到八岁之间的某个时候，大多数孩子才意识到梦境不仅是假想的，而且是别人无法观察到的。根据皮亚杰的说法，直到十一岁左右，孩子们才完全了解梦的非物质性、私密性及内部性。

大约三十年以后，在 1962 年，加拿大蒙特利尔的研究人员莫妮克·洛朗多（Monique Laurendeau）和阿德里安·皮纳尔（Adrien Pinard）进行了规模最大、后来被广泛引用的关于儿童对梦的认识的研究之一[2]。洛朗多和皮纳尔向 500 名 4 至 12 岁的孩子询问了关于梦的各种问题，包括"你知道梦是什么吗"和"你在做梦时，梦是在哪里发生的"。这是他们关于儿童因果思维发展研究的一部分。与皮亚杰的观察相一致，研究人员描述了儿童理解梦的四个阶段，标为阶段 0 至 3。在第一阶段（0），有一半左右的 4 岁儿童不理解梦是什么，甚至理解不了问题。之后，在第二阶段（1），孩子们认为梦与清醒时的生活体验一样真实，梦的存在是独立于梦者的，并且房间里的观察者能够旁观到他们的梦。第三阶段（2）是一个中间阶段，不到一半的 6 岁孩子对梦的认识发生变化，从认为梦是发生"在我眼前"或"在我卧室里"的外部事件，过渡到认为梦是发生"在我脑海里"的电影一般的事物。最后的第四阶段（3）通常发生在 8 到 10 岁，此时孩子们能完全理解梦是内在的、私密的和假想的心理体验。

更多的近期研究工作表明，一些孩子早在 3 到 5 岁时就已经意识到梦不是外部世界的一部分。我们将在第 6 章中讨论孩子何时开始做梦以及他们都会梦到什么。即便如此，要达到成年人对梦的理解水平，其间涉及的步骤仍然相同：我们首先会认为梦是现实世界的一部分，接着会理解它的不真实性，然后会理解其私密性，最后才定位出梦的发生场所是在我们的脑海里。顺序上存在一些差异。比如，一些孩子虽然会说梦"在我的头脑里"，但仍旧认为他们的梦是真实的，并且对外部观察者可见，例如在旁边睡觉的人或是在卧室里的其他人。还有些孩子理解梦的私密性和主观性，但他们仍然坚持认为梦境是真实存在的，至少当他们身临梦境时它是真实存在的。当然，有些成年人也这么认为。

而且，即使在理解了梦的非真实性、私密性和内部性之后，在被问到梦从何而来时，一些孩子仍然回答梦来自空气、天空或夜晚。基于文化和信仰，一些孩子会说梦的来源是超自然的，例如上帝或天堂。正如洛朗多和皮纳尔所提及的那样："所有水平上的孩子都可能将梦源指向神明和超自然，这绝不意味着一种浅显的认识。事实上，即使是最肯定梦的主观性和个体差异性的孩子，也经常会提及神力的出现。"[3]

在许多方面，儿童对梦的认识发展反映了千年来人类社会对梦的认识的演变。也许，当我们从童年早期过渡到下一阶段时，我们会相信我们已经理解了梦的含义及来源，而实际上，我们只是内化了长辈告诉我们的梦的含义和来源。如果我们并不知道梦是发生在"你的头脑中"的，而是被告知梦是由更高的存在带来引导或欺骗我们的，或者梦把我们带到了现世或神界中真实存在的地方，那我们又会如何反应？

要达到成年人对梦的现代认识，显然要经历多个认知阶段。但是，我们自己的睡梦体验，加上父母、朋友和社会对梦的叙述，都影响着我们最终看待这些令人困惑的夜间体验的方式，包括这种体验的来源、价值、意义和无意义性。

让我们暂且回到那个观点：对梦的理解需要区分真实事件和想象事件的能力。作为成年人，有时我们会想起一段回忆，然后问自己："那真的发生过吗？还是只是我梦到的？"通常这些都是模糊的回忆，很难道明时间地点。但是有时候，回忆可以是很清晰的。鲍勃的同事汤姆·斯卡梅尔（Tom Scammell）是一名内科医生兼研究者，他研究睡眠障碍发作性睡病（sleep disorder narcolepsy），一种影响睡眠 – 觉醒周期控制的神经系统疾病。某天，他找到鲍勃，向他描述了一个患有发作性睡病的病人，一个年轻女孩。她从楼梯上飞扑下来，好向哥哥展示她会飞。你猜到了，她重重地从楼梯上摔下来了。但是她不听劝，因为她非常确定自己会飞，所以她重新爬上楼梯，然后开始第二次尝试！她曾梦到过一次无比真实的飞行，以至于她确信她真的飞过。汤姆对鲍勃说："我想这样的例子比比皆是。"

事实证明，他是对的。鲍勃和汤姆跟在波士顿及荷兰的其他同事一起进行了一项研究[4]。他们向 46 个发作性睡病患者和 41 个"对照组"参与者问了如下问题："你是否有过不确定某件事是真实存在，还是来源于梦中的体验？"在后续采访中，研究人员肯定地说，有发作性睡病的人至少会花费数个小时来谈论那些令其恍惚的经历，他们还会为此寻求其他信息来弄清楚那些事是否确实发生过。相比之下，只有约 15% 的对照组参与者描述了自己不确定某件事是梦还是现实的经历。而且只有两个人报告说，这种经历发生了不止一次。对比鲜明的是，超过四分之三的被访患者描述了这种经历，而且除一名患者外，其他所有患者都报告说他们至少每月经历一次这种体验。实际上，三分之二的人说他们每周至少经历一次这种体验！

虽然一般来说，发作性睡病患者所报告的梦会比其他人报告的更加生动，但是在访谈中，与没有经历过亦梦亦真体验的患者相比，有经历的患者所报告的梦并没有比前者的更加生动，因此不能将他们的恍惚感觉归因于梦的生动程度。相反，可能是相关的神经病变和神经化学异常让患者对正在发生的梦产生了异常强烈的记忆，从而导致了这种体验的发生。截至本文撰写之时，我们仍然不知道为什么发作性睡病患者会遭受到这种困扰。

然而我们很清楚，这种恍惚感非常强，而且严重影响了他们的生活。该研究中，有一位患者曾梦见一个在附近的湖中溺水的年轻女孩，醒后他让妻子收看当地新闻，因为他确定这件事一定会被报道出来。另一位患者经历了对丈夫不忠的性梦。她确信自己真的出轨了，而且一直深感内疚，直到她偶遇了"梦中情人"，才意识到他们已经有好几年没见面了，也不曾有过任何恋情。还有几位患者梦见他们的父母、孩子或宠物去世了，他们信以为真，其中一位甚至还联系了丧葬安排，直到那些所谓的死者突然出现，让他们又惊又喜，这才反应过来。

体验过亦梦亦醒的恍惚感的人，不只有患有发作性睡病的人。任何人都可能体验到假醒，也就是梦见自己醒了。这通常发生在熟悉的睡眠环境中。在这些梦中梦里，人们可能会"醒来"，起床，洗了个澡，而在准备吃早饭时，又醒来了一次！这令他们大为震惊。体验过假醒的人常常会对梦境中精致的细节感到惊讶，因为这些细节逼真到能让他们误以为自己已经醒了。对他们来说，这样的梦不管是看起来还是感觉上都太真实了，真实到他们都误以为那就是现实。

托尼对梦的研究是基于家庭的，他向数百名男女收集了超过15 000份梦的报告。在部分研究中，参与者自发地注意到，在半夜梦醒时分，他们明明花了时间将对梦的回忆记录下来后才接着睡，结果到了早上却发现本子上一个字也没有！在这种情况下，他们会梦到自己起床用笔记录了上一个梦境，醒来后才相信自己实际上是在做梦。

最好地描述了睡梦与清醒状态之间的不确定性的，可能是影响深远的中国哲学家庄子（公元前369年至公元前286年）。在他著名的《庄子·齐物论》一篇中，写道："从前，庄子我梦见我是一只蝴蝶，欣然地飞来飞去，全然感觉自己是一只蝴蝶。我只意识到自己作为蝴蝶的幸福，却没有意识到自己是庄子。不久后我醒来了，才惊讶原来自己是庄子。如今，我真不知道那时究竟是庄子我做梦变成蝴蝶，还是蝴蝶做梦变成了庄子呢。"

综合以上所有信息，我们得出的结论是，当脑在做梦时，它创造的梦境不仅在我们做梦时是栩栩如生的，而且在梦醒后也同样逼真可信。这就难怪，根据个人的情况，人们可以视梦为现实，比如杰西对鸭子的看法以及发作性睡病患者的困惑，或为进入同等真实世界或替代世界的入口，或为神谕，或为未竟的夙愿，或为随机的脑波噪声，或为夜间之娱，或为与未来、逝者或其他思想体的交流，或为个体感悟、问题解决和创造力的来源，或为进入记忆加工的窗口。

当脑在做梦时，它给我们留下了所有可能的解释。在本书中，我们将讨论所有这些内容，并看看不同的解释会将我们引向何方。你会发现，正确答案不是唯一的，而且它们之间不一定互斥。只要小小延伸一下（有时可能也要大大延伸出去），那么所有这些都可以是合理的。但是对我们来说，无论是从思维角度还是科学角度，最令人兴奋的解释到最后都是关于记忆加工的解释。这里先做个预告，之后我们会着重讨论这一点。根据近二十年的研究，我们现在知道，当我们睡觉时，脑一直在运转，处理着刚刚过去的这天的记忆。清醒状态下的两个小时里获得的新信息，脑需要关闭所有外部输入一个小时，以便弄清这些信息的全部含义。

鲍勃的第一台计算机是 Apple II +。它有 48 千字节（kilobyte，KB）的内存。没错，单位是千字节。那是 0.048 兆字节，或 0.000048 千兆字节，相当于他手机内存的 0.0001%。而且它的 CPU 运行速度仅是手机的 2400 分之一。尽管有其局限性，该计算机仍可以记住鲍勃键盘上键入的所有内容，来自录音机的音乐或在初代平板电脑上绘制的图片。它只是无法告诉他这些信息都是什么意思。它甚至可能无法知道意义这个概念。直到最近几年，随着 10 万亿字节（terabyte，TB）硬盘驱动器以及新型人工智能（artificial intelligence，AI）和"深度学习"编程技术的引入，计算机才开始回答它们收集的是"什么"信息这个问题。无论是对计算机，还是对人来说，这都是工作中最困难的部分，而我们的脑是在睡眠中完成工作中最困难的部分。脑在睡眠中进行的计算量几乎令人难以置信。至于做梦，我们现在认为，脑通过做梦的形式使意识混合起来，从而帮助完成这个神奇的过程。我们将在第7章和第8章中描述如何做梦。

在结束本章之前，让我们回到让孩子们感到费解的梦的一个核心部分。生活中，既有真实的事物，也有不真实的事物；既存在有形的事物，也存在无形的事物。孩子们在弄清楚这一点之后，还需明白，旁人看不到他们在自己的梦境里看到的图景。对任何好奇他人之梦的人来说，梦的私密性都具有至关重要的意义。无论你是神经科学家、临床医生、牧师，还是关心孩子的父母，你都永远无法直接研究他人的睡梦经历。你能够获得的，仅是他人通过言语、文字、图画或表演形式与你分享的对梦的描述。因此，梦的概念不仅仅指代"睡眠期间经历的一系列想法、感知或情绪"，还指人们对这些经历的记忆，以及梦者最终根据自己对梦的记忆（通常是稍纵即逝的）提供的口头或书面报告。

总而言之，梦作为一个概念和一种实际体验，比大多数人想象的要复杂得多。而更为棘手的是，研究人员之间甚至还没有达成何为梦的共识。国际睡梦研究协会（International Association for the Study of Dreams）和美国睡眠医学学会（American Academy of Sleep Medicine）的跨学科小组得出结论："鉴于睡梦研究领域的广泛程度以及当前定义使用的多样性，对睡梦进行单一定义基本上是不可能的。"[5] 因此，根据人们的视角，做梦可以与睡眠心理

（sleep mentation）一词同义，即指睡眠期间任何精神活动的体验，包括知觉、身体感觉和分离的思维，也可以将其限制为醒来时感到更翔实、生动，并具有故事感的体验。

在本书中，我们从广义上来看待睡梦，涵盖从短暂的、零散的、思维活动般的睡眠心理到夸张的、史诗般恢宏的夜间冒险的一切事物。但是，总的来说，我们会更关注那些更复杂、更具卷入性的睡梦，那些使梦充满神秘感，并从远古时代就迷住了人类的、丰富的、沉浸式的体验。

第2章　梦之理解

梦境之早期探索

如果我们在公开讲座上问学生、朋友或听众，睡梦科学研究诞生的标志是什么，大多数人都会回答说是弗洛伊德。（在极少数情况下，有人会回答说是快速眼动睡眠的发现。）事实上，再怎么强调弗洛伊德影响了人们对梦的认识，都不算过分。请看下面这段话。

　　对某一事物的感知或想象可能会激起一时的欲望，而我们会压制这些自认为愚蠢或不当的欲望。夜晚，这些半成形的心理倾向摆脱了所有的束缚，在梦里表现出来……我们或许可以假设，在每个案例中，梦都是清醒时头脑中一个模糊的、试图逃脱束缚的愿望的扩大和完整发展……梦变成一种启示。它剥去了自我的人为包裹，赤裸裸地将其暴露出来。它从潜意识生活的昏暗深处唤起了我们原始的、本能的冲动……就像加密信息中的字母一样，只要仔细审视，梦便不再是第一眼看上去那样的胡言乱语，而会显示出严肃的、可理解的信息。

谁能最好地总结弗洛伊德梦的理论的核心？显然是英国心理学家詹姆斯·萨利（James Sully），因为他在弗洛伊德所著的《梦的解析》出版的七年前就写下并发表了上面这段话。萨利对梦的起源和解释有很多看法，这在他 1893 年的文章《梦的启示》[1]中有所体现。他的著作中包含了许多与弗洛伊德后来在其梦的模型中使用的相同元素——直到 20 多年后，弗洛伊德才在《梦的解析》第四版（1914 年）中承认这一点。

事实上，在《梦的解析》出版前的几十年里，一些研究者就对梦的本质进行了各种前沿的探索。此外，本书所介绍的许多关于睡眠和梦的现代神经科学观点并非源自弗洛伊德或荣格的作品，而是源自更早的梦境探索者的研究，这些探索者的名字和工作在很大程度上被忽视和遗忘了。时至今日，大多数关于梦的科学的介绍性文章，甚至是专业论文都是从一位作者开始的：弗洛伊德。他们很少提到 19 世纪末进行的关于梦的广泛而精彩的工作。其原因是显而易见的。

在《梦的解析》的开篇章节，弗洛伊德对 20 世纪前关于睡梦的科学文献进行了一次极具影响力的回顾。这一章节总结了其他 50 位作者的研究工作，在接下来的几十年里，对于任何对弗洛伊德之前的梦境研究历史感兴趣的人来说，它都是最权威的资源。

弗洛伊德的文献综述当然为引起人们对梦持久的科学兴趣做出了贡献，但更重要的是，众多研究者和历史学家[2]对弗洛伊德著作和他所引用的作品的仔细研究，揭示了几个关键性的观察结果。

首先，弗洛伊德关于梦的许多想法并不像他所说的那样具有独创性；事实上，有几个想法是基于其他人的工作，而他没有适当地承认这些。举个例子，正如萨利的上述引文所证明的那样，在弗洛伊德之前的许多作者已经提出，梦有时反映了愿望，包括被压抑的愿望；同样，其他人已经推测出他用来解释梦的形象是如何形成的一些机制。

此外，弗洛伊德对《梦的解析》出版前进行的梦的研究做出了极其轻蔑的评价，这是不合理的。具体来说，他夸大了不同作者观点之间的不一致，极度贬低"医疗导向"的研究者对梦暗示的心理因素的研究的重要性，并声称他们只对梦的物理来源感兴趣，或以当时的术语说，只对梦的躯体理论感兴趣，歪曲了许多研究者的观点。

在一个说好听点只是充满误导性的说法中，弗洛伊德还把自己说成是梦的心理学（而不是医学）研究的"创始人"。正如我们即将看到的，在他之前的几位作者已经提出了许多关于梦的心理层面的创新观点。

最后，弗洛伊德自己也承认他不喜欢阅读别人关于梦的著作，他甚至写道："我现在阅读的'关于梦的'文献让我完全傻眼了。写这些东西对那些作者来说真是一种可怕的惩罚。"[3]

出于以上所有原因，弗洛伊德在开篇声称，他对《梦的解析》之前的文献的研究使他得出结论："人们对梦的科学理解进展甚微"[4]，这是对这些研究工作的不公平、有偏见的、自私的评价。

G. W. 皮格曼（G. W. Pigman）是加州理工学院的教授，以研究精神分析的历史而闻名，他在对弗洛伊德的文献综述的详细分析中有一段很棒的表述。他写道：这个章节"使弗洛伊德自己的理论看起来比实际情况更具有革命性。弗洛伊德夸大了梦的生理学理论的主导地位而忽视了其复杂性；他也没有强调人们视梦为启示的传统……弗洛伊德并不像他声称的那样，是他那个时代唯一相信梦是可以解释并且富有深意的科学家或医生"[5]。

弗洛伊德将在他之前进行的许多工作描述为相对琐碎的、纯粹是生理或医学性质的，从而能够更好地宣传他所声称的开拓性的梦的心理学理论。久而久之，梦几乎成了弗洛伊德流派的精神分析学家的专属领域。相比于如何科学地研究梦的来源和内容，人们对如何解释一个具体的梦越来越感兴趣。由于弗洛伊德轻视了这部分的重要性，那些对梦"隐藏"含义以外的东西的研究要么被遗忘，要么因为无人感兴趣而被忽略。

毋庸置疑，正如我们将在下一章看到的，弗洛伊德的思想和理论是革命性的，《梦的解析》的影响是不可估量的。但是，他对在其巨著出版之前与梦有关的观点和研究的轻蔑和选择性描述，加上其作品的重要性及神秘感，以及精神分析运动本身，掩盖了在他之前的几十个人的宝贵贡献，并在接下来的50年里切实地阻碍了大多数的科学梦研究。随着时间的推移，弗洛伊德之前的梦的研究被归入垃圾箱，最终被大多数人遗忘。因此，我们将回到这些被忽视的梦研究先驱者身上，以此来开始我们的梦科学之旅。让我们把功劳归还给应得之人。

几个世纪以来，人们在宗教和形而上学的信仰体系中解释梦境，并经常将其视为预示未来事件的超自然经验。在亚里士多德和笛卡尔的知识体系基础上，18 和 19 世纪的哲学家们开始以一种越来越理性和世俗化的方式研究梦。很快，梦不再是来自其他世界或超自然的力量，而是来自梦者自身的思维。这种观点得到了重视。

到了 19 世纪 50 年代中期，关于睡眠和梦的医学和科学研究方法开始蓬勃发展。一件发生在 1855 年的事情可以作为这种发展进步的一个例子。当时法兰西人文科学院（Academie des Sciences Morales et Politiques，一个成立于 1795 年并存在至今的学术团体）的哲学部，提出了一个围绕睡眠和梦主题的竞赛。研究人员提出了两个核心问题："什么心理能力会在睡眠中继续发挥作用，或者停止或改变"和"做梦和思考之间的根本区别是什么"。这些问题在当时是伟大的、具有挑战性的问题，且仍然是当今现代梦研究界的核心问题。

在随后的几十年里，关于梦的起源、内容和结构的科学观点越来越丰富。研究人员特别感兴趣的问题是脑如何构建我们每晚的梦境。当然，在睡眠实验室出现之前的年代，他们主要在参与者的家里工作，让他们睡在自己的床上。一些早期的研究人员研究他们自己的梦，有时会让助手帮忙监测他们的睡眠。其他研究人员则选择研究其他人的梦。

这些研究人员对如何解释梦境或梦是否能预测未来不感兴趣。相反，他们主要感兴趣的是如何找出梦的来源，以及如何解释它们。其中一些先驱者甚至将梦境内容与有关人类生理学的最新理论和发现相比较，其中也包括人们对脑的工作机制的认识。这些都是很令人兴奋的时刻。

接下来让我们大致按时间顺序，一览19世纪下半叶五位前弗洛伊德式的梦境探索者提出的主要观点和观察结果。

你是否曾被告知，梦只持续一秒钟？这个仍然存在于今日某些圈子里的观点，可以追溯到阿尔弗雷德·莫里（Alfred Maury，1817—1892），一名法兰西公学院（College of France）的历史学和伦理学教授，也是法国学院关于梦竞赛的参与者。莫里是在做了一个特别奇怪的梦之后提出梦可以瞬间产生这个观点的。除此之外，他对新生的梦研究领域确实做出了一些贡献。

在1861年首次出版的《睡眠与梦》（*Le Sommeil et les Rêves*）一书中，[6] 莫里提出，我们在梦中的行为是由一个机械化的过程引导的，一定程度上是因为睡眠中没有真正的自由意志。莫里是梦"自动化主义"的坚定捍卫者。这种观点就像今天人们描述高级机器人的运转那样，认为机器人既不知道自己在做什么也不知道为什么自己要做那些任务。不过莫里也提出，后天经验（包括我们对世界的想法和知识，以及我们从小到大的所有经历）为梦境中的行动注入了活力，就像河岸引导着快速流动的水流。

　　此外，像他那个时代的其他研究者一样，莫里认为，我们天生倾向于将各种日间经验联想起来，这是梦境构建的核心。他认为，对梦中出现的特定想法、景象、声音、事件和情绪的记忆是通过一连串的联想联系起来的。不过他坚信，这一过程在梦境中的运作方式与在清醒时不同。为什么呢？莫里假设，与清醒的大脑不同，做梦的大脑并不是一个同步的、连贯的整体，像感知、记忆、意志和判断这样的能力都可以相互独立地波动。因此，梦境中的思绪可能同时被拉向不同的方向，从而产生怪异和不连贯的梦。因而莫里认为，我们在梦中经历的变化与脑的不同区域在睡眠中的功能直接相关。正如我们将在后面的章节中所看到的，现有充分的证据表明，做梦时认知能力的不足确实反映了睡眠中脑不同区域不同程度的激活。例如，我们在梦里缺乏自我意识，无法保持集中注意力，缺乏逻辑和批判性判断。莫里如果知道的话，会很欣慰的。

　　根据自己的经验，莫里还认为，梦可以找回被意识遗忘已久的记忆，包括名字、地点和事件。他还详细记录了自己的梦，并试图寻找梦里与天气和进食等因素有关的规律。

　　然而，莫里最出名的是他以自己为对象进行的一系列实验。通过这些实验，他试图确定不同的感官体验是否以及如何影响他的梦境。在莫里的睡眠实验中，他的助手会施加各种刺激，比如滴一滴水在他的前额上，或者把一瓶古龙水凑在他的鼻子下，又或者用羽毛挠他的嘴唇和鼻孔。在大多数刺激实验中，莫里都报告了它们惊人的效果。例如，助手在他耳边，用一把剪刀敲打镊子使之发出轻快的响声后，莫里梦见了警钟响起，好似预示着一场革命的爆发（正如他在 1848 年巴黎革命期间所目睹的那样）。当拿着发热的铁块靠近他时，他梦见了强盗闯入他的房子，把他的脚按在火上，强迫他说出钱在哪里。当把一根燃烧的火柴放在他鼻子下时，他梦见自己在海上，而船上的火药库被炸毁了。

莫里从这些实验中得出结论：我们的感官不仅可以在睡眠中向脑传递信息，而且反过来，睡眠中的脑也会利用这些信息来创造一个相关的梦。任何曾经把闹钟的声音纳入梦境的人都会完全认可他的这个结论。

尽管这些实验在今天看来很简单，但它们是最早使用科学方法及其因果关系来研究梦境的实验之一。在 1953 年发现快速眼动睡眠后，梦的早期实验室研究开始聚焦于外部刺激对参与者梦的影响；考虑到这些研究是在莫里做了同样的事情后约 100 年才进行的，莫里确实很了不起。

虽然大多数人将梦中的象征意义，尤其是性象征，与弗洛伊德的《梦的解析》联系在一起，但关于梦象征本质的第一个心理学意义上的复杂讨论是由卡尔·舍纳（Karl Scherner，1825—1889）在其 1861 年出版的《梦的生活》（*Das Leben des Traums*）[7] 中发表的。舍纳写道，熟睡时人们的自我（自我控制）变弱了，因此"我们称为幻想的灵魂活动是不受所有理性规则约束的……它对最细微的情绪刺激极为敏感，并立即将内心活动变为外部世界的图画"。[8] 舍纳小心翼翼地解释说，睡梦并不直接描绘客体；相反，它经常使用不同的图像来表征客体的一个关键属性。例如，对梦境中的身体表征有浓厚兴趣的舍纳提出房子可以象征人体，房子的特定部分可以象征身体的特定部分：他描述过这样一个案例，一个入睡时头痛万分的女人，梦到天花板上布满了蜘蛛网，肥大肮脏的蜘蛛在其中爬来爬去。

舍纳还对梦中出现的性象征深深着迷。他在书中用了十几页的篇幅来阐述其重要性。他指出，阴茎可以用烟斗、小刀或单簧管来象征，而女性的性器官可以用一条被房屋包围的窄路来代表。听起来熟不熟悉？

不难看出，舍纳对睡眠中自我的弱化和梦境中的象征的怪异性质的强调如何影响了弗洛伊德的睡梦理论，尤其是那些与性有关的符号。尽管弗洛伊德本人对舍纳的几个观点持批判态度，但他确实承认舍纳的工作是"最初始的和意义深远的尝试，它试图将做梦解释为一种特殊的，只有在睡眠状态下才能自由扩展的思维活动"。后来他甚至承认舍纳是"梦的象征意义的真正发现者"。[9] 但最终，人们将舍纳的功劳完全算在了弗洛伊德身上。

你有没有想过，当我们睡着的时候，我们的脑到底发生了什么？或者说，我们是否能在梦中经历清醒时从未经历过的事情？德理文（Jean Marie Léon d'Hervey de Saint-Denys，1822—1892）是法兰西公学院的一位民族学教授，他在 1867 年出版的《梦境与引导方法：实践观察》（*Les Rêves et Les Moyens de Les Diriger: Observations Pratiques*）一书中解决了这类问题[10]。他思考出了探索外部刺激如何被纳入梦境的新方法，并开发了诱导清醒梦的创新技术。

德理文不仅仅是一个被动的梦境观察者。他是位清醒的梦者，并用其精湛的技巧从睡梦的内部来研究它。随着梦境在他眼前（或者应该说"脑内"）展开，他探索着梦境中的视像、记忆来源及其内在逻辑。他满怀激情地探索着，以至于你无法忽略他书中的狂热感受。总而言之，德理文的书是托尼一直以来最喜欢的关于梦境的著作。

作为在巴黎长大的独生子女，童年的大部分时间中，德理文都在画画和涂色。十三岁时，他开始记录自己的梦。到他的书出版时，他已经一丝不苟地写了二十二卷梦境报告，其中许多还附有彩笔画。德理文的核心主张之一是，梦境中的视像是梦者脑中思维的视觉表现。就像一列火车可以飞速前进或突然改道一样，梦境中的视像也可以在梦者的眼前迅速展开和转变。从这个角度来看，离奇的梦境可以被解释为梦境视像被激发和组合的自然结果。

德理文还提出了一些机制，通过这些机制，来自思维和记忆的图像可以相互融合。他的一个核心概念是抽象化（abstraction），指的是头脑如何将一个人或物体的特征或特质转移到另一个人或物体上的。他举例说，对橙子这个物体的想法可以在梦中产生不同的感官体验，梦中可能出现一个圆形的沙滩球、橙色的日落，甚至是一片柠檬树林；具体视像的出现取决于思维是集中在水果的形状、颜色，还是气味上。一个物体的某个特质或细节，而不是整个物体，可以被整合到梦境中。德理文写到了其他形式的抽象化，包括那些基于文字游戏、个人信仰、道德判断和社会传统的抽象化。他认为，要正确解释一个梦，就需要考虑这些抽象化的意象。（关于解梦的含义，我们之后会有更多的论述。）

　　德理文接着提出了第二个概念。他称之为视像叠加（superimposition of images），以进一步解释视像是如何在梦境中表征各种想法的。他认为，当两个相互冲突的想法同时展开时，或者当不同的想法在梦境中争夺视觉表现时，这些思绪可以融合起来并产生怪异的梦境元素。他举了一个例子：在一个梦中，他从树上摘下了一个巨大的桃子，发现它和一个朋友的女儿长得一模一样。德理文将这一形象归因于当天早些时候发生的一件事，当时他听到有人提到这个女孩的脸颊有多么像表面长满细绒的桃子。在《梦境与引导方法：实践观察》出版约30年后，弗洛伊德复现了德理文的抽象化和视像叠加概念，并将其重新命名为置换作用（displacement）和浓缩作用（condensation）。

　　作为他众多睡梦实验的一部分，德理文为莫里关于感官刺激对梦境的影响的开创性工作添加了一个新的转折点。他想确定，根据思维关联原则，特定的气味是否可以被用来唤起梦境中的特定记忆。请记住，这是在马塞尔·普鲁斯特（Marcel Proust）描述玛德琳蛋糕⊖的气味具有同样功效之前的50年。

　　⊖　马塞尔·普鲁斯特（1871—1922），法国意识流作家，代表作品《追忆似水年华》。在其第一卷《去斯旺家那边》（1913）中，玛德琳蛋糕的气味使主人公回忆起某天早晨吃到玛德琳蛋糕的场景。——译者注

　　为了回答这个问题，德理文每次旅行都会买一种新的香水。一旦到达目的地，他就会在手帕上涂上这种特定的香水，并在整个停留期间每天都闻一闻它。回家后，他会等上几个月，再安排他的仆人在他睡觉时洒几滴香水到枕头上，而具体是哪天晚上他并不知情。这个方法奏效了。德理文报告了多个案例。在这些案例中，他闻到的特定气味使他梦到与该香味有关的场景和经历。德理文并不满足于这些发现，他接着又让仆人在枕头上洒下两种不同的香水。结果发现，两次旅行中的元素都被结合到了同一个梦中。

　　紧接着这些惊人发现之后，他通过将其他种类的感官刺激与清醒事件匹配来扩展他的实验。例如，在参加舞会时，德理文要求乐队在他与一个舞伴跳舞时演奏一首特定类型的华尔兹，而在他与第二个舞伴跳舞时演奏另一首。在许多情况下，在他熟睡时，若音乐盒中播放与某舞伴跳的华尔兹，梦中就会浮现出该舞伴的形象，尽管梦境中的情景往往根本不是在跳舞。在另一个实验中，他在画一个有吸引力的女性雕像时咀嚼了一块芳香的桔梗。随后，德理文在熟睡时闻到了桔梗的花香，他梦到了一个与他所画的女性很像的漂亮女人。

　　尽管他对梦的研究有许多贡献，但德理文是因其作为清醒梦者的非凡才能而闻名的。他能够在梦中意识到自己在做梦。德理文描述了他发展成为一名熟练的清醒梦者的方法，概述了他利用自己在梦中的意识来探索梦境的形成和展开，以及测试自己在梦境中的记忆和推理能力的各种方法。在一个特别有趣的例子中，他讲述了一个他完全能意识到自己在做梦的梦，他在梦中思考莫里的观点，即脑在睡眠中不是作为一个整体工作的，并且在想莫里会认为是哪个区域的脑对他在梦境中如此清晰的思维负责。

德理文在书中提出的大部分内容仍然可以在现代的梦理论中找到。他描述了他是如何使用现代临床医生称为行为脱敏的方法治愈自己反复出现的梦魇的。他对记忆过程、思维联想以及思维在梦境中转化为心理视像的关注，可以在我们后面几章描述的梦理论中找到。

德理文的《梦境与引导方法：实践观察》在它出版的那个年代就很了不起，今天更是如此。2016 年，由卡罗勒斯·登布兰肯（Carolus den Blanken）和伊莱·迈耶（Eli Meijer）撰写的免费在线英译本问世了。你可能喜欢或讨厌弗洛伊德的《梦的解析》，但你肯定会喜欢德理文的这本了不起的书。

1893 年 4 月，《美国心理学杂志》(*American Journal of Psychology*) 上刊登了一篇文章，题目是《梦的统计》，[11] 其作者是玛丽·惠顿·卡尔金斯（Mary Whiton Calkins，1863—1930），一位韦尔斯利学院的女心理学家先驱。哈佛大学允许她接受研究生教育，但没有以此作为男女同校的先例。卡尔金斯没有被 19 世纪末统治学术界的父权结构所吓倒，她努力追求高等教育，并渴望成为一名教授和研究者。在其近 40 年的非凡职业生涯中，卡尔金斯建立了美国最早的心理学实验室之一，成为美国心理学会的第一位女主席，后来当选为美国哲学协会主席，并出版了四本书和一百多篇论文。

《梦的统计》是她最早的研究论文之一。卡尔金斯用一种新颖的实验方法来研究梦境。她用统计学原理分析了两个月来收集的近 400 份梦报告的内容，参与者是她自己和一名 32 岁的男性。

与现代实验室研究梦的过程非常相似，卡尔金斯在实验中用闹钟在夜间的不同时间唤醒她自己和那名男性参与者。这种方法不仅增加了她获得梦境报告的机会，而且还能让她检查对梦境的回忆和生动性在夜间有无变化。她把铅笔、蜡烛和火柴放在手边，因为"拖到早上再记录那个生动到让人觉得肯定能记住的梦，通常是一个致命的错误"[12]。

通过记录每个回忆起来的梦的时间点、时长和生动程度，并将结果制成图表，卡尔金斯得以表明，虽然大多数梦，包括那些特别生动的梦，都发生在早晨的睡眠中，但人也会在上半夜做梦。约 70 年后，这些观察结果都被现代实验室的梦境研究证实了。

在一项同样令人印象深刻的研究中，卡尔金斯表明，在 10 份报告中，有 9 份报告的参与者能够确定他们的梦境与清醒时的生活元素之间的明显联系。这一结果使卡尔金斯得到了研究中的一个重要发现。在清醒状态和梦境之间存在着"一致性和连续性"。这句话预告了后来的梦的连续性假说。直到今天，它仍然是最广泛和最具深入研究的梦内容模型之一。

卡尔金斯还开发了标准化问卷，她和其他人可以对大量的人进行问卷调查，并利用这些问卷来确定包含视觉、听觉、触觉、嗅觉和味觉意象的日常梦境的百分比。基于她的发现，卡尔金斯提出了一个梦境感官表征的层次结构，后来被现代的家庭研究和实验室研究所证实。

通过定义感兴趣的关键变量，设计可以被其他人复制的实验，以及强调定量数据而非传闻数据，卡尔金斯对梦的研究方法体现了后来的梦科学的精髓。

我们最后一位 19 世纪的梦境探索者名叫桑特·德桑克蒂斯（Sante de Sanctis，1862—1935）。他是一位意大利科学家，在 1899 年出版了《梦境：一名精神病学家的心理学和临床研究》（*I Sogni: Studi Psicologici e Clinici di un Alienista*）。德桑克蒂斯在罗马大学（University of Rome，La Sapienza）工作。心理学作为一门科学学科在意大利的发展中，他起到了主导作用。与弗洛伊德一样，德桑克蒂斯认为梦在心理学上是重要的，是可以被解释的。然而，与弗洛伊德不同的是，他坚持认为，只有通过用一系列互补的[⊖]方法来研究睡梦，考虑脑在睡眠中的功能，并将梦理论建立在科学观察的基础上，才能真正理解梦。

在前人研究的基础上，包括莫里和卡尔金斯的工作，德桑克蒂斯开发了一种多管齐下的梦境研究方法，不仅包括详细的问卷调查和在不同睡眠阶段对参与者的系统性唤醒，还包括对重复观

⊖ 原文为"complimentary"，疑为笔误，该为 complementary。——译者注

察和统计分析（而非逸事叙述）的倚重。

德桑克蒂斯对梦境如何揭示梦者的心理方面很着迷。他研究了儿童、老人、罪犯、癫痫患者和精神病患者以及健康的中年人的梦境。通过研究这些群体的梦境，德桑克蒂斯认为，清醒时的情绪在梦境的构建过程中起着至关重要的作用。他还确定了参与者清醒状态下和梦境中的意识之间的异同之处，记录了男性和女性的梦境差异，并且提出，梦境的生动性与脑功能的发展有关，或者在年长的成年人中，与脑功能的衰退程度有关。

德桑克蒂斯还详细记录了动物（包括狗和马）的睡眠情况。他相信这种观察能帮助他更好地理解人类睡眠和做梦之间的关系。他观察到了动物熟睡时的动作和抽搐，包括睡着的狗偶尔发出的叫声，这使他得出动物也做梦的结论。更重要的是，这些观察还促使他从发展和进化的角度来思考做梦的本质和形式——这两种对梦境进行概念化的方式仍然处于当代梦研究的前沿。

在全力研究控制条件下的睡眠和做梦过程的时候，德桑克蒂斯成为第一批在研究中使用新型电生理仪器的研究人员之一。这些仪器包括触觉测量器（esthesiometer，一种旨在通过呈现不同强度的触觉刺激来测量精神疲劳，或在此情况下测量睡眠"深度"的设备）和呼吸描记器（thoracic pneumograph，一种放置在胸部的带子，用于测量呼吸模式）。

通过一系列特别巧妙的实验，[13] 德桑克蒂斯表明，在前半夜的深度睡眠中，做梦的情况比后半夜少。他发现，在深夜的浅睡眠中，梦境更加生动，而且在呼吸不规律时，梦更有可能发生。这些研究明显预告着睡眠阶段的正式发现，包括主要发生在深夜的，伴随着不规则的呼吸的快速眼动睡眠阶段。[14] 德桑克蒂斯可能还预见到了当今最新的一些神经科学发现。他讨论了睡眠、梦境和记忆之间的相互作用，并描述了一个复杂的梦模型，它区分了负责启动梦境和负责填充梦境内容的脑结构。这种区分将在 1977年霍布森（Hobson）和麦卡利（McCarley）的激活 – 合成模型中再次出现。我们将在第 7 章中描述。

德桑克蒂斯主张用多方面的、综合性的方法来研究梦，这种观点的最佳例证正如他自己所写的，为了正确地理解和解释梦境，必须把梦境看作一个算术总和，它等于"梦者的基本状态（过往的经验、智力、性格、习惯）+ 当下的状态（期望、激情、健康状况、器官和设备的状况）+ 由外在条件（在睡眠中）引发的当前体验"。[15] 120 年后的今天，我们对他的说法再同意不过了。

19 世纪下半叶的这五位梦境探索者共同为世界提供了大量关于梦的迷人的新想法和坚实的科学研究，所有这些都是在弗洛伊德的《梦的解析》之前发表的。他们使用创新的实验方法，解决了几千年来对人们极具挑战性和吸引力的问题，包括梦境的记忆来源，梦境象征意义的本质，以及情绪、认知和生理机制在梦境的产生中的作用。但更广泛地说，他们证明，以实证和科学的方式来解决关于梦的基本问题是可能的，并以这样的方式促进了新生的梦科学的发展。

但这些早期的探索者绝非孤军奋战。我们还可以把其他十几位作者的著作也轻易地包括在这一部分中。我们想特别指出其中的四部作品。它们是,弗兰克·西菲尔德(Frank Seafield)的《梦的文艺与人们的好奇心》(*The Literature and Curiosities of Dreams*)(1865年),F.W. 希尔德布兰特(F. W. Hildebrandt)的《梦及其解释》(*Dreams and Their Interpretation*)(1875年),约瑟夫·德尔伯夫(Joseph Delboeuf)的《睡眠与梦境》(*Sleep and Dreams*)(1885年),以及朱利叶斯·纳尔逊(Julius Nelson)的《梦的研究》(*Study of Dreams*)(1888年)。这些书都可以免费获取,非常值得一读。

从整体上看,这些先锋的梦研究者帮助澄清了我们对梦的理解,并为后来所有的睡梦科学研究奠定了基础。你在这本书中所发现的大部分内容都植根于这些前弗洛伊德的关于梦和做梦的观点和研究方法。

第3章　弗洛伊德发现了梦的秘密

或者说他认为是这样的

　　像许多人一样，鲍勃一直认为弗洛伊德在 1899 年出版的《梦的解析》（出版日期名义上是 1900 年，好让人们将其与新世纪联系起来）一蹴而就，几乎在一夜之间改变了西方人对做梦的看法。一天下午，在思考这本书的一些观点时，鲍勃翻开了他父亲的 1910 年第 11 版《大英百科全书》，并查阅了词条"梦"。这本书比弗洛伊德所著《梦的解析》晚出版十多年。书中，该条目接近 6000 字，然而除了在条目末尾的 20 条书目论文引用中提到了他的《梦的解析》，正文里对弗洛伊德的理论只字未提。《大英百科全书》对弗洛伊德的作品不闻不问，并非孤例。

　　在《梦的解析》首次出版 10 年后，当时大多数主要的医学和精神病学著作几乎都没有提到《梦的解析》。事实上，初次印刷的

600 册书花了 8 年时间才卖完。更糟糕的是，正如弗洛伊德所指出的，以及后人所详述的，[1]他的书在医学、科学和精神病学界的反响很差。在他的书出版 9 年后，弗洛伊德写道，在科学杂志上发表的对他的观点的评论，"只会让人认为我的工作铁定无人问津了"。[2]然而，《梦的解析》最终成为弗洛伊德最著名的作品，为他的精神分析模型奠定了基础，并在接下来的大半个世纪里影响了人们对梦及其与无意识之间的关系的看法。这真是峰回路转！

当学生、记者或聚会上的陌生人（"瞧，那有个研究梦的！"）问托尼对弗洛伊德梦理论的看法时，他常常反问他们认为弗洛伊德关于梦的新观点是什么，以此作为回答的开篇。他们的回答往往特别简短，无一例外地涵盖以下至少一种观点：梦来自无意识；梦其实是关于性的；梦与被压抑的愿望有关；梦具有象征意义，需要对其进行解释来正确理解它。但正如你在第 2 章中所看到的，这些观点的大部分在《梦的解析》出版前就已经被他人阐明。显然，弗洛伊德的观点并不像现在大多数人认为的那样新颖。

梦是睡眠的守护者

弗洛伊德的理论首次提出，梦有两种相互关联的功能。其一是表达被压抑的性本能，有时候是攻击本能。这些本能往往可以追溯到幼年时期。另一个功能则鲜为人知，是为了保护睡眠不被打扰。"梦境，"弗洛伊德解释说，"是睡眠的守护者。"[3]

弗洛伊德推测，脑中存在一个审查员，一个类似哨兵的机制，它会阻止不可接受的无意识材料在白天达到意识觉察的水平。然而，在睡眠期间，哨兵效率很低。可以说，它放松了警惕，允许这些不可接受的材料上升到意识水平中。根据弗洛伊德的说法，被压抑的愿望在本质上是不道德的，是反社会的，因此即使在睡眠中，这些愿望也不能被直接表达，不然梦者就会被其惊醒。因此，残余的梦境审查任务——也就是梦的工作（dreamwork），是将通常被压抑的无意识材料扭曲成不可识别的形式。弗洛伊德提出，梦的工作由四种伪装机制共同实现，即浓缩、置换、象征和润饰作用。因此，梦允许部分表达被压抑的、通常是淫秽的愿望（梦是"愿望的实现"），同时确保梦者保有安宁的睡眠（梦是"睡眠的守护者"）。

值得注意的是，弗洛伊德坚定不移地认为每个梦都是对愿望实现的一种尝试。换句话说，只有倾注了被压抑的愿望的精神能量，梦才能变得具体。

这种对梦的概念化做出了一种重要的区分，它将梦的显性内容与隐性内容区别了。前者是梦者所经历和报告的实际梦境，而后者是梦的"真正"含义，也就是使梦"充满生气"的压抑的愿望。梦的隐藏含义可以通过自由联想技术来揭示，包括让梦者对梦中各种元素所唤起的感觉和想法进行无审查的描述。根据弗洛伊德的说法，在一个有经验的精神分析学家手中，这些自由联想可以用来"解开"梦的审查者所造成的扭曲，从而追溯产生显性内容的无意识冲突和欲望。

尽管当时的非专业人士普遍对弗洛伊德关于梦的起源和意义

的描述感到兴奋，但临床医生、哲学家和科学家的反应不是这样，相反，他们表达了许多批评意见。以下是《梦的解析》出版后数年内的一些反对意见。

- 弗洛伊德将被压抑的婴儿期愿望作为梦境的主要素材来源，这种做法限制性过强；梦可以来自一系列先天的反射、动力和情绪，而且现在可以证明，梦在许多情况下是由梦者对日常生活的关注所引发的，而不需要诉诸隐秘的冲动。
- 他依赖于逸事证据、挑选出来的案例报告和推测性的假设，这使他的睡梦理论不具有科学性。
- 他不恰当地贬低了梦境显性内容的重要性。
- 与他的理论相反，许多梦，特别是梦魇，不但没有守护睡眠，反而还唤醒了梦者。
- 用他的解梦方法得出的结果往往是有偏见的、死板的，其结论也是武断的。
- 许多类型的梦，特别是梦魇，没有其经过梦境审查或扭曲的明确证据。
- 也许最关键的是，他的理论未能满足任何科学理论的最基本要求——它既不可检验也不可证伪。

并不只有流派内部圈子以外的人怀疑弗洛伊德梦理论的严谨性和合理性。一些最激烈的分歧来自他自己的追随者，包括阿尔弗雷德·阿德勒（Alfred Adler，弗洛伊德的第一批弟子之一，他后来建立了个体心理学领域）和弗洛伊德的继承人卡尔·荣格（Carl Jung）。

荣格和其他梦的临床概念化理论

弗洛伊德认为做梦是病态欲望的纾解阀。荣格则认为，梦在一个人的人格发展中起着重要的补偿作用，它向梦者展示了无意识的材料，这些材料需要被梦者认识（和整合），以使梦者获得更平衡的自我感觉。荣格认为，这种材料往往来自梦者的个人无意识，可能包括"我们所忽视的日常情况所蕴含的意义，或未能得出的结论，或不被允许的情感，或对自己的批评"[4]。

荣格还认为，梦可能来自他所谓的集体无意识（collective unconscious），这是一种全人类共有的深层无意识，包含了人类物种的累积经验。他推测，这部分古早的人格是通过遗传获得的，它以原型（archetype，普遍的模式和图像）的形式表现出来。我们可以跨文化一致性地在童话、神话、神圣的仪式、神秘经历和许多艺术作品中观察到它，当然也可以在人们的梦境中观察到它。荣格描述了广泛的原型主题和符号，包括诸如阴影、骗子、聪明的老人、伟大的母亲和英雄等原型。

荣格还认为，梦有预见性或"前瞻性"的功能。通过追溯梦者的过往，作为梦境产生基础的无意识过程可以向个体展示可能出现的情况和挑战、未被看到的潜力或可预想到的出现在未来的结果。正如我们将在第 8 章看到的，这些概念并不像它们看起来那么牵强。

因此，当弗洛伊德说梦是类似于神经症症状的"异常心理现象"，当他强调梦的欺骗性时，荣格把梦当作一个健康的、自然的过程，并强调其创造性、超越性，有时能被用来解决问题。跟弗洛伊德一样，荣格提出了研究梦境的技术方法，并确信解梦可以引出一个人对某事物的重要的深刻见解。但他也认识到解梦有时具有随意性。与弗洛伊德教条式地宣称其理论的重要性相反，荣格甚至怀疑他自己的技术是否配得上"方法"这个名称；他对这些技术的使用完全不死板。

弗洛伊德和荣格的梦理论在 20 世纪为其他一些鲜为人知的梦的临床概念化铺平了道路。其中包括前面提到的阿尔弗雷德·阿德勒的观点，即梦的显性内容与梦者清醒时关注的事物及生活方式密切相关，而不是像他的导师所提出的那样与无意识相关；瑞士精神分析学家梅达尔·博斯（Medard Boss）发展的研究梦境的存在 – 现象学方法，认为梦是一种"存在于世界（being-in-the-world）"的真实体验，与任何清醒状态下的体验都一样真实；受过经典训练的精神分析学家托马斯·弗伦奇（Thomas French）和埃丽卡·弗罗姆（Erika Fromm）的焦点冲突理论，即做梦反映了自我试图解决梦者清醒生活中的重要问题；弗雷德里克·珀尔斯（Frederick Perls）基于格式塔的方法，将不同的梦境元素理解为梦者人格中被接受和不被接受两方面的投射。除此之外，在 1953 年发现快速眼动睡眠之后，实验性的梦境研究浪潮在 20 世纪下半叶产生了几十种，甚至几百种关于睡梦性质和功能的理论。

这一切让弗洛伊德声称的"梦是愿望的实现"和"梦是睡眠的守护者"的说法不复存在？不计其数的梦境研究得出了一个简单的结论，即这两个关于梦功能的说法几乎没有任何实证支持。

此外，绝大多数睡眠和梦的科学家早已放弃了弗洛伊德式的梦境概念化，而选择了植根于现代临床和神经科学研究的更简明和可检验的模型。这并不是说现代的研究人员已经放弃了这样的概念，即梦可以具备个人意义，反映梦者当下在清醒时的关注点，援引远久的记忆，或者说研究梦境在临床上是有用的。所有这些概念都曾是，并将一直是创新研究的主题。它们只是与实际的弗洛伊德的梦境理论没有什么关系了。

现在你们中的一些人可能在想，既然弗洛伊德同时代的许多人都认为他关于梦的观点是错误的，而且在接下来的一百年里还出现了大量的其他梦理论，又没有支持弗洛伊德梦模型的实证研究，他的理论是如何在西方文化中根深蒂固的？那是因为这其中有一个传奇的故事。

由于弗洛伊德将《梦的解析》作为其精神分析理论的基石，因此，要批评他的梦理论而不质疑整个精神分析学科几乎是不可能的。结果就是，关于梦的假定功能的分歧总是被转移到关于其他一系列问题的争论中，例如压抑的概念、人类记忆的本质、神经症症状的起源、儿童发展的模型、自由联想的临床价值、无意识的构成以及它对日常生活的假定影响。在某种程度上，这种状况今天仍然存在，不熟悉这些争端的极度恶性（也有些人说是宗教狂热）的读者可以翻阅关于"弗洛伊德之战"的内容[5]。即使是粗略的搜索，也会使感兴趣的读者触及一些精彩但绝对有争议性甚至有害的文献。

尽管有这些斗争，弗洛伊德的理论在 20 世纪的前 75 年发展很好。在众多积极性很高的支持者的努力下，在大量致力于为精神健康专业人员培训精神分析方法的机构的支持下，精神分析学派慢慢地演变成一场运动，它是如此具有号召力和广泛性，以至于它的许多信条在医学、精神病学和临床心理学领域中都有所体现。这场运动也渗透到社会科学领域，也许受影响更大的是艺术领域。从历史和文学系，到萨尔瓦多·达利（Salvador Dalí）的画作，再到阿尔弗莱德·希区柯克（Alfred Hitchcock）的《咒语》（Spellbound），还有无数作家的作品，弗洛伊德关于做梦和心灵的观点充斥着媒体和艺术，也充斥着妇女老少的想象。正如加州大学伯克利分校的心理学家约翰·基尔斯特伦（John Kihlstrom）所言："弗洛伊德对现代文化的影响多于爱因斯坦或沃森和克里克，多于希特勒或列宁，多于罗斯福或肯尼迪，多于毕加索、艾略特或斯特拉文斯基，多于披头士或鲍勃·迪伦。他的影响是持久而深远的。"[6] 在梦这个主题上，弗洛伊德留给后世的东西是无与伦比的。

但正如我们所看到的，人们把围绕着弗洛伊德及其理论的谜团与他实际写的东西混为一谈了。我们中的许多人错误地认为第一个提出梦境包含被压抑的愿望或欲望的人，或者第一个提出梦境具有象征意义的人，或者第一次提出梦境来自无意识的人，是弗洛伊德。通常归功于弗洛伊德的无意识概念其实可以追溯到几千年前；这个词本身是在弗洛伊德出生前约100年创造的。[7] 甚至提出第一个有临床依据的无意识理论的殊荣也不属于弗洛伊德，而应属于法国精神病学家皮埃尔·让内（Pierre Janet），他的著作对弗洛伊德自己的精神分析观点有很大的贡献。尽管如此，在《梦的解析》出版120年后的今天，这些观点中的大部分也仍然被人们极大地，虽不是"毫无疑问地"，与弗洛伊德关联在一起。

最后，就像所有好的营销实践一样，时机对弗洛伊德很重要。他的精神分析梦理论是在对梦的流行看法变得更加理性和世俗化的时候出现的，当时梦境被描述为无意义的夜间事件，可以用自然的身体过程来解释。但就像今天的人们一样，大部分人拒绝这种观念，仍然相信无论多么离奇，梦境肯定附带着重要的信息，而且是需要解释的信息。这个与人类本身一样古老的朴素想法，正是由弗洛伊德带回人们视线里的。弗洛伊德以其娴熟而吸睛的写作风格，成功地将来自各种来源和学科的观点和发现编织成一个丰富的、引人入胜的叙述，他不仅告诉人们相信自己的梦很重要这没有错，而且还告诉他们要如何相信以及为什么相信。而且，说实话，我们所有人都可从这个理论中获得一些自恋的满足：在内心深处，我们确实是不可知的生命，我们的行为是由基本仍未明了的动机和欲望引导的，而梦可以揭示我们究竟是谁。

思维、神经元和鳗鱼的睾丸

弗洛伊德走上解梦和精神分析理论之路的过程是曲折的。今天，很少有人知道他最初是按神经学家来培养的，而不是像许多人想当然的那样是精神病学家。更鲜有人知道，他的第一个研究项目是关于鳗鱼性器官的。关于鳗鱼神秘的生殖习惯的争论可以追溯到亚里士多德的时代。为了回答这个古老的问题，年轻的弗洛伊德花了数周时间解剖了数百条鳗鱼，费尽心机地寻找它们难以捉摸的雄性性腺，但始终没有结果。"我切开的所有鳗鱼，"他在给一位童年朋友的信中说，"都是比较温柔的那个性别。"[8] 我们只能推想，这样的努力可能影响了他的梦，甚至是他的梦理论。他当时只有 19 岁。

随后，弗洛伊德在生理学研究所工作了 6 年，接受恩斯特·威廉·冯·布吕克（Ernst Wilhelm von Brücke）的督导。这位著名的德国生理学家后来被弗洛伊德描述为"我见过的最伟大的权威"。在此期间，弗洛伊德发表了第一份报告，详细介绍了脑干中被称为延髓的部分的结构和功能，并开发了一种新的染色方法，以突出解剖组织中的神经细胞。

十几年后，弗洛伊德已经开始构思他的精神分析理论。正如他在给他的密友和知己威廉·弗利斯（Wilhelm Fliess）的信中所说，他希望提出一个符合神经学原理的心理模型，他全身心地投入其中以实现这个愿望。弗洛伊德开始研究一个项目，该项目将利用神经学的观点和进展来解释正常和异常的心理过程。因此而作的手稿中的一个重要部分是关于睡眠和梦的。正是在这一时期，弗洛伊德做了现在很著名的梦，"伊尔玛的注射（Irma's injection）"。这个梦单枪匹马地带他得出了结论：梦是愿望的实现。后来，在给弗利斯的信中，弗洛伊德想知道："你会不会觉得，有一天人们会在这所房子的大理石碑上读到——在这里，1895 年 7 月 24 日，梦向西格蒙德·弗洛伊德博士显露了自己的秘密。"[9]

在《梦的解析》出版前四年起草的鲜为人知的手稿中，弗洛伊德首次提到了他关于梦的愿望实现假说。但他最终放弃了这个项目，并且在他随后出版的任何作品中都没有提到它。又过了 55 年，在弗洛伊德去世很久后，这份未完成的手稿才被发现，并在 1950 年以《科学心理学方案》（*Project for a Scientific Psychology*）[10] 为题出版。

具有讽刺意味的是，这个故事并没有就此结束。命运的又一次不寻常的转折，是另一份失传已久的手稿的出现，它来自同时代人的手稿，也是在其写就后数十年才浮出水面。这份于 2014 年复原出来的手稿，属于西班牙组织学家和解剖学家圣地亚哥·拉蒙·卡哈尔（Santiago Ramón y Cajal，1852—1934），他因发现了神经细胞而获得 1906 年诺贝尔生理学或医学奖。由于其革新性的工作和理论，拉蒙·卡哈尔被广泛认作现代神经科学之父。然而，他丢失的手稿并非一篇关于解剖学或组织学技术的文章。它是关于梦的，他的梦。从 1918 年到 1934 年去世前，卡哈尔一直在记录梦境，称其目的是要证明弗洛伊德是错误的。

卡哈尔一直公开表示，他不同意弗洛伊德的心灵观。但他对弗洛伊德的梦理论的蔑视从未像他在给朋友的信中所说的那样明确，"除了极其罕见的情况，这位傲慢的、有点自负的维也纳作者的学说是不可能被验证的，他似乎总是更忙于建立一个耸人听闻的理论，而不是踏实地为科学理论事业工作"[11]。

大多数人会为弗洛伊德接受过神经生理学方面的训练而感到惊讶，同样，也很少有人知道卡哈尔最早的科学兴趣在于实验心理学，包括对暗示、催眠和睡眠机制的研究。然而在卡哈尔的 350 篇著作中，只有一篇是关于梦的。该文发表于 1908 年，开篇即这样一句话："做梦是脑生理学中最有趣和最奇妙的现象之一"。我们会不同意这个说法吗？卡哈尔暗示，他将出版一本关于"睡眠和做梦现象"的详细著作，他将在其中总结"数千次与弗洛伊德理论相矛盾的自我观察"。卡哈尔认为，梦境是由脑各区域疯狂的神经放电造成的，这预告了近 70 年后哈佛大学精神病学家艾伦·霍布森（Allan Hobson）和罗伯特·麦卡利（Robert McCarley）的著名神经科学模型。尽管卡哈尔从未完成这项他承诺过的工作，但他的睡梦日记和随附的笔记最近已在一本精彩的书中出版 [12]。该书不仅研究了卡哈尔的生活工作，而且还揭示了这些梦境告诉我们关于这位 19 世纪最伟大的科学家之一的一些情况。

一位被称为神经科学之父，同时也是实验心理学家的人，花了 16 年时间记录他的梦境，以驳斥被称为精神分析之父的人的理论，而后者在将重点转移到心理学之前原是一位神经生理学家。这真是令人难以置信。但话说回来，这种吸引人的魔力就是我们说梦是"奇妙"现象时所谈论的东西。

第4章 新的梦科学的诞生

为沉睡的心灵打开一扇窗

所有我们自以为所知道的关于梦的一切都在某一天开始变了。那是1951年12月的一个寒冷的晚上，当时尤金·阿瑟林斯基（Eugene Aserinsky）以为他的儿子阿蒙（Armond）醒了。阿瑟林斯基当时在芝加哥大学就读，是一名典型的贫困研究生。家里妻子怀孕，儿子尚幼，生活艰难。他的女儿后来回忆说："我们当时太穷了。我父亲偷过一次土豆，这样我们才有东西吃。"但是这位30岁的阿瑟林斯基热切地想要取得博士学位。他没有学士学位，他是通过谈话获得入读研究生院的资格的。在那个12月的夜晚，他再次尝试记录他那熟睡的8岁儿子的眼动所产生的微小电信号。

阿瑟林斯基很幸运，因为在他去芝加哥大学之前，弗兰克·奥夫纳（Frank Offner）就已经在那工作了，并且发明了奥夫纳动态仪（Offner Dynograph）。这个装置可在一张连续的折叠纸上记录电信号，比如那些由眼球运动产生的信号。当它工作时，奥夫纳动态仪可以让阿瑟林斯基检测到阿蒙何时在眨眼并明显醒来。在阿蒙睡着后的某个时候，正是动态仪上记录的这种电信号，让阿瑟林斯基认为儿子已经醒来了。他走进卧室想看看儿子怎么样了。

但阿蒙并没有醒过来。他睡得正香呢！很明显，动态图出了问题。但事实并非如此；相反，阿瑟林斯基对睡眠的理解出了问题。

不出两年，阿瑟林斯基和他的研究生导师纳撒尼尔·克莱特曼（Nathaniel Kleitman）在著名的《科学》杂志上发表了一篇两页长的文章。这篇题为《睡眠中规律出现的眼球运动期及伴随现象》的论文[1]报告了整晚周期性地出现快速的、抽搐的眼球运动期。阿瑟林斯基和克莱特曼发现的是快速眼动睡眠及其在夜间每90分钟重复出现的现象。

四年后，即1957年，克莱特曼发表了另一篇论文，这篇论文是与另一位学生威廉·德门特（William Dement）合作发表的，阿瑟林斯基曾告诉他快速眼动睡眠与做梦之间存在明显的联系。德门特对这种可能性感到好奇，他记录了9个成年人总共61个晚上的睡眠，平均每晚唤醒他们6次，并收集了总共351份梦境报告。当他将快速眼动期间唤醒时记录的报告与非快速眼动期的进行比较时，结果令其震惊。[2]当参与者从非快速眼动睡眠期中醒来时，只有7%的情况下，他们提供了"连贯的、相当详细的梦境内容描述"。相比之下，从快速眼动睡眠中被唤醒后，在80%的情况下他们提供了连贯的报告，是前者的 10 倍以上。做梦不再是一种也许来自心灵隐秘角落的神秘精神力量。突然间，做梦有了生物学证据。

这些新发现的"快速、生硬的眼球运动"时期，正如阿瑟林斯基和克莱特曼所称，不仅仅与做梦有关。我们现在知道，在快速眼动睡眠期间，脑通常对一系列身体功能的正常细致调节似乎已经脱机。在快速眼动睡眠期间，心率、血压和呼吸都有很大变化。不仅如此，男性在快速眼动睡眠期间有长时间的勃起，女性的阴蒂有类似的肿胀。在快速眼动睡眠期间，脑活动也有明显的变化；脑电活动与人在清醒状态下的情况别无二致。其他变化使我们在快速眼动睡眠期间实际上处于瘫痪状态，几乎完全丧失了肌肉张力。甚至在快速眼动睡眠期间，大脑中释放的化学物质和调节其活动的化学物质也发生了变化。简而言之，快速眼动睡眠是一种独特的脑和身体状态，在白天或晚上的任何其他时间都不会出现。

阿瑟林斯基的发现是在德国耶拿大学（University of Jena）的神经学和精神病学教授汉斯·伯杰（Hans Berger）报告首次人脑电图（electroencephalogram，EEG）记录的 22 年后。脑电图是对脑中的电活动的记录。伯杰真正感兴趣的是精神能量的生理基础，[3]但当这些研究毫无进展时，他转向研究脑电活动。这是他发现快速眼动睡眠中的独特脑活动模式的绝佳时机。

但是，快速眼动睡眠中其他特征的周期性重复，可以在人类历史上的任何时候被发现。每个青春期的男孩都知道睡眠中出现的勃起现象，而罗马医生盖伦（他是皇帝马库斯·奥雷柳斯的私人医生）早在 1 世纪就描述了睡眠中的勃起现象[4]。如果有人费心去记录它在一整夜的睡眠中出现的情况，那么快速眼动睡眠的周期性及其与做梦的关系就会在两千年前被发现。今天，新父母经常会注意到，通过观察睡着的婴儿薄薄的眼皮，他们可以看到婴儿的快速眼动。发现快速眼动睡眠并不难，只要有人愿意去看一看。

快速眼动周期

尽管研究者每年都会对夜间睡眠的不同阶段有更多的了解，但基本原理现已明了。人类整晚大约每隔90分钟就会出现快速眼动睡眠。每个快速眼动期之间有三个可被区分的非快速眼动睡眠阶段，称为N1、N2和N3，每个阶段都代表比前一个阶段更深的睡眠。一晚良好的睡眠看起来就像图4-1中的睡眠趋势图。

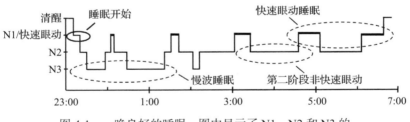

图 4-1　一晚良好的睡眠。图中显示了 N1、N2 和 N3 的
非快速眼动睡眠和快速眼动睡眠

代表快速眼动睡眠的粗线每隔一个半小时有规律地出现一次，第一个快速眼动期在午夜时分出现。90分钟的睡眠周期时长在整个晚上保持相对恒定，但快速眼动期的时长会随着每个周期发展而增加。深度 N3 睡眠的时间会减少，到半夜时会完全消失。这些

睡眠阶段最初是由阿兰·雷希特沙芬（Allan Rechtschaffen）和安东尼·卡莱斯（Anthony Kales）在 1968 年编写的评分手册中描述的。他们召集了一批专家讨论，据说在最后一天的会议上两人不让专家离开，除非大家达成共识。最后，该小组定义了五个阶段，即快速眼动期和非快速眼动期的一至四阶段。[5] 大约 40 年后，非快速眼动期的第三和第四阶段（合称慢波睡眠）被合并，有了我们现在用的术语，即快速眼动期和 N1—N3 期。

当睡眠研究人员对睡眠记录进行评分时，他们不只是看脑电图，他们还要查看眼球运动和肌肉张力的记录，这些记录被称为眼电图（electrooculogram，EOG）和肌电图（electromyogram，EMG）。当你把这些名字的英文拆开时，你可以看到它们与脑电图（electroencephalogram，EEG）的名字很相似。脑电图、肌电图和眼电图分别记录了脑、肌肉和眼睛的电活动。如前所述，这些活动在快速眼动睡眠中都会发生改变。但它们在非快速眼动睡眠的三个阶段也有不同。你可以在图 4-2 的最上方看到清醒状态、N2、N3 和快速眼动时脑活动的脑电图记录。他们之间的差异是巨大的。

清醒状态的脑电图中没有什么可看的。当然，这并不意味着无事发生。只是脑中不同的神经细胞或神经元的活动方式几乎没有一致性可言。我们记录脑电活动的方式，是将两个电极贴在你的头皮上，简单记录它们之间的电压如何随时间变化。你可以用一个简单的电压表，把它的两个探针顶在你的头皮上，就像你把它们顶在电池的正负极上以检查其电压强度那样。将探针抵住你的头，你可以看到针头来回摆动。你所看到的就是你的脑电变化。

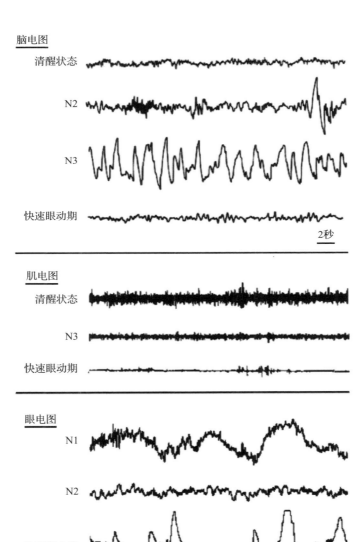

图 4-2 睡眠生理图。不同睡眠阶段的脑电图、
肌电图和眼电图记录

呃，情况也并不完全是这样，因为你在地下室找到的那个电压表其测量范围是 1 到 6 伏，而你的脑电图中最大的信号大约是一亿分之一伏，或说 100 微伏。不过，原理是一样的。

那么实际上被测量的是什么？想象一下，在一场足球比赛开始前，你站在体育场外，用听诊器抵住体育场的混凝土墙。你会听到持续的低吼声，那是成千上万人在进行私下聊天的声音。如果你记录下声音的强度，那它看起来就像图 4-2 中的"清醒状态"下的脑电图。图中许许多多的小波动，会随着说话者数量的增多或减少，忽上忽下。现在再想象一下，比赛已经开始了，而你正在场上。球员们在快速跑动换边，声音强度可能看起来像 N2 睡眠时的脑电记录。当一位球员突破包围圈并准备射门时，球迷们反应激烈，声音强度就会有许多较大的扰动。你可以在整场比赛的录音结尾看出射门的时间点，也就是人人都同时发出呐喊的时候。N3 的记录正是你所看到的，当球迷都开始一齐鼓掌的时候。在球场外，你永远听不到单独一人发出的掌声，但当成千上万的人齐声鼓掌时，即使没有听诊器，你也可能听到这个声音。

鲍勃住在离哈佛大学足球场一英里⊖多一点的地方，当西风吹来的时候，他喜欢坐在后院里，听着哈佛大学进球时球迷的吼叫。同样，当我们看到像这里显示的 N3 睡眠的脑电图模式时，我们知道大量的神经元——不是几千或几万，而是几百万或几千万——都在一起有节奏地发射，每秒钟一次或两次。当我们从清醒状态进入越来越深的睡眠阶段时，脑电图信号越来越强，越来越多的

⊖   1 英里 ≈ 1.609 千米。

细胞在同步发射和休息几十分之一秒之间交替进行，因为整个脑专注于回顾和重现我们一天的记忆。N3 睡眠的大而缓的波形导致它被更多人称为慢波睡眠。

但快速眼动睡眠是怎么回事呢？其脑电图看起来就像清醒时的样子。这也是阿瑟林斯基认为他的儿子阿蒙当时是醒着的部分原因。事实上，多年来快速眼动睡眠也被称为矛盾睡眠（paradoxical sleep），因为脑电图似乎表明你是清醒的，而实际上你在酣睡中。这就是为什么睡眠研究人员也需要记录肌电图和眼电图。如果你看一下肌电图中显示的肌肉张力，你可以很容易地区分快速眼动睡眠和清醒状态（见图 4-2）。如你所料，最初入睡时，你的身体会放松，然后随着你进入越来越深的非快速眼动睡眠阶段，你的脑电波越来越大，越来越慢，你的身体会越来越放松。但是当你进入快速眼动睡眠时，奇怪的事情发生了。你的脑电波再次加速，好像你醒来了一样，但你的肌肉张力却下降到接近零。事实上，如果你当时坐在椅子上，你很可能会从椅子上摔下来。处于张力缺失状态，意味着你没有肌肉张力，也没有控制肌肉的能力。类清醒状态的脑电图加上平坦的肌电图，是快速眼动睡眠的明显标志。

有时人们在清醒时出现快速眼动弛缓，其结果是相当惊人的。我们在第 1 章谈论那些无法区分清醒记忆和梦境的人时，提到了发作性睡病。发作性睡病是一种睡眠障碍，控制清醒 – 睡眠周期的脑回路被扰乱，导致患者一入睡就进入快速眼动睡眠，而不是在睡了一两个小时后才进入。此外，通常只在快速眼动睡眠中出现的瘫痪现象可能会出现在清醒状态下，导致猝倒发作，在这种情况下，患者会倒在地上，好像被一只无形的手"打倒"了。奇怪的是，这种发作最常由强烈的情绪触发，最常见的是由笑声引起。虽然是清醒的，但患者已经失去了对所有肌肉的控制，在肌肉张力恢复之前可能会保持这样的状态长达一分钟。你可以在网上找到发作性睡病患者猝倒发作的视频。如果你不知道他们有发作性睡病，就很难想象他们身上发生了什么。

清醒状态下出现快速眼动睡眠肌张力缺失的另一个更常见的例子，是睡眠瘫痪。当你从快速眼动睡眠中醒来时就会发生睡眠瘫痪，通常发生在早上。当你的大脑将你从快速眼动睡眠转换到清醒状态时，产生快速眼动睡眠肌张力缺失的系统可能在缓慢关闭，导致你醒来时仍然感觉瘫痪。更糟糕的是，你的大脑似乎也想继续做梦，即使你是清醒的，你的眼睛是睁开的。其结果是视觉上的幻觉与你眼睛提供的卧室图像相结合。人们会看到陌生人甚至是怪物进入了他们的房间。有个朋友曾看到一只巨大的蜘蛛，至少有两英尺[⊖]高，悬在她卧室的角落里。大约四分之一的成年人在他们生命中的某个时刻有过这样的经历，通常是在连续几个晚上没有得到足够的睡眠之后。

快速眼动睡眠的特点是快速的眼球运动，它的名字也由此而来。（也可用英文单词首字母组合 R.E.M. 来表示，它是唯一一个有摇滚乐队用其名字命名的睡眠阶段。）在图 4-2 所示的眼电图中，快速眼动（或称 REMs）的峰群是很明显的。在这些峰群之间，你

　　⊖　1 英尺 ≈ 0.305 米。

的眼睛从左到右快速抽动，就像你故意转移视线以捕捉一侧或另一侧的突发动作一样迅速。它们会继续来回跳动几秒钟，然后停止，过了几秒钟（如这个例子）到一两分钟后再次跳动，如此反复直到快速眼动期最终结束。

快速眼动是在脑干深处触发的，那是控制快速眼动睡眠的关键脑区之一。尽管仍有争议，但在回答我们为什么有快速眼动这一问题上，占主导性地位的理论是"扫描假说"（scanning hypothesis）。在发现快速眼动睡眠后不久，霍华德·罗夫瓦格（Howard Roffwarg）于 1962 年首次提出扫描假说，[6] 认为快速眼动睡眠的快速眼球运动是由脑用眼睛的注视功能（gaze direction）来追踪梦中的动作而引起的。另一种可能性与扫描假说相反，即梦中的动作是在脑的引导下，试图产生与做梦人的眼球运动相匹配的叙述。

快速眼动睡眠之所以成为一种独特的脑状态，是因为这三个独特的特征——快速眼动、肌张力缺失和类似清醒状态的脑电图。这些特征在约 30 秒内先后出现，然后同时保持半小时，再然后就像它们出现时那样迅速地悄然消失。

尽管快速眼动睡眠与非快速眼动睡眠有很大的不同，但非快速眼动睡眠的三个阶段之间的差异更多的是程度上的不同。见图 4-2，N3 阶段有更多的慢波（睡眠"加深"的标志），但其他方面都与 N2 相似。N1 阶段的睡眠通常只在入睡后持续一两分钟，但它有一个独特的特征，即慢速眼球运动（slow eye movement，SEM），见图 4-2。慢速眼球运动中，眼睛来回转动的速度不到快速眼球运动的十分之一，[7]来回移动一次需要 2 至 4 秒。产生慢速眼球运动的脑机制和慢速眼球运动的潜在功能仍然未知，但它们的出现与你对现实世界的意识逐渐消失的时间点密切相关。事实上，通常伴随着睡眠开始的幻觉视像通常在慢速眼动睡眠出现后的几秒钟内开始。[8]睡眠研究者还不知道这两种现象之间是否存在有意义的关联，但我们可以肯定的是，N1 和快速眼动睡眠的特点都包括独特的眼球运动并伴随幻觉视像。

连夜的梦

人们到底什么时候做梦？我们在睡眠初期和快速眼动期间做梦，但 N2 和 N3 期间也有梦吗？了解我们何时做梦有助于我们了解哪些脑机制参与其中。此外，我们在晚上有多少时间是在做梦的？弗洛伊德曾认为我们很少做梦，也许只有当我们得了神经症时才会做梦。如果我们整晚都在做梦，他的理论就很难得到支持。而且，我们的梦是否不同，是取决于我们所处的睡眠阶段，还是取决于绝对时间？笼统地说，我们在所有的睡眠阶段都会做梦；晚上的大部分时间里我们可能都在做梦，但某些阶段和某些时间比其他时间的情况更一致；而且平均来说，在不同的睡眠阶段，在每个睡眠周期里，我们的梦都不一样。

可想而知，完整的答案是很复杂的。首先，我们必须回到第 1 章，回到我们对什么算作梦的讨论。在那一章中，我们看到，对于什么是梦并没有一个公认的定义，而我们做多少梦，什么时候做梦，都取决于我们的定义。根据某个定义，我们必须把白日梦纳入讨论，而根据另一个定义，只有快速眼动睡眠中复杂的梦才算数。为了避免所有这些争论，我们将使用一个简单的定义。我们将在睡眠中发生的任何心理体验，即任何睡眠时出现在意识中的思维、感觉或图像，都算作是一个梦。我们所说的图像，不仅仅是指视觉图像。我们指的是任何一种感觉：那些身体内部产生的感觉，如肌肉酸痛或胃痛的感觉，以及那些身体外部产生的感觉，包括视觉、听觉和嗅觉，或味觉、触觉、温度觉、躯体位置和平衡感。这些感觉可以是真实的感觉，如膀胱充盈，也可以是幻觉，如人脸的视像或喇叭的声音。梦可以是一个复杂的、离奇的故事，有视像和声音，有人、动物、车辆、争论、困惑、欢乐和恐惧。这样来看，人类的梦境体验是一个连续的谱系，从孤立的感觉或想法，到史诗般的异世界之旅。所有这些经历都是睡眠心理的例子，属于我们第 1 章中对梦的定义。

根据这个操作性定义，我们在非快速眼动睡眠中会做梦吗？当然。多年来，我们对梦的定义一直在发展，快速眼动睡眠期中梦报告的数量却始终徘徊在 80% 左右。但是，在非快速眼动睡眠期的 N2 中唤醒参与者所得到的梦报告，其数量已经从德门特和克莱特曼原论文中的 7% 慢慢上升到 50% 至 60%，[9] 而且一些研究报告中有梦的比率超过 70%。在睡眠的最初几分钟，从非快速眼动的 N1 中收集的"入睡"梦的比率甚至更高。"入睡的"（hypnagogic）这个词来自希腊语中的"睡眠"（hypnos）和"引导"（agōgos），指的是引导我们进入睡眠的睡眠开始期。75% 的情况下，从这个入睡期醒来的人报告他们在梦，这个比率与快速眼动睡眠期间的 80% 区别不大。甚至从深度睡眠 N3 的研究中也获得了接近 50% 的梦报告。这么说来，大部分情况下，非快速眼动睡眠的所有阶段都会有梦报告。

一些研究人员甚至认为，梦可能整晚都在发生，无论我们醒来时是否能记住其中的任何东西。这种可能性得到了许多关于延迟回忆的逸闻证据的支持。例如，你醒来时可能不记得做过梦，但随后发生的一些事件，例如进入淋浴间或看到一只猫跑到街上，会让你突然生动地回忆起淋浴或猫的梦的细节。没有梦的回忆显然不能证明没有做过梦。

当然，这并不意味着我们的梦在所有睡眠阶段都是一样的。例如，如果你统计每个睡梦报告的字数，你就会发现 N1 报告比 N2 报告短，而 N2 报告又比快速眼动报告短。这其中的含义并不像你想象的那么浅显。快速眼动睡眠中较长的睡梦报告可能表明，梦境在快速眼动睡眠中实际持续的时间较长，或者也许只是它们需要更多的文字来描述，而这也许是因为它们更生动或更离奇。但它也可能意味着，当我们从快速眼动睡眠中醒来时，我们就是能记住梦的更多内容。最有可能的是，以上三种解释都对。

谈论梦的内容

黛比来到睡眠实验室，参加我们持续三晚的梦境研究中的第一夜。她带来了她的睡衣和牙刷。换好衣服后，她耐心地坐着，而我们花了半个小时在她的头上安装电极，以记录她的脑电图，在她的眼睛旁边记录眼电图，在她的下巴上记录肌电图。电极将持续监测她的脑电波、眼球运动和整个晚上的肌肉张力，这些都会被我们全部紧凑地记录在电脑硬盘上——而不是像20世纪90年代使用的上千页8×12平方英寸⊖的扇形折叠纸那样。在给她接线时，我们解释了我们正在探寻的东西。"在这项研究中，我们对你在梦中的想法感兴趣。通常情况下，人们不会报告说他们在想什么。似乎，梦中的视觉图像、动作和情绪是如此强烈，以至于这些东西占据了报告的绝大篇幅。因此，当我们今晚晚些时候叫醒你进行梦境报告时，我们希望你暂停几秒钟，尽可能多地记住在我们叫醒你之前你可能在做的梦的任何细节。然后，当你开始报告时，从你记得的任何想法开始。如果你不记得任何想法，那也完全没问题。当然，如果你不记得某个梦，或者如果你觉得报告梦的内容不舒服，就说出来。我们将记录你所说的话，以便我们以后可以回顾。"接好电极线后，黛比上了床，不到10分钟就酣然入睡。90分钟后，她被一段录音惊醒，被要求报告她能回忆起的"在醒来之前的这段时间里"的任何梦境。

我们刚才描述的方法是现代科学家收集梦境报告的许多方法之一。有时我们让人们写下他们的梦境报告，有时则是我们来记录。有时我们让人们在家里使用这种方法；而有时，就像黛比的情况一样，我们把他们带到睡眠实验室。当研究参与者在家里时，

⊖ 1英寸=2.54厘米。

我们可能会要求他们在每次醒来时报告他们的梦境，或者只在早上，或者只在他们觉得合适的时候。在实验室里，我们让他们在每次我们叫醒他们的时候进行报告——有些研究在一个晚上的唤醒多达十几次，然后在早晨他们自己醒来的时候再次报告。有时，我们甚至让参与者报告他们能够记得的过去的任何梦境，上个星期、上个月、上一年，或者他们整个生命中的梦。有时我们只想要他们最难忘的梦；有时我们想要最近的梦。这一切都取决于我们想要回答什么问题。

然后是我们希望参与者报告的内容。这可以是在三个选项中选择一个：不记得自己在做梦；记得自己在做梦，但不记得任何内容（被称为"白梦"）；或者既记得自己在做梦又记得梦里发生了什么。更常见的是，我们要求参与者报告"在醒来之前，脑海中发生的一切——你看到的、听到的、闻到的和所做的一切，你想到的和你感觉到的一切。不要报告你认为它意味着什么或你认为它来自哪里。只需报告梦境"。或者套用电视侦探乔·弗雷迪（Joe Friday）的话说："只是梦，女士，只是梦。"

有时我们使用"肯定式探询"来获取我们感兴趣的特定问题的信息。例如，在梦中很少有关于气味或味道的报告，所以也许我们不常梦到这些。但鲍勃做了一项研究，他用呼叫器（那是在手机时代之前）在白天呼叫参与者，并要求他们报告他们在被呼叫之前所经历的一切。他总共收集了几百份参与者在清醒状态下吃饭时的报告。但是，尽管许多人描述了他们在吃饭时做了什么，看到了什么，听到了什么，但几乎没有人报告尝到或闻到了什么。

事实证明，我们只是没有报告这类信息。因此，在梦境研究中，我们可以加上这样的指示："要特别注意报告你在梦中经历的任何气味或味道。"

在当时哈佛大学的睡眠和梦境研究者艾伦·霍布森1988年出版的《做梦的大脑》(*The Dreaming Brain*)[10]一书中，他将"不确定因素"描述为梦境中发现的怪异点之一。在一份报告中，一位参与者说："我坐在海边，也可能是游泳池边。"这是什么意思？她不记得是哪一个了吗？几年后，鲍勃与霍布森一起做了一项研究，使用肯定式探询来回答这个问题。他们要求参与者在报告中任何感到不确定的部分下划线。然后指出这种不确定是由于忘记了梦的细节，还是因为这种不确定性确实存在于梦中。最后，如是后一种，请指出你是在做梦时意识到了这种不确定性，还是在醒来后才意识到的。肯定式探询帮助梦研究者解决了许多像这样关于梦境的详细结构的问题。

我们还可以要求参与者在每次做完梦后填写调查问卷，跟玛丽·惠顿·卡尔金斯在19世纪所做的那样很像。我们可以给他们一份情绪清单，要求他们在梦中经历的所有情绪上打钩，或者要求他们列出梦中的人物，并指出这些人物是名人、私下认识的人，还是他们根本不认识的人。我们可能会要求参与者确定梦中的主要情绪，或者梦境似乎持续了多长时间。同样，询问什么信息取决于我们试图回答什么问题。

收集好一批梦境报告之后，要如何处理它们取决于为什么收集它们。在科学中，总是有一个我们试图回答的底层问题。我们刚才描述的肯定式探询的例子都是基于我们试图回答的具体问题。

在一项研究中，鲍勃想知道对当天事件的记忆是否真的会在梦中重现，就像我们第二天回忆起那件事时那样。他让参与者写下他们的梦，然后在报告中给他们自认为知道其来源于清醒时何事何物的部分划线。对于每一个被划线的梦境元素，参与者在第二张表格上描述其所对应的清醒时的事件，并指出梦境元素和清醒时的事件之间的所有相似之处。是否有相同的人、物、地点或动作？有相同的主题和情绪吗？这种肯定式探询非常复杂，但参与者的报告最终表明，我们的梦几乎从来都不是白天事件的准确再现。当然也有例外。我们将在后面的章节中再讨论其中一些重要的例外。

在一些研究中，我们要避免使用任何形式的探询，以确保我们的参与者不知道我们在寻找什么。或者我们可能没有什么具体的问题，只是想知道一些参与者的梦是什么样子的。例如，我们可能想知道最近离婚的女性的梦与单身女性或自称婚姻幸福的女性的梦有何不同。在这种情况下，我们可能没有任何特别感兴趣的梦的特征，所以我们只是收集尽可能详细的梦境报告。

多年来，我们使用本章所述的许多技术收集了数以千计的梦境报告。我们喜欢这样做。坐在那里阅读上百份报告，有一种神奇的感觉。几乎可以感觉到，研究梦好像会损害梦。但我们想知道梦是什么样的，脑又是如何创造它们的。而且我们想知道为什么脑会做梦。因此，现在让我们把注意力转移到这些问题上吧。

第5章 睡眠：只是为了治疗困倦吗

我们都是习惯创造出来的人，被一系列苛刻的动物本能所控制。当脑计算出我们应该睡觉时，它会让我们知道。这可能是周公让我们的眼睛感到又干又痒，或者是那种眼皮沉重的感觉，我们无法保持睁开。我们可能会非常想躺下，哪怕一秒也好，或者感觉越来越无法集中注意和连贯地思考。脑发出的信息响亮而清晰：该睡觉了。

我们知道，吃东西是为了获得营养，喝水是为了防止脱水。但是研究者们才刚刚开始了解人需要睡眠的原因。20世纪90年代末的时候，我们对睡眠的生物功能基本上还是一无所知。有观点认为睡眠可以保存能量，使器官、组织和细胞从一天的劳累中恢复过来。还有人认为，睡眠只是让我们在晚上不受伤害。但这些观点缺乏强有力的科学支持，而且这些观点似乎都不足以解释睡眠的出现和持续数亿年的演化。

针对一些研究者提出的睡眠不具有任何功能的观点，睡眠研究先驱阿兰·雷希特沙芬在 1979 年尖锐地评论说："如果睡眠不具有不可或缺的重要功能，那么它就是演化过程犯下的最大错误。"即使 20 年后，到了 20 世纪末，这种情况也没有好到哪里去。哈佛大学医学院的艾伦·霍布森精妙地打趣到，睡眠的唯一已知功能是治疗困倦。

睡眠到底有多重要？对许多人来说，睡眠似乎更像是一种不便，而不是具有内在价值的东西。但是，让我们说清楚吧。如果你让老鼠长时间保持清醒，它们都会在一个月内死亡。在人类中，有一种遗传性脑部疾病，被称为致死性家族性失眠（fatal familial insomnia），其名已经说明了一切。

试图睡得很少或不睡，会产生灾难性的后果。在美国，每年有近八千起致命的车祸是由人们在开车时睡着引起的，而且如果再算上所有导致住院的车祸，这个数字则接近五万。[1]此外，睡眠不足（以及经常伴随出现的决策失误）与 20 世纪一些最大的灾难有关，包括切尔诺贝利事件、三哩岛事件和挑战者号爆炸事件⊖。[2]

⊖　切尔诺贝利事件，1986 年 4 月 26 日，前苏联乌克兰苏维埃社会主义共和国普里皮亚季市切尔诺贝利核电站发生了史上最严重的核反应堆破裂事故，首例国际核事件最高级第 7 级事故；三哩岛事件，1979 年 3 月 28 日，美国宾夕法尼亚州萨斯奎哈纳河三哩岛核电站发生部分堆芯熔毁事故，国际核事件评级为 5 级；挑战者号爆炸事件，1986 年 1 月 28 日，美国佛罗里达州肯尼迪航天中心上空刚起飞 73 秒的挑战者号太空飞船发生解体，机上 7 名机组人员丧生。——译者注

吉尼斯世界纪录认同人们可能会因为故意剥夺睡眠而伤害自己和他人的观点，因此不再考虑任何打破兰迪·加德纳（Randy Gardner）1964 年的睡眠剥夺记录（11 天 25 分钟）的尝试。医院也应该注意这点。医务人员报告说，在轮班超过 24 小时后开车回家，事故率增加 130%，险情增加 500%。而那些在一个月内有超过 5 次这种延时轮班的人，他们所犯的医疗错误的数量增加了 6 倍，与疲劳工作有关的病人死亡也增加了 3 倍。[3]

在 20 世纪末，并没有太多的硬性数据证明睡眠在治疗困倦以外还有什么作用，虽然那也是个很大的好处。但是在过去的 20 年里，真的在爆炸性增长的科学研究已经清楚地表明，睡眠不只有一个作用，而是具备许多关键功能。虽然这些功能中的大多数与我们讨论的梦并不明显相关，但对睡眠功能的全面了解会提供帮助我们理解人为何做梦所需的知识背景。

最近的证据表明，一些动物可以在长时间内只进行少量的睡眠：带着新生幼崽的母鲸，以及在大片开阔水域中迁徙的鸟类。一些鸟类还学会了在飞行中睡觉！但是，没有已知的动物物种是不需要睡眠的，包括人类。事实上，我们还没有发现过什么动物是不需要睡眠的。甚至昆虫和蛔虫也有它们自己低级版本的睡眠，每天在相同的时间段里变得一动不动，毫无反应，即便将它们置于持续的光照或黑暗中。当这些动物被剥夺了休息时间，它们会在过后的第一时间里补上。

睡眠要想在 5 亿年的演化过程中得以维持，就必须发挥对我们生存至关重要的功能。的确，睡眠的某些功能就其本质而言似乎必须通过睡眠完成。但其他某些功能似乎只是被随意地分到了睡眠头上。你可以把这些功能当作内务管理功能，而它们被分配到睡眠中，只是因为这是个方便完成任务的时间。想一想大型办公大楼每晚的清洁工作。清洁工在晚上打扫并不是因为这是唯一可以完成的时间，而是因为这对那些白天在大楼里工作的人来说更方便，而且如果没有其他人在那里，对清洁工来说也可以更有效率地完成工作。但是显然，清洁工作也可以在白天进行。

睡眠的内务管理功能

在越来越多的睡眠功能清单上，有许多项目都适合这个内务管理类别。举个例子，思考一下孩子是如何长大的。在儿童时期，生长过程由生长激素控制，该激素由位于大脑底部的脑垂体分泌。如果分泌太少，孩子的身高就会发育不良，出现一种被称为垂体性侏儒症（pituitary dwarfism）的情况。反之，生长激素分泌过多会出现垂体性巨人症（pituitary gigantism）。

在儿童时期，大多数生长激素是在夜间深度慢波睡眠时分泌的。这种生长激素的释放所引发的生长可以使孩子在 24 小时内长高三分之二英寸，[4] 这通常与比平时吃得更多、睡得更多有关。事实上，在一项关于婴儿生长的研究中，生长高峰往往与睡眠的增加同时进行，婴儿每多睡一小时就多长高十分之一英寸。

没有明显的理由说明为什么生长必须发生在慢波睡眠期间。

睡眠期间大脑或身体生理学的变化似乎对生长突增并不重要。最有可能的是，进化将生长激素的释放时间和随之而来的生长高峰推到慢波睡眠中，只是因为当时身体上没有很多其他需求。这当然比把生长时间安排在孩子清醒的时候、到处跑动和玩耍的时候更合理。从直觉上来看，当你躺下睡觉时，长高这项任务肯定更容易完成。

睡眠的其他内务功能也是如此，例如调节胰岛素分泌和抗体的产生。在注射流感疫苗后的 10 天内，血液中针对流感病毒的抗体水平可以增加 50 倍。但是为了从疫苗接种中获得最佳效益，其接受者必须获得足够的睡眠。在一项研究中，从接种疫苗的前四晚开始，连续六晚，参与者每晚只允许睡 4 个小时。一周后，他们的抗体水平只有正常睡眠组参与者的一半。[5] 在另一项研究中，参与者在接受肝炎疫苗接种后只被剥夺了一个晚上的睡眠，但同样地，他们的抗体水平只有对照组的一半。[6] 为什么睡眠对抗体产生如此重要？虽然我们还是缺少一个确定的答案，但原因很可能与生长激素的例子相同。睡眠是使免疫反应达到最大限度的抗体产生的最容易的时间。

胰岛素调节讲述了一个类似的故事。胰岛素产生于肾上腺，在血液中的葡萄糖水平开始上升时被分泌出来。该激素指示肌肉、肝脏和脂肪细胞从血液中吸收多余的葡萄糖，并将其转化为糖原，或者转化为脂肪进行长期储存。当这个过程被扰乱时，就会出现糖尿病。睡眠与此有什么关系？在连续五个晚上只允许睡 4 个小时后，原本健康的大学生开始出现糖尿病前兆症状。[7] 与每晚睡 8

个小时的对照组相比，他们的身体从血液中清除葡萄糖的速度下降了 40%，与葡萄糖耐受性受损的老年人的水平相当。此外，他们的身体对急性胰岛素的反应下降了 30%，类似衰老或与怀孕有关的糖尿症状的变化。

芝加哥大学的伊芙·范科特（Eve van Cauter）提出，现在有40% 的美国成年人是肥胖的，而 50 年前这个比例只有 14%，而肥胖的流行可能是由我们不断减少的睡眠和不断增加的甜食摄入量导致的。同样，我们不确定为什么充足的睡眠对维持胰岛素有效调节血糖水平的能力至关重要，但它确实是至关重要的，而睡眠越来越少的趋势可能正使多达 1 亿美国人走上糖尿病之路。

睡眠的最后一项内务管理功能值得注意。睡眠似乎在清理脑内废料方面发挥着重要作用，包括 β–淀粉样蛋白，这种蛋白质在神经细胞之间的空间积累是阿尔茨海默病发展的一个主要决定因素。我们不知道为什么 β–淀粉样蛋白会随着年龄增长而在脑中积累，但是显然，在睡觉时，它从脑中被清除出去的速度是清醒时的两倍。[8] 仅仅经过一个晚上的睡眠剥夺，这些间质空间中的 β–淀粉样蛋白的水平就会增加 5%。

在这种情况下，我们觉得，我们知道为什么睡眠如此重要了。脑内废料的清除与脑脊液的流动有关，脑脊液冲刷着脑中的细胞并带走废料。事实证明，在睡眠期间，这种流动是以脉冲形式出现的，而且这种脉冲的频率与非快速眼动睡眠的慢波一致。似乎正是这些慢波在推动脑脊液的流动，并将 β–淀粉样蛋白从脑中清除出去。[9]

睡眠的关键功能

尽管我们将所有这些睡眠功能归类为"内务管理"功能，但这一清单并不寒碜。这些功能帮助我们成长，使我们不至于生病、变得肥胖或使认知能力受损。但是，它们无法解释的第一点就是为什么睡眠会演化。的确，一旦睡眠出现，这些内务功能迁移到我们一天中的睡眠时间是有道理的。但是，也一定有一些睡眠的关键功能是在清醒状态下无法满足的。

从演化的角度来看，睡眠关键功能存在的一些最佳证据可能来自海豚、鲸鱼和一些鸟类物种。海豚有一个严重的问题：如果它们睡着了，它们就会停止游泳，下沉并淹死。它们无法承受睡眠。如果睡眠只具有内务管理的功能，这就不是一个问题。演化可以比较容易地产生一种可以根本不睡觉的海豚。这样的海豚必须将所有的内务功能转移到清醒状态，但这只需要放宽这些功能执行的时间限制。但相反，演化发展出的是更复杂的解决方法，复杂到几乎难以想象。海豚和鲸鱼演化出了每次只让一半的脑进入睡眠的能力，每隔一小时左右就从脑的一边切换到另一边。同样地，小军舰鸟（Fregata minor）可以在海洋上空飞行数月而不着陆，而在飞行时诉诸"单侧脑睡眠"（unihemispheric sleep）。在鸭群中，单侧脑睡眠是用来防范捕食者的。当一群鸭子在池塘里睡觉时，外围的鸭子会保持向外看的那一侧脑清醒，夜幕降临时，它们与鸭群中心的鸭子交换位置。

这样的演化之旅告诉我们，睡眠一定对某个功能来说是绝对不可避免的需求。它不可能是一种仅仅需要躺下、闭上眼睛或放松的功能。人类可以在不睡觉的情况下做所有这些事情。相反，这些关键功能要求我们必须切断与外界的联系，不去管周围发生了什么，是真正睡着了的状态。离线记忆加工恰恰符合这一要求。我们的脑不像数字视频录像机，后者可以在录制一个正在进行的电视节目的同时，用屏幕回放一个已录好的视频。我们无法在注意新的感官信息的同时，倒放或分析以前存储的记忆。它只能做一件事。这种情况在对话中经常发生。当我们在想别的事情时，我们的眼睛会游离到一边，甚至是在想对方刚刚说过的话时也会这样，而这就是我们不得不要求别人重复的尴尬时刻。这解释了我们为什么需要睡觉。我们在清醒的白天里关注周围的环境，接收新的信息并将其储存起来，等到睡觉时再回顾和修正这些信息，并弄清楚它们的含义。

清醒时两个小时内储存新的信息，脑需要一个小时的睡眠来弄清楚这些新信息的含义和重要性。在这一个小时里，我们与外部世界脱节，并且关闭了清醒状态下自上而下的、指导思维和行动的机制。这就是演化赋予睡眠的关键任务。

睡眠和记忆的演变

当记忆第一次在脑内被编码时，它是脆弱的，容易受到其他新形成的记忆的干扰和简单遗忘的影响。如果这段记忆在几秒钟内没有被遗忘，好比你对这句话开头的记忆，它就会在几个小时内保持相对脆弱的状态，直到脑有机会去"巩固"它。这个过程涉及新蛋白质的合成，新蛋白质巩固了神经细胞之间的网络，这些神经细胞网络共同构成了记忆的生理基础。

1900年，德国心理学家格奥尔格·埃利亚斯·缪勒（Georg Elias Müller）和他的学生阿尔方斯·皮尔策克（Alfons Pilzecker）首次描述了记忆的巩固过程。但是，关于睡眠在这一过程中发挥了额外的、有时是关键作用的证据是在很久以后才出现的，这主要的功劳属于法国的伊丽莎白·亨纳文（Elizabeth Hennevin）和加拿大的卡莱尔·史密斯（Carlyle Smith）。在20世纪70年代和80年代，他们共同发表了20多篇关于睡眠和记忆的文章。尽管他们一直在发表高质量的文章，但直到2001年，在缪勒和皮尔策克首次描述记忆巩固的整整一百年后，鲍勃实验室才在著名的《科学》杂志上发表了一篇题为《睡眠、学习和睡梦：离线记忆再加工》（Sleep, Learning, and Dreams: Off-line Memory Reprocessing）的文章，最终推动学术界认真对待睡眠依赖性记忆巩固的观点。它宣布了一个睡眠和梦研究的新时代，大胆地宣称：

> 来自各神经科学领域的融合证据和新的研究方法，使我们能够对睡眠在离线记忆再加工中的作用，以及梦的性质和功能进行神经科学研究。现有证据支持睡眠在一系列学习和记忆任务的巩固中的作用。此外，新的方法可以让我们在睡眠开始时对梦的内容进行实验性操作，从而可以对梦境形成进行客观和科学的研究，并重新寻找梦的可能功能和支持它的生物学基础。[10]

自2001年以来，出现了一千多篇科学论文，扩展了我们对睡眠如何稳定、增强、整合、分析，甚至改变记忆的知识，这些进展极大地促进了我们对记忆的认识，也改善了我们对记忆的理解方式。你可能已经注意到，我们把这一节命名为"睡眠和记忆的演变"，而不是"睡眠和记忆的巩固"。尽管睡眠确实巩固了新近形成的记忆，并使它们更不容易受到干扰和遗忘，但它的作用远不止于此。记忆演化这一术语承认了这一点，也承认了记忆在我们的一生中会以多种方式继续变化的事实。

钢琴和打字

睡眠可以增强许多形式的记忆，例如，学习乐器或从事体操等涉及学习复杂动作序列所需的运动（肌肉）技能。一个在钢琴上练习肖邦小调的学生报告说，他们在一些无法掌握的小段落上卡住时，曾沮丧地放弃了，但第二天早上回来继续练习时，第一次就可以弹得很完美，而这种情况并不罕见。当被问及如何理解这种现象时，这些人通常会说，可能在他们前一天停止练习的时候，他们已经掌握了这首曲子，只是太累了，无法弹奏出来。但他们错了。看来，他们实际上是在那晚睡觉时完善了弹琴的技巧。

我们没有研究过钢琴家，但我们研究过普通人学习在电脑上输入数字序列 4-1-3-2-4 的过程。经过五六分钟的手指敲击练习，他们的速度通常提高约 60%，但随后他们的速度趋于平稳，在 10 分钟的训练结束时，他们的速度没有任何提高。然后我们让他们离开 12 个小时，之后我们只对他们进行 1 分钟的测试。当我们在早上训练参与者并在晚上测试他们时，我们发现他们并没有忘记他们所学的东西；我们观察到的是他们打字的速度和训练结束时一样快，只是没有变得更好。但是，当我们在晚上训练他们，并让他们在睡了一夜之后的第二天再来训练时，他们的速度提高了15%到20%，而且犯的错误也少了。一夜之间，沉睡的脑实际上提高了他们输入序列的能力。在学习视觉和听觉辨别技能方面也出现了类似的睡眠依赖性的进步。在所有这些案例中，参与者在一夜之间表现出极大的提高，在白天清醒的同等时段内却没有任何改善。正如加州大学伯克利分校的马特·沃克（Matt Walker）所总结的那样："有睡眠的练习才是完美的。"[11]

文字游戏

在某些情况下，睡眠实际上使你的记忆力变差，虽然这样对你更有利。在一项显示了这种效果的研究中，彼时还在鲍勃实验室做博士后的杰西卡·佩恩（Jessica Payne）让参与者听几个词列表，并告诉他们要努力记住这些词。例如，一个列表包括了护士、病人、律师、药物、健康、医院、牙医、医师、生病、病人、办公室和听诊器等词。然后，在20分钟后或12小时后，她要求他们写下他们能记住的所有词。在其他研究中，对参与者的测试是给他们一个新的词列表，问他们新列表中的哪些词也在旧列表中出现过。

你可以自己试试。在不回过头看上面的列表的情况下，试着记住这些词中哪些是在列表上的：棉花、药物、病人、桌子、医生、信。如果你选择了"医生"作为原始列表中的一个词，那你错得并不孤单。在杰西卡的研究中，多达一半的参与者写道，他

们记得听到了"医生"一词，[12] 这并不令人惊讶。他们之所以犯这
个错误，是因为原来的列表是由那些在听到"医生"这个词时最
常想到的词组成的。由于原始列表中的所有词都与"医生"有很
强的关联，脑准确地计算出，"医生"这个词代表了列表的要点，
然后错误地得出结论，认为它一定在列表中。因此，"医生"可以
被认为是这份列表的标题。其他的列表也是以同样的方式构建的，
围绕着其他的词，而在每一种情况下，这些词都没有被包括在列
表中。

这个实验中发生了什么？无论参与者在测试前的 12 小时内是
清醒的还是睡过觉的，他们都忘记了最初记忆的 30% 到 40% 的
词。（初始水平是在他们看到列表的 20 分钟后进行测试得到的值。）
但对于他们错误地记得的标题词，在最终测试前一直保持清醒的
参与者"忘记"了其中的 20%，而那些睡了一晚上的参与者实际
上还多"记住"了 5% 到 10% 的标题词。睡眠选择性地稳定甚至
增强了对这些标题词的错误记忆，而忘记了列表上的实际词汇。
有趣的是，这种现象与梦并不一样。

梦境并不完全重放记忆；它创造了一种叙述，其要点与最近
的一些记忆相同，而且可能有相同的标题。这是我们第一个用以
说明睡眠中的记忆演变与做梦类似的例子。我们在第 7 章谈论梦
的功能时，会再回头来讨论它。但现在请注意，这是一个梦境内
容与睡眠中的记忆加工相匹配的例子。

诚然，在这种情况下，从表面上来说，睡眠使参与者的记忆
力恶化了，因为他们记住了更多实际上并不在列表上的词。但我

们认为这是个错误的思考角度。除非要回校参加考试或在法庭上作证，否则我们很少需要完美地记住事物本身的样子，而且记忆系统不太可能以"完全回忆"为目标进行演化。相反，演化的目标是建立一个能记住对未来最有用的事物的系统。

哈佛大学的心理学教授丹·沙克特（Dan Schacter）认为，记忆是关于未来的，而不是关于过去的。[13] 记忆的演化并不是为了让我们在年老时有东西可以回忆；记忆的演化是因为那些不从过去汲取教训的人注定要重蹈覆辙。记忆的演化是为了在我们遇到与以前类似的情况时不会在同一个地方再次跌倒。因此，当面对一串相关的词时，一个高效的记忆加工系统可能会优先提取和保留这串词的共同主题（或要点），而不是专注于具体的词。事实上，你能从列表中回忆起多少词，取决于你记住了多少要点词，因为它们有助于你记住列表。最初，脑似乎既能记住要点，也能记住实际的词，但它在长期记忆中高效存储 100 个词的能力是有限度的。似乎脑需要从其他任务中抽出时间，它需要通过睡觉，来决定哪个词更重要。

定义我是谁

睡眠在形成我们的自我意识方面也起着重要作用。我们如何看待自己是谁，在很大程度上取决于我们对生活中重要事件的自传体记忆（autobiographical memory），而睡眠有助于形成这些记忆。一些实验室已经表明，睡眠优先巩固情绪记忆（emotional memory），而将不太感兴趣的记忆遗忘掉。杰西卡·佩恩扩展了这些研究结果，表明睡眠甚至可以选择性地巩固场景照片中的情绪部分（例如，记住一辆撞毁的汽车，而不是背景中的棕榈树），而让照片中的其他细节被遗忘。[14]

只有照片中的情绪对象会受益于一夜的睡眠，而其他没有情绪成分的对象或中性背景则无此待遇。正是自传性经历的这些关键情绪元素，我们最能记住并有意识和无意识地使用的情绪元素，构建了我们对自己的感觉。完全可以说，吾即吾所睡。当然，同样地，梦更多地捕捉到了清醒事件中的情绪，比那些事件的细节要多得多，这也是睡眠中梦的内容与记忆加工相匹配的第二个例子。

睡眠也可以安抚我们在回忆时的情绪反应。与鲍勃一起进行手指敲击实验的马特·沃克创造了一个表达，即"一觉忘却，一觉铭记"（Sleep to forget, sleep to remember）[15]来描述这个过程。尽管睡眠有选择地保留了我们的情绪记忆，但它降低了我们再次回顾这段记忆时的情绪反应强度。这种情绪反应的安抚是从创伤事件中恢复的一个关键因素。让我们再次感谢睡眠带来的好处吧。

理解世界

睡眠还可以在我们的日常事件中发现规律，找到清醒时脑无法获得的世界运作的规则。有一项研究证明了睡眠的这种神奇能力。它是由鲍勃的另一位博士后伊娜·琼拉吉克（Ina Djonlagic）进行的，她是哈佛大学医学院专门研究睡眠障碍的神经学家[16]。它有点像 21 点游戏，但它使用一副只包含四张 A 的牌（见图 5-1）。

在游戏的每一"手"中，参与者发一张、两张或三张A牌，然后必须预测庄家持有的是"晴"牌还是"雨"牌。

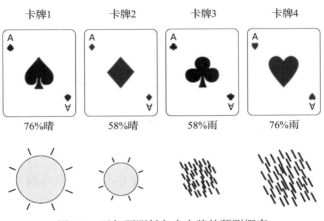

图 5-1 天气预测任务中卡牌的预测概率

起初，参与者完全没法猜测结果，例如，由红桃A和梅花A组成的手牌可能会意味着庄家的牌是什么。但在200次训练试验中，他们被告知庄家持有什么牌，因此他们逐渐了解到自己的手牌可以预测庄家持有什么牌。棘手的是这是一个概率任务；有时给定的手牌会预测雨牌，但其他时候会预测晴牌，而四张A单独预测雨牌的概率从25%到75%不等。尽管如此，在随后给出的100次测试试验中，大多数参与者都能得到70%至80%的正确率，能正确挑选出最有可能出现在庄家手中的牌。一个人随机猜对这么多次的概率不到百万分之一，所以我们知道参与者正在合理地学习这项任务。但是，他们从来都做不到完美。他们形成了一种感觉，知道它是如何运作的，但实际上并没有弄清楚规则。

睡眠能帮助他们提高吗？参与者在早上接受训练和初始测试，然后在晚上再次测试，他们仍然记得早上所学的东西，这是相当了不起的。但是他们并没有明显地比早上的时候表现更好。相反，那些在晚上接受培训的人，在第二天早上重新测试时，他们的表现要比之前好 10% 到 15%。

不知何故，在伊娜的研究中，参与者在第二天早上对测试有了更好的理解。虽然这只是他们世界的一小部分，但从一个非常真实的角度上来说，他们在第二天早上比前一天晚上睡觉前更好地理解了世界的运作方式。事实上，我们认为，对每个人来说，对世界的理解大部分是由成千上万个像这样的夜晚构建起来的。在某些情况下，记住一个梦也会有同样的效果。作为梦境内容与睡眠依赖性记忆加工相匹配的另一个例子，不止一位诺贝尔奖获得者将他们获奖的发现归功于梦。梦向他们揭示了世界的某些部分是如何运作的。

甚至婴儿也利用他们的睡眠从周围的世界中提取规律。亚利桑那大学图森校区的丽贝卡·戈麦斯（Rebecca Gomez）研究了婴儿的睡眠和记忆，并表明婴儿可以快速地学习人工语法，即一套解释新发明的词语如何构建的规则。但如果他们想记住它，就需要在学习之后小睡一下。[17]

我们来看戈麦斯如何揭示这一点的。她创造了 48 个由三部分组成的无意义单词，如 pel-wadim-jic 和 vot-puser-rud。一半的单词以 pel 开头，一半以 vot 开头，语法规则是：以 pel 开头的单词总是以 jic 结束，而以 vot 开头的单词总是以 rud 结束。在婴儿安静地玩耍时，反复播放单词的录音，持续 15 分钟。

四个小时后，那些在听完录音后至少睡了 30 分钟的孩子表明他们知道这些语法。每当他们听到一个不符合语法的词，例如一个以 pel 开头但以 rud 结尾的词，他们的反应是惊讶。但是，当他们听到一个符合语法模式的单词时，比如以 vot 开头、以 rud 结尾的单词，他们似乎并不会感到惊讶，即使他们以前从未听过这个单词。第二天早上，在头 4 个小时内睡过觉的孩子仍然记得这些语法；而那些没有睡过觉的孩子似乎已经忘记了。

与成年人不同，婴儿需要午睡的原因之一似乎是他们还无法将新的记忆保持足够长的时间，等到一整天结束后再睡觉。这甚至可能是他们在没有得到午睡时会变得非常暴躁的原因。婴儿是不间断的"学习机器"，如果没有定期的小睡让他们沉睡的脑加工一下小脑袋所吸收的新信息，他们就会超负荷。他们会开始感到精疲力竭，就像成年人在没有休息的情况下接收了太多的信息一样。

创造力和洞察力

也许最令人印象深刻的睡眠依赖性记忆演化的形式，尤其是依赖快速眼动睡眠的记忆演化，是能够提高第二天的创造力和洞察力。这种好处在梦境回忆之后也能看到。在萨拉·梅德尼克（Sara Mednick）利用远距离联想任务（Remote Associates Task）进行的一项研究中，一次小睡足以帮助参与者找出将其他三个单词联系在一起的单个单词。也许你能找出图 5-2 中的缺失单词。[18]

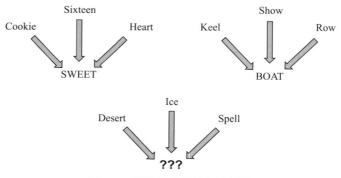

图 5-2　远距离联想任务的例子

如果你不能，也不用担心，不过你可能想在睡一觉后再试一下。快速眼动睡眠提供了一种脑状态，在这种状态下，意外的弱联想比正常的强联想被更强烈地激活。[19]这解释了它如何帮助找到远距离联想，也许也解释了我们在快速眼动睡眠中梦到的怪异现象。

问题的解决

不论是天气预测任务中的规律识别和婴儿的语法学习，还是刚才描述的远距离联想任务中的创造力和洞察力，这些任务的共性就是问题解决。无论你习惯用英文说"睡在问题上"还是用法文说"带着问题入睡"，我们都有一个直观的知识，即睡眠能帮助我们做出困难的选择。

面对选择做一份无聊但高薪的工作还是做一份令人兴奋但低薪的工作，我们会怎么做？我们会"先睡一觉"。很多时候，在第二天早上醒来时，决定自然而然就出来了。没有对备选方案进行评估，没有对选择的理由进行解释，但我们得到了一个选择。就像在天气预测任务中，我们知道该选什么，却无法明确描述决定的依据。尽管如此，我们似乎通常可以指望这种感觉做出正确的选择。

为什么我们有不同的睡眠阶段

睡眠为所有这些不同形式的记忆演化提供了一个独特的好处。但不同的睡眠阶段的贡献并不一样。例如，打字任务的改善程度取决于我们在一夜之间，特别是在深夜里，经历了多少 N2 睡眠。大多数言语记忆任务取决于我们获得了多少 N3 睡眠，而情绪记忆和问题解决任务似乎取决于快速眼动睡眠。视觉辨别任务中一夜之间的提高既取决于你在上半夜获得了多少 N3 睡眠，也取决于你在下半夜获得多少快速眼动睡眠。

这些独特的睡眠阶段依赖性可能解释了究竟为什么我们会演化出不同的睡眠阶段。如果我们认为睡眠是脑为记忆演化而优化的过程，那么对于加强单词列表记忆和提高打字效率来说，达到理想状态的神经生理学和神经化学过程是不同的，而且两者都可能与解决问题所需的最佳条件不同。这就说得通了。就我们所知，这是目前对人类为什么有这么多不同的睡眠阶段的最好解释。

失策时

在科学中，例外情况往往比按规律正常运作的例子更能告诉我们真实的运作机制。对于我们的睡眠和记忆研究而言，这个例外是创伤后应激障碍（post-traumatic stress disorder，PTSD）。在创伤性事件发生后，我们的脑形成了原始的、详细的、往往是压倒性的情绪记忆（见图 5-3）。

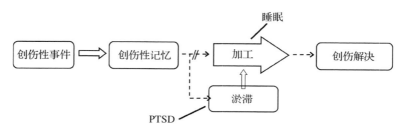

图 5-3　PTSD 是睡眠依赖性记忆的演化受损的结果

在大多数情况下，脑在意识之下无意地加工这些记忆，这导致了创伤的分解。创伤没有被遗忘，但其粗糙的边缘被磨掉了。记忆不再是侵入性的，而是每当遇到任何类似的事情就会突然出现在人的脑海中。而当它被回忆起来的时候，细节被遗忘了，产生的情绪也不那么强烈了，而且有一些如何理解创伤事件的意识出现了，从而使这个人能够继续生活下去。在这种加工没有发生的情况下，记忆会被锁定在停滞状态，这种情况被称为 PTSD。而当我们细看那些在 PTSD 中未能发生的改变——细节的丧失、情绪反应的减弱、理解的演变时，我们发现，这些变化都是通常在睡眠中发生才最有效的，而且也许是只在睡眠中才能发生的变化。从这个角度来说，我们可以把 PTSD 看作是一种睡眠依赖性记忆的演化障碍。

在第 7 章和第 13 章讨论做梦的功能时，我们会对这种障碍有更多的介绍，因为 PTSD 的一个特点是出现梦魇，这些梦魇是对创伤事件近乎完美的重现。在梦中近乎真实地重现清醒事件的情况通常是不会发生的，而知道在 PTSD 中会发生这种情况，将使我们能深入了解梦的功能以及这种功能在 PTSD 患者中是如何失效的。

在第 7 章和第 8 章讨论梦的功能之前，我们需要了解睡眠的生物功能，这些功能比梦的功能更容易定义和测量。睡眠有许多这样的功能。但归根结底，睡眠在情绪和记忆处理方面的作用与做梦的关系最为紧密，而睡眠对记忆演化的贡献预告了我们对梦的功能的讨论。我们反复看到了这种记忆加工和梦的特征之间的联系。然而，我们为什么做梦和我们为什么睡觉是两个非常不同的命题。造成这种差异的原因是梦独特的主观性质。因此，在解决为什么做梦这个问题之前，我们需要对关于意识的难题进行一次简短的回顾。然后我们就能看到这一切是如何结合起来的。

第6章　狗会做梦吗

本章的开始，我们先来做一个小测试。这些群体中哪些会做梦：成年人、婴儿、狗、昏迷的人、老鼠、书？现在对你的每个答案的把握度进行评分。我们猜测，你对成年人会做梦，而书不会做梦有百分百的把握。但我们也猜到，你对婴儿和狗可能有些不太确定，尽管你可能相信它们确实会做梦。至于老鼠和昏迷的人，坦白地说，我们完全不知道你的想法。这些群体中的每一个都涉及关于做梦的有趣问题，所以让我们更仔细地看一下它们。

如果你问任何一个养狗的人，他的狗是否在做梦，他很可能会说它肯定会做梦。但是他又怎么知道呢？他可能会说他的狗在睡觉的时候会小声叫唤或发出呜咽声，而且它的腿开始抽搐，好像在跑。很明显，它在梦中追赶或被其他动物追赶。你可以在网上搜索"狗做梦"，就会找到一系列关于这种行为的令人感到愉快或觉得可怕的视频。很难相信这些狗不是在做梦。阅读《今日心理学》（*Psychology Today*）网站上的文章，你会看到这样一句话："要确定狗在做梦其实很简单，你只需要观察它。"[1]

事实上，狗确实花了相当多的时间在快速眼动睡眠上，就像我们一样。而且看起来它们甚至花了更多的时间，达到了36%的比例，而我们只有20%～25%。[2]而且它们在睡觉时肯定会抽搐、呜咽，并表现出类似跑步的腿部动作。所以结论是，对，看起来它们确实在做梦。

同样地，也许连老鼠都会做梦。麻省理工学院的神经科学家马特·威尔逊（Matt Wilson）在大鼠处于快速眼动睡眠时记录了其脑部深处的神经元电活动。[3]他告诉《纽约时报》，当大鼠在"梦境"中时，它们"肯定会回忆起在清醒状态下发生的，关于在转轮上跑动的记忆"。[4]但他没有说它们在做梦；众所周知，睡梦体验是主观的。正如威尔逊所评论的，"我们还没有办法让动物报告不同状态下的梦境"。啊，这就是问题所在了。跟狗一样，大鼠似乎也会做梦。但是，正如我们在第1章中所看到的，对梦境的内在性、私密性和想象的部分进行理解是一件棘手的事情，人类需要付出相当大的努力才能理解自己的梦境体验的本质。

如果大鼠在清醒时有意识体验，那么提出它们是否会做梦这个问题就是合理的。但如果它们确实会做梦，这一发现将表明，它们在梦中会体验到在转轮上奔跑或得到食物奖励的主观意识。但这种意识领域与清醒状态下的意识经历有什么关系呢？大鼠是否记得自己的梦境？如果记得，它们能否将梦中的事件，例如刚刚吃过东西或在迷宫中穿梭，与现实中的事件，如在笼子里饿醒，相互区分开来？它们又是如何理解睡梦的？既然连儿童都很难理解梦只是梦而已，那么很难想象大鼠能理解记忆中的梦境并不反映现实。坦白地说，我们怀疑它们根本不会记得这些梦。

你可能已经注意到了，我们已经陷入了一个棘手的问题，比狗是否做梦大得多的问题。也就是人类以外的动物是否有意识的问题。没有科学证据表明人类是有意识的，鲍勃喜欢用这一点来震惊他的学生。那倒是真的。正如哲学家大卫·查默斯（David Chalmers）指出的那样："我们最了解的就是意识经验，我们最难解释的也是意识经验。"[5] 这是一种主观的、内在的自我感觉，我们在头脑中体验事物，我们感受自己的情绪。用法国哲学家勒内·笛卡尔（René Descartes）的话说：我思故我在。

所有关于意识的科学研究，或者说所有关于意识的、无论是否科学的研究，都是从假设人类有意识这点出发的。只有这样，我们才能提出关于这种状态的问题，例如，当我们有意识地感知视觉刺激时，脑的哪些区域是活跃的？或者，当我们处于深度睡眠时是否有意识？但科学家们需要从假设我们确实是在意识状态下开始，而且通常情况下，当我们说我们有意识时，我们就是有意识的，这说得通。我们可以放心地这样假设，但我们之所以都知道这一点，是因为每个人都有意识体验。我们意识到我们确确实实是有意识的，但没有人在科学上证明过这一点。

同样可以放心假设的是，你手中的书本没有意识。如果我们问你，变成一本书会是什么感觉，你可能会回答："没感觉。"这个问题似乎根本没有意义。但这是一个相当好的问题。哲学家托马斯·内格尔（Thomas Nagel）在 1974 年首次提出了这个问题；[6] 不过不是书，而是蝙蝠（动物）。他对成为一只蝙蝠会有什么样的体验并不感兴趣；更基本也更重要的是，他想知道当他成为一只蝙蝠时是否会有任何体验。他认为，要回答这个问题，蝙蝠必须是有意识的；它必须有某种个体经验，一些它意识到的感觉、知觉或思维，上述这些东西是能够形成"作为一只蝙蝠是什么体验"的基础。他认为，这就是检验某物是否有意识的标准。当你对自己说，"我想知道成为菲多是什么样子的"，那你的出发点是假设存在着成为菲多的感觉。

但就目前的情况来看，无论你有多少证据，你都只能说菲多看起来像是在有意识地行动，这还不够。在未来 20 年内，你可能会买到由一些科技公司出售的电子版菲多，它的行为就像菲多。也许它的动作有点生硬，而且它不流口水，也不拉大便，但是当你拿起它的狗链时，它就会跳起来，当你发现它躺在它从你床上扒下来的枕头上时，它会羞愧地低下头。而且就其展现的所有意图和目的而言，它看起来好像很爱你。我们对他的人性如此深信不疑，以至于在最后一句话中，我们从谈论"它"转而谈论"他"。但电子菲多并没有意识。他只是一个程序优雅的机器人。我们怎么知道这点的？好吧，说实话，我们也不确定，因为我们根本不知道什么东西才是有意识的。但我们确实希望他没有意识。

另外，你可以绝对肯定的是，电影《冰雪奇缘》中名为奥拉夫的雪人角色没有意识，女主角艾莎也没有意识。他们毕竟是计算机生成的图像。我们提出这个例子并不是因为我们认为你会持有异议，而是想要指出，许多五岁的孩子宁愿不再相信圣诞老人的存在，也不愿接受艾莎不是一个活生生的、有意识的孩子这个事实，就像他们一样。我们以行为是否像人来判断其是否有意识。就是这么简单。

但又是这么令人困惑。这就是回答狗是否做梦的棘手之处。它们当然表现得像在做梦，而且它们睡觉时的脑活动看起来与我们在做梦时非常相似。但这些事实都不能让我们下结论说它们在做梦。我们只是无法判断。而这还不是最糟糕的。

我们喜欢看婴儿做梦的样子。他们微笑，他们双腿抽搐，他们挥舞手臂，他们咿咿呀呀的，他们开始吸吮想象中的乳房，所有这些都发生在快速眼动睡眠中。你可以通过观察他们的眼皮来判断他们是否处于快速眼动阶段。他们的眼睑仍然很薄，所以你可以清楚地看到眼球来回跳动时，眼睑向右、向左、向右、向左地舒展。婴儿进入快速眼动睡眠的速度也比我们快得多，只需不到 10 分钟的睡眠[7]，而成人是 90 分钟，所以你甚至不需要等很久就能看到快速眼动。来回跳动的眼珠、微笑、吸吮的声音，这真的很神奇。他们怎么可能不在做梦呢?

你可以看到这是怎么回事；我们有与狗和大鼠一样的问题。是的，婴儿表现得像在做梦，但我们就是无法确定。他们不能告诉我们他们的梦；他们甚至不能告诉我们他们是有意识的。如果他们有意识，我们显然还没有很好地理解他们的意识与大孩子及成人的意识之间的诸多不同，或者说，我们还不理解脑在生命最初几年的生长和发育过程中，意识是如何变化的。如果他们有意识，如果他们做梦，那肯定是一种低级的、前言语形式的意识和梦，而随着年龄的增长，其意识和梦会更接近我们的。他们能梦到的东西将受到其已学到的知识和技能的限制。

在生命的最初几周，婴儿的视力在大约 12 英寸的距离就变得相当模糊，而且他们在几个月大之前无法通过转动眼睛来追踪移动的物体。因此，他们的视觉记忆将是相当有限的。同样，他们的自我意识很小，也许仅仅只有一种存在感。他们当然不会像成人那样有充满丰富自传体记忆的金库，也无法对自己的感官体验进行分类。没有这类信息，婴儿的梦就只是记忆中的感觉和情绪的拼凑。

当然，随着婴儿长大，随着他们的经验、记忆和认知技能的扩展，他们的梦境也会变得更加丰富。这正是实验室和家庭对儿童梦的研究所表明的：随着儿童的脑成熟和认知能力的提高，包括日益复杂的心理想象和叙述能力，梦境体验的复杂性和回忆梦境的能力也显示出发展性的变化。这种成长导致回忆起来的梦境在频率、时长和结构上越来越像成人。[8]

那么，假设他们有意识并且会做梦，婴儿又会梦见什么呢？

没有人知道。但我们相信，他们的梦可能与清醒时的体验相似，而且肯定不会复杂化。新生儿不会梦见他们在玩拼图、开汽车或寻找丢失的小狗。他们所做的梦可能就是我们猜的那样：快乐的面孔，被紧紧拥抱时的温暖，以及吸吮奶瓶和乳房的感觉。

那么成人呢？所有的成人都做梦吗？与狗和婴儿相比，这个问题很容易回答。我们都做梦，对吧？嗯……也许吧。绝大多数的成人，至少 85% 到 90% 的成人会告诉你他们做梦。此外，研究表明，大多数说自己从不做梦的人实际上也会做梦。当他们被带入睡眠实验室并从快速眼动睡眠中被唤醒时，这些人中的大多数都很惊讶地报告他们在做梦。[9] 就像我们其他人一样，他们一直在做梦，只是在醒来后不记得他们的梦。

嗯，对于大多数说自己不做梦的人来说，这也是事实。科罗拉多大学的吉姆·帕格尔（Jim Pagel）多年来一直在研究这些"不做梦的人"。五年的时间里，他在自己的临床睡眠实验室里发现了16 个报告从没有做过梦的病人，大约每 200 个病人中就出现一个。当他把他们从快速眼动睡眠和非快速眼动睡眠中唤醒时，没有一个人报告刚刚做了梦。因此，也许有 0.5% 的成人实际上记不起任何梦境，而且这些人有可能从未做过梦。

当然，你可能猜到了，遭受某种脑损伤的人似乎也不会做梦。在一项里程碑式的中风临床研究中，南非精神分析学家和神经心理学家马克·索尔姆斯（Mark Solms）描述了一些病人，他们在大脑前部深处的脑结构受到损害后，完全丧失了做梦的能力。[10] 但是，就像来到吉姆·帕格尔的临床睡眠实验室的那一半病人一样，这些病人显然是例外。几乎每个人都会做梦的。即使是那些看起来不做梦的少数人，我们也不能确定他们是没有做梦，还是仅仅无法记住梦境。

让我们想得再远一点，思考一下昏迷中的人。他们会做梦吗？当我们思考这个问题时，又回到了对婴儿的讨论。因为他们无法报告其所经历的事情，所以我们也无从判断。在这里，他们的意识问题也是一个更主要的问题，尽管科学家们一致认为深度昏迷的病人是无意识的，但对于昏迷程度较轻的病人来说，答案并不明朗。例如，处于所谓的持续性植物状态的病人表现出明显的清醒期：他们的眼睛是睁开的，有时似乎在看向四周。但他们对人没有反应，也没有显示出自我意识或对环境有所觉察的迹象；这些人被认为是无意识的。另外，意识状态水平极低的病人可能仍有一些残留的意识。尽管与处于持续性植物状态的病人非常相似，但处于意识状态水平最低的病人可以看起来是清醒的，并显示出一些有限的有意图指向的行为迹象，例如当一个物体在面前移动时，他们的眼睛会跟着它移动，甚至也能够按照要求动动手指。病如其名，科学家认为这类病人在某种程度上是有意识的，尽管他们无法与他人交流，甚至注意力都无法保持数秒。最低水平的意识是什么样子的，仍然是个未知数。

这些病人会做梦吗？比利时、意大利和美国的研究人员联合研究了植物人和最低意识状态的病人的睡眠。他们发现，虽然没有从植物人身上记录到正常睡眠的脑电图，但可以从最低意识状态的人身上记录到。[11] 夜间，每六个最低意识状态的病人中就有五个会表现出睡着了的样子：他们双眼紧闭，一动不动。他们也有正常的睡眠阶段，包括非快速眼动睡眠和快速眼动睡眠，而且他们的快速眼动睡眠主要是在夜间末尾进行的，就跟正常状态一样。研究人员能告诉我们的是，意识模糊和意识完全清醒的人的睡眠是没有区别的。

但这些病人是在做梦吗？至少该研究的一位作者史蒂文·洛雷（Steven Laureys）似乎是这样认为的。他对《科学日报》（*Science Daily*）的记者说："一切……都表明他们能够做梦。"[12] 尽管如此，我们只知道这些病人，像狗和婴儿一样，显示出了与做梦一致的脑活动；他们看起来像是在做梦。而他们究竟是不是在做梦，仍然是个谜。

✧　✧　✧　✧

你可能会认为，现在的科学家们已经能够在不叫醒和不询问的情况下判断一个人是否在做梦。这就让你失望了，我们做不到这点，尽管这并不是一个仅与做梦有关的问题。这又是整个意识的问题。我们根本无法测量内在思维和感觉。它们与疼痛没有什么不同。我们从未直接观察到疼痛。相反，我们通过人们的行为来推断它的存在，例如龇牙咧嘴和主观报告（"我觉得这里有烧灼感，这里有射痛感"）。但这些推断是不确定的。龇牙咧嘴可能是身体疼痛的反映，但它也可能反映出你突然想起外面在下雨，而你要出门倒垃圾。事实上，对疼痛的推断可能比对做梦的推断更有力，因为当涉及疼痛时，我们可以查看与疼痛感知密切相关的脑区的活动性。相比之下，根本没有任何已知的脑区在睡眠期间的活动能可靠地预测对梦境的回忆。

我们也很难根据某人的行为来推断其是否在做梦。鲍勃的妻子黛比有时会在梦中大笑；如果他把她叫醒，她总是告诉他她在做梦。在这些情况下，鲍勃可以踏实地推断出她在做梦，而不必叫醒她。但这种推断并不总是可靠的。50年前，艾伦·阿金（Alan Arkin）在纽约城市学院进行了一项经典的实验室睡眠研究。研究中，28名长期说梦话的人在说梦话时被反复叫醒，报告他们所做的梦。令所有人感到惊讶的是，梦话与梦境内容相符的情况不过半。

然而，有一种情况下，睡眠行为和梦境内容几乎总是一致的，那就是出现快速眼动睡眠行为障碍（REM sleep behavior disorder，RBD）时。发病时，通常伴随快速眼动睡眠出现的躯体麻痹状态会被打破。我们在第13章讨论梦的障碍时会对此有更多的介绍，但简单地说，快速眼动睡眠行为障碍患者经常会把他们的梦用肢体表达出来。实验室研究表明，当这种情况发生时，这些患者报告的梦境几乎总是与观察到的实际行为相符。因此，这种情况下，似乎无须叫醒他们，我们就可以确定他们在做梦。

或许我们还不能这么说。这也是有例外的。虽然障碍发作后回忆起来的梦境几乎总是与观察到的行为相吻合，但也有一些快速眼动睡眠行为障碍患者坚持说他们从不做梦！[13] 有个案例记录了一位 72 岁的法国人在睡眠实验室中的情况。他双腿在踢着什么，转过头来（用法语）喊道："那是什么，嗯？来啊，说啊！"然后他坐了起来，喃喃自语着，继续说道："你拿了我的东西，你会被打的。没有拖鞋？那是什么东西？"然后他真的站了起来，把床头柜上的东西扫了下来，对着墙打了一拳，喊道："你会被打的……你想被打吗？就打那里？哎哟！"与此同时，他的睡眠记录显示，他显然处于快速眼动睡眠状态。然而，当他被唤醒时，他却没有做梦的记忆，这印证了他自己从未做过梦的说法。

听起来是不是很熟悉？要么他确实在做梦，正如他的行为所表明的那样，但他在醒来时不记得了；要么他表现出正在做梦的人的行为，但没有把它当作一个梦来体验。就像小狗、老鼠、婴儿和昏迷的人一样，他看起来像是在做梦；但我们根本无法知道。

尽管研究者在想方设法地研究，但即使是对能很好地回忆梦境的人，我们仍然无法判断他们何时在做梦。瑞士洛桑大学的神经学家弗兰切斯卡·西克拉里（Francesca Siclari）与威斯康星大学的朱利奥·托诺尼（Giulio Tononi）共同主持了一项研究，为的是寻找做梦的脑电图特征。[14] 最终，他们在脑后方发现了一个区域，那里的脑电图中慢波水平特别低，快波水平特别高，可以可靠地预测参与者在做梦。它还显示了相反的情况，即异常高的慢波水平和低的快波水平预示着他们没有做梦。但是这些波段组合并不经常出现，而且在绝大多数的夜晚，研究小组仍无法预测人们是否在做梦。不过我们觉得，如果给研究人员足够的时间，也许十年或二十年，他们可以很好地利用脑成像来告诉我们一个人什么时候是在做梦的。不幸的是，即使有了改进的脑成像技术，其结果也不会告诉我们昏迷的人或婴儿（或小狗或老鼠）是否在做梦。我们只会知道他们的脑看起来是否像在做梦。

如果你发现自己在这一个问题上感到困惑，那你并不孤单。在本章的开头，我们引用了马特·威尔逊告诉《纽约时报》记者的话：我们无法确定老鼠是否做梦。但麻省理工学院关于同一研究的新闻稿是这样引述威尔逊的："我们知道它们实际上在做梦，而且它们的梦与实际经历有关。"[15] 同样，芝加哥大学研究鸣禽的丹·马戈利亚什（Dan Margoliash）也被引述说："从我们的数据来看，我们怀疑鸣禽梦见了唱歌。"[16] 但是很明显，没有人知道作为一只鸟"是什么感觉"，更不用说一只做梦的鸟了。

我们在这一章中并没有回答很多问题，但我们希望你现在能体会到睡眠研究者在从科学角度谈论意识，特别是谈论做梦时面临的困难。然而，最后，当我们摘下科学家这顶帽子时，我们猜测，所有人都会同意这个观点：大多数成年人会做梦，婴儿和小狗可能会做梦，而处于深度昏迷的人很可能不会做梦。对于处于意识状态水平最低的人、老鼠、鲸鱼或鸣禽，梦境是否在其脑海中展开，我们真的没有任何头绪。不过希望我们都能同意的是，《冰雪奇缘》中的奥拉夫和艾莎不会做梦。

第 7 章 我们为什么会做梦

毫无疑问，关于做梦最大的问题都是这个问题的变种。我们为什么会做梦？它实际上是三个独立的问题。①脑是如何创造梦境的？②做梦有什么功能？③为什么我们必须经历梦才能实现这个功能？简短的答案是：①不确定；②不确定；③还是不确定。但我们对这些问题最有可能的答案有了一些很好的想法。

脑是如何创造梦境的

梦依赖于脑活动模式，这些模式随着时间的推移将梦境的内容具体化。如果我在梦中见到了母亲，那么脑首先要激活母亲的视觉形象的神经表征才行。对于脑来说，这并不比当下清醒时调出她的视像困难，两种状态可能也没有什么不同。

事实上，我们现在有证据表明，在现实世界中看到一个物体时产生的脑活动模式与想象这个物体时基本相同，无论你是清醒还是在做梦。这些证据来自功能磁共振成像（functional magnetic resonance imaging，fMRI）研究，该技术可以记录整个脑在几分钟或几小时内的活动。在 fMRI 中，脑被划分为大约 50 000 个体素。体素相当于相机二维像素的三维版本。每个体素是一个边长约为十分之一英寸的立方体，每两三秒需要拍摄一次这些体素中的活动快照。研究人员利用一项令人兴奋的新技术，即多体素模式分析（multivoxel pattern analysis），就可以确定特定图像在脑部视觉加工区产生的体素激活的精确模式，例如一张棒球图片，或一类图像的体素激活平均模式，例如面孔类、工具类或门类。有了这些分类器之后，他们就可以在参与者看图片时，完全基于其脑激活模式可靠地预测他们是在看一个棒球、一张脸还是一扇门。

这种技术手段使我们能够肯定，你在看一张脸时所激活的脑活动模式，在你从记忆中找到这张脸的图像时也被激活了。但更令人兴奋的是由日本京都 ATR 计算神经科学实验室的年轻研究员堀川友安（Tomoyasu Horikawa）领导的开创性工作。他现在已经证明，当我们的梦中出现那张脸时，同样的多体素模式也被激活了[1]。在一项听起来非常科幻的研究中，堀川和他的同事从参与者观看数千张图片时产生的 fMRI 信号中计算出了几类视觉图像的分类器。研究小组在唤醒参与者，让他们报告梦境前，用这些分类器去适配他们的脑活动，然后发现，做梦时脑活动最适配的分类器与梦境报告的内容之间惊人地一致。一个参与者在某次被唤醒后报告："嗯，有一些人，大约三个人，在某个大厅里。有一个男性，一个女性，也许还有一个孩子。啊，好像是一个男孩，一个女孩，还有一个母亲。我不认为有任何颜色特征。"当对前15秒的脑激活模式进行分析时，计算机创建了一个复合的"最佳拟合"分类器图像，其中包含与参与者实际观看妇女和儿童图片时相同的多体素模式。

从某个角度上看，这意味着我们可以正面回应我们提出的问题了。表征梦中某一图像的脑活动模式，是通过再次激活清醒时看到类似图像时产生的原始模式而获得的。其他的清醒状态下脑活动模式的再次激活无疑也产生了梦中经历的思想和情绪的脑模式。

"等一下！"你可能会提出异议，"这并不能解释构成梦境的叙事故事是如何产生的。此外，我在梦中看到过很多我知道在现实生活中从未见过的东西。"这两种反对意见都是合理的。但是，我们可以再次把这些问题交给那些研究人们做白日梦时产生的思维和图像的人。如果让你想象一个绿色皮肤的大肚子秃头棒球运动员，我们觉得你在做这件事时会有很大的障碍。如果让你继续想象他用木扫帚挥舞击球，你大概也能做得到。当脑在做梦时，它几乎是毫无疑问地以完全相同的方式创造这样的图像。

"但是再等等！"我们听到你们中的一些人说。"你在回避整个问题，还没说清一个特定的梦是如何以及为什么以某种方式组合在一起的。我的梦从来没有真正复制过我清醒生活中的事件，也没有人让我去想象它们。那么，它们是从哪里来的？"这是一个很好且相当难的问题。我们得把它的一部分放到本章的后面说，但现在我们可以给出部分的答案。

大约三十年前，当艾伦·霍布森写下《做梦的大脑》时，他认为愚蠢的人才会去费力确定脑如何构建单个梦的具体内容。（那个时候，功能性脑成像还未出世。）霍布森认为，研究人员应该去了解梦的形式属性。为什么梦境如此离奇？为什么它们如此情绪化？为什么它们在很大程度上由视觉图像和运动主导？在《做梦的大脑》中，霍布森认为，这些现象是快速眼动睡眠的神经生理的简单产物。（在《做梦的大脑》和他后来的著作中，霍布森对非快速眼动期的梦有种爱恨交加的感觉，一方面承认它的存在，另一方面又认为它是快速眼动期的生理机制潜进非快速眼动期睡眠的结果，或者只是单纯的无聊的东西）。霍布森对快速眼动睡眠的独特生理学特征进行了编目，并将其与做梦的这些形式属性进行了比较。

八年后，皮埃尔·马凯（Pierre Maquet）和他在比利时的同事发表了一项研究成果，那是关于快速眼动睡眠和做梦的几项功能性脑成像研究中的第一项。[2] 他们发现的区域性脑活动的广泛模式，似乎能够解释霍布森所描述的许多做梦的形式属性。在快速眼动睡眠期间，大部分边缘系统的脑区活动增加，而该系统负责调节情绪表达。同时，被称为背外侧前额叶皮层的脑结构的活动性下降；这个脑区在执行功能，即计划、逻辑推理和冲动控制方面发挥着关键作用。研究小组认为，这些神经生理上的变化足以解释为什么大多数的梦都包含情绪，以及为什么我们的梦似乎缺乏判断力、计划性和逻辑推理。

在更精细的描述层面上，第 5 章中提到的弱的联想的优先激活为梦的怪异性提供了解释。同样，在快速眼动睡眠中，正常状态下控制运动的脑区即运动皮层的激活，无疑生成了梦中运动的感觉。

这些研究发现使我们有理由相信，我们知道脑是如何生成必要的激活模式来形成梦中的图像和运动的内部表征的，以及为什么它产生的梦总有一种怪怪的、情绪化的味道，似乎缺乏判断、计划和推理。但我们仍然没有解释具体的梦是如何，或为何产生的。

✧　✧　✧　✧

做梦有什么功能：第一场

我们为何做梦？做梦是为了满足何种演化需要？除了让我们陷入一个总是奇怪、生动又令人信服的梦境之外，做梦还有什么作用？无论梦的功能是什么，它都与清醒后对其的记忆无关。正如我们在第 4 章中所提到的，人们在所有的睡眠阶段都会做梦；所以我们至少有三分之二的时间沉浸在各式各样的梦境之中，8 个小时的睡眠中超过 6 个小时都在做梦——一些研究人员甚至会说我们整晚都在做梦。如果你是那些能迅速入睡、整夜酣睡的幸运儿，就不太可能回忆起多少梦境，甚至连 5%，也就是 20 分钟左右的梦境都回忆不起来。此外，即使我们将讨论局限于快速眼动睡眠中最生动的梦境，普通成年人每晚会经历 3 到 6 次快速眼动期，最长的一次持续了 20 到 40 分钟。然而，成年人平均每月只能回忆起大约 4 到 6 个梦！即使是那些被记住了的梦，除非写下来，否则往往也是飘忽不定的，其细节在一天的工作中很快就会消逝。

如果梦的功能实现需要我们一觉醒来还能记住它们，那么绝大多数的梦都会被浪费掉。或者思考一下这样的情况：在某个早晨，你醒来时并没有做梦的记忆，只是在一天的晚些时候，你所看到的或所做的一些事情让你想起了前一天晚上的一个梦。现在，在梦境发生的 6 个小时后，这个梦是否因为你突然想起它而获得了一种功能？这并没有什么意义。有意义的是，无论做梦的功能是什么，它都是在"现场"发生的，当梦境确实正在展开的时候。

至于对那些我们确实记得的少数几个梦的解释，想想你记得的最后 10 个或 20 个梦。其中有多少是你解释过的？撇开解释者、方法以及准确度等问题不谈，你的答案很可能是零，或者几乎是零。事实上，儿童和青少年（他们有时会比普通成年人记得更多的梦）很少解读他们的梦；而且，世世代代，世界各地的人一生中都没有去解读过一个梦。如果任何其他物种有能力做梦，它们肯定不会有梦的解释。做梦的演化功能根本不可能依赖于梦的解释。

这就是为什么区分如何利用记忆中的梦（为了释梦、个人成长、灵感或是娱乐）与梦本身的生物或适应功能如此重要。几千年来，人们提出了数百种观点来解释梦的性质和功能，自 20 世纪 50

年代发现快速眼动睡眠以来，又提出了几十种观点。所有这些都是从梦具有生物功能的假设开始的。但如果它没有呢？如果梦只不过是睡眠脑的一种无意义的副产品呢？

除了弗洛伊德和荣格的梦境理论之外，哈佛大学医学院的艾伦·霍布森和罗伯特·麦卡利提出的激活－合成假说（activation-synthesis hypothesis）可能是最广为人知的梦理论。在 1977 年发表的两篇文章中，霍布森和麦卡利提出了一个基于快速眼动睡眠的神经生物学上的做梦模型[3]，同时正面攻击了弗洛伊德的精神分析梦理论。[4] 这是个明摆着的反弗洛伊德模型。作者着重强调了他们的假说与弗洛伊德的梦境理论是如何相悖的，而在很大程度上掩盖了这两种理论一致的地方。

简而言之，激活－合成假说提出，梦是由脑干的脑桥网状结构（pontine reticular formation，PRF）中的巨型神经元的"大体随机"发射所引发的。脑桥网状结构是位于前脑（人们在想到大脑时通常会想到的大脑外部凹凸不平的部分）和脊柱之间的一个神经元扩散网络。脑桥网状结构在快速眼动睡眠的调节中起着作用，霍布森和麦卡利提出，在快速眼动睡眠期间，这些巨型神经元的放电刺激了视觉皮层，同时启动了快速的眼球运动，这种运动正是快速眼动睡眠名字的由来。

根据激活－合成假说，前脑对这种刺激的反应是试图构建一个解释这些视觉感觉的叙述。霍布森认为，梦是前脑"很好地从脑干传来的相对嘈杂的信号中产生了连贯的梦境意象"的结果，"即使只是部分连贯"。[5]

　　尽管霍布森和麦卡利的文章对模型的脑干"激活"部分给予了很大的关注，但对"合成"部分的讨论，即前脑结构对脑干刺激的阐述，却只压缩成一个段落。随着时间的推移，霍布森似乎以强调做梦的随机性为乐趣，然后陷入在其引起的往往是令人愤怒的反应中。其结果是，今天，激活－合成模型很大程度上被人认为是在宣称梦是随机且无意义的。

　　梦是随机的、无意义的，梦承载着来自神灵或无意识的信息，在这两种极难选边的观点之间，慢慢地出现了一种不成熟的运动，主张梦的认知和情绪功能。甚至霍布森和麦卡利在1977年的激活－合成论文中也提出："有梦睡眠在促进学习过程的某些方面具有功能性作用。"[6] 相反，DNA结构的发现者之一，弗朗西斯·克里克（Francis Crick）在1983年提出，快速眼动睡眠具有反向学习的功能，即脑会抹去未被记住的梦里回放的记忆，"做梦是为了忘记"。[7] 因此，克里克认为，最糟糕的事莫过于试图记住我们的梦！

　　在接下来的三十年里，梦的功能理论层出不穷；我们对那些因篇幅有限而未讨论的模型表示歉意。但是，这些理论中的大多数都具有以下一条或多条观点：①梦和快速眼动睡眠的功能是一样的；②梦帮助我们解决问题；③梦有演化功能；④梦有助于情绪调节；⑤梦没有适应性或生物功能；⑥梦有记忆功能。让我们来看看这些观点。

快速眼动睡眠 = 做梦

　　尽管所有证据与之相悖，许多人仍在交替使用快速眼动睡眠和做梦睡眠这两个术语，有些人甚至把非快速眼动睡眠称为无梦睡眠。因此，人们会说"这项研究表明，快速眼动睡眠有某种作用"，然后得出结论说做梦有某种作用。同样，有一项研究显示，剥夺大鼠的快速眼动睡眠会导致体温过低，进而得出做梦可能有助于保持脑部温度。

最近一项对老鼠的研究发现，两个基因（称为 Chrm1 和 Chrm3）是快速眼动睡眠所必需的。随后的新闻头条就有"你的梦来自两个基因""基因调节我们做多少梦"，以及我们最喜欢的"去除编码梦的基因或使科学家阻止噩梦的发生"。这些标题应该说的是"老鼠的快速眼动睡眠取决于 Chrm1 和 Chrm3 基因"，这本身就是一个重要发现。也许没有那么激动人心，但要比那些头条准确得多。

此外，正如我们在前几章所看到的，快速眼动睡眠是一个生理上定义的睡眠阶段，而做梦则是指人们在睡眠时的主观体验。当我们提问梦的功能性时，我们想知道做梦的经历，例如飞行，见到死去的亲戚，或者发现儿时家里的一个新房间等，在潜在的快速眼动和非快速眼动睡眠生理学意义之外（例如脑神经调节剂乙酰胆碱的释放增加），是否还有什么功能。此外，做梦并不局限于快速眼动睡眠阶段，因此，梦的功能不可能与快速眼动睡眠的功能相同。

梦帮助我们解决问题

关于我们为什么做梦的一个更直接的想法是，做梦帮助我们找到解决个人问题的办法。这一观点的支持者经常提到梦中的著名发现，包括埃利亚斯·豪（Elias Howe）的缝纫机发明，奥古斯特·凯库勒（August Kekulé）的苯环发现，或保罗·麦卡特尼（Paul McCartney）创作的《昨天》。我们将在第11章中对梦境和创造力之间的奇妙联系进行更多论述，但这些知名的例子也有助于强调此类事件的罕见性，因为全世界每天晚上有数十亿个梦在发生。

撇开伟大的发现和突破不谈，研究表明，梦境很少包含现实生活问题的实际解决方案。这并不是说梦不能帮助我们解决重要的问题或所关心的事情。人们有时会根据梦境做出决定，制订行动方案，或重新考虑以前的计划。但是这种领悟或解决方案通常只在事后出现，即在醒来后思考梦境时出现。是的，梦可以指向奇妙的发现和领悟，但在梦中实际解决问题的情况显然太少了，不可能成为梦会演化的原因。

梦有演化功能

思考梦的功能的一个有趣的方法，是考虑做梦可能给我们的祖先带来什么适应性优势。2000年，芬兰哲学家和认知神经科学家安蒂·雷冯索（Antti Revonsuo）发表了一个具有挑衅性的、被广泛争论的梦演化模型；他提出，做梦是一种模拟威胁性事件的机制，并排练出避免威胁或生存的可能手段。[8] 从那时起，他的梦威胁模拟理论（threat simulation theory，TST）就成为多项研究和长篇批评文章的焦点。

从整体上看，对威胁模拟理论的实证支持不统一。虽然很多梦境确实可以被理解为包含心理或身体上的威胁，但现实中威胁生命的事件并不经常出现在梦中。此外，只有一小部分描述现实的生存威胁的梦包含有效的回避反应。例如，在对 212 个成年人的重复性梦境的研究中（之所以选择这些梦境是因为雷冯索将重复性梦境视为威胁模拟的典型案例），托尼和他的同事发现，三分之一的重复性梦境不包含威胁性事件。[9] 事实上，被识别出的威胁中有 80% 是虚构的，或者在清醒的生活中不可能发生，例如浴室墙壁消失，被幽灵拜访，或者在无人帮助的情况下飞越水域。研究小组还发现，成功的回避反应只出现在不到五分之一的威胁性的重复性梦境中，不到所有重复性梦境的二十五分之一。此外，出现了威胁的重复性梦境中，40% 以威胁的实现而告终，另外 40% 在威胁得到解决之前就已经醒来了。

类似地，许多梦魇可以被视为模拟失败，而不是任何形式的适应性反应。因此，尽管许多梦境包含各种形式的感知威胁，但很少有证据表明梦中出现了有效的、现实的行为反应来对抗威胁。这是一个关键的发现，因为雷冯索的模型认为，与其说模拟威胁是生物学上的适应性，不如说是对这些威胁的成功反应的演练。

2016 年，雷冯索和他的同事提出了另一种梦的社会模拟理论，认为做梦的功能是模拟，从而加强"我们在清醒时参与的社会技能、纽带、互动和网络"。[10] 与威胁模拟理论一样，梦的社会模拟理论认为，梦中的模拟提高了我们祖先的生存和繁衍的成功率。社会模拟理论在理论上和经验上都受到了批评，但要判断这种替代性的梦演化模型与威胁模拟理论相比有多大的优势还为时尚早。

不过，在这两种情况下，雷冯索和他的团队都提出了明确的、可检验的梦功能模型，这在该领域是比较罕见的。

梦有助于情绪调节

在过去的十年中，支持睡眠，尤其是快速眼动睡眠在情绪处理中发挥关键作用的神经生物学研究出现了名副其实的爆炸性增长。然而，在这些研究中，绝大多数都没有关于梦境内容的数据。正因为如此，就算梦对睡眠调节日间情绪功能的作用有所贡献，但这些研究对这是何种贡献的推论，也仍然只是推测性的。

也就是说，在过去的四十年里，许多关于梦的功能的临床理论都集中于梦在情绪调节中起作用的想法。其中一个模型，让人想起弗洛伊德将梦视为睡眠的守护者的观点，它将睡梦视为一种恒温器，其任务是在连续的快速眼动睡眠期间控制情绪的波动或调节梦者的情绪。根据这一理论，当梦在夜间成功地调节了情绪时，梦者的情绪会有一个睡觉前后的改善；或者像鲍勃的母亲所说的那样，事情在早上看起来会更好。

其他模型提出，通过将消极色调的梦境意象与肌肉麻痹结合起来，快速眼动睡眠的梦境实现了一种适应性的"脱敏"功能，使情绪与它们的生理学基础脱钩。事实上，血压、心率和呼吸模式与正在进行的梦境情绪常常是脱钩的。

最近，恐惧症梦境（不好的梦和与创伤有关的梦魇）的神经认知模型提出，梦境的一个功能是通过允许恐惧刺激在新奇的、具有不同情绪的环境中被体验，从而减少基于恐惧的记忆或使其消退。

已故的欧内斯特·哈特曼（Ernest Hartmann）曾是精神病学家，也是塔夫茨大学（Tufts University）的教授，他提出了可能是最知名的现代临床理论，帮助我们进一步了解了梦与梦魇。基于对创伤受害者的研究和快速眼动睡眠生理学的共识，哈特曼提出[11]，做梦是一种"夜间治疗"，有助于将情绪问题和创伤事件编织到现有的记忆系统中，所有这些都在睡眠的"安全"范围内。哈特曼认为，梦境通过在新旧记忆之间建立联系来实现这一功能，这种联系比清醒时的联系更广泛、更松散。他的模型还认为情绪是梦境内容的煽动者（而不是对梦所产生的反应），而且梦者的情绪引导着梦中的连接。

哈特曼理论的另一个核心特征是，梦可以被视为包含了"背景化"的图像，一种代表关键情绪问题的图像隐喻。哈特曼举例说明被潮水冲走的梦境图像如何捕捉到被淹没的感觉。这种感觉不是归因于过去与潮水有关的经历，而是归因于一个不相关的创伤，如被困火灾之中或遭受了性侵犯。根据哈特曼的说法，随着梦者的情绪随时间的推移而改变，相关的背景化图像也会随之改变，从而促进情绪的适应。尽管哈特曼的模型在描述梦境发挥其治疗作用的机制方面相对模糊，但它提供了一个有趣的、有临床依据的梦境的概念化，特别是那些与创伤有关的梦境。另一位睡眠和梦境研究的先驱罗莎琳德·卡特赖特（Rosalind Cartwright），在对刚离婚的男性和女性的研究中，对梦境的情绪调节功能提出

了类似的观点 [12]。

从整体上看，这些模型表明，做梦，或者至少是快速眼动睡眠中的梦，确实在调节负面情绪方面起到了作用。我们将在下一章中进一步探讨这个想法，但现在，我们想退一步问："如果这些理论都有一定的道理呢？"会不会有时梦境能帮助我们解决问题，而在其他时候，梦境又提供了一个独特的环境，让我们在其中演练社会互动，学习如何避免受到威胁的情况，或处理情绪？我们认为这个问题的答案很可能是肯定的。

梦没有什么功能

或有？或无？一些临床医生、哲学家和梦境研究者认为，做梦根本没有适应性的生物功能。杜克大学（Duke University）的哲学家欧文·弗拉纳根（Owen Flanagan）认为梦是一种杂念——进化过程中无意的副作用，就像心跳的声音或血液的颜色一样，但在回忆起来时可能是有用的。[13] 戴维·福克斯（David Foulkes）对儿童做梦进行了一些更耐人寻味的研究，他坚持认为做梦不具有生物功能。[14] 著名的梦研究者和理论家威廉·多姆霍夫（William Domhoff）花了几十年的时间汇编了有充分依据的研究，表明可以从人们的梦境报告中提取有心理意义的信息，但他还是认为做梦并没有被自然选择所保留，尽管梦境的回忆，就像产生音乐的能力，可以在人们的生活中发挥重要作用。[15]

同样，一些研究睡眠和记忆之间关系的研究者提出，虽然梦境可能反映了记忆再次激活及演化的基本过程，但梦境本身没有任何功能。对于这些研究者中的一些人和其他许多人来说，做梦只不过是睡眠脑中的一个毫无意义的表象。

梦有记忆功能

我们很清楚，梦的内容并不是随机的，做梦也不仅仅是一种偶发现象。然而，说实话，我们都经历过怀疑做梦是否真的具有生物适应功能的时期。就像前面介绍的许多模型的作者一样，我们没有完全预料到有关睡眠在记忆加工中的作用的那些关键发现，也没有预料到快速眼动和非快速眼动中的做梦在这些过程中可能发挥的作用。我们在第 5 章中看到，快速眼动和非快速眼动睡眠都有助于记忆的演化。睡眠增强了一些记忆，同时允许其他记忆被遗忘。它同时加工情绪和非情绪的记忆。它增强了一些记忆的细节，同时从其他记忆中提取要点，发现规律，或用记忆启发梦者。而且，它有选择地这样做，保存和演化脑所计算出来的对未来最有用的记忆。我们坚信，任何合理的梦的功能模型都必须考虑到所有这些发现。

在我们下一章提出的模型中，做梦是一种依赖睡眠的记忆加工形式，不过是一种现象学上的复杂形式，它通过发现和加强以前未探索过的关联，从现有的信息中提取新的知识。在这样做的时候，梦境很少直接重现活跃的问题或提供具体的解决方案。相反，它们发现并加强了以某种方式体现这些问题的关联，而且脑计算出这些关联可能有助于解决这些问题或类似的问题，无论是现在还是将来。

做梦有什么功能：第二场

当埃琳·瓦姆斯利（Erin Wamsley）在 2007 年加入鲍勃的实验室时，她想记录下做梦和睡眠依赖性记忆加工之间的关系。埃琳此前在纽约市立大学（City University of New York）完成了关于快速眼动和非快速眼动梦的博士论文，她的导师是约翰·安特罗伯斯（John Antrobus），他以研究白日梦和心智游移而闻名，但他也研究梦。在大学期间，埃琳参与了由她的同学也是后来的丈夫马特·塔克（Matt Tucker）主持的一项研究，后者正在研究睡眠依赖性记忆的巩固。当她来到鲍勃的实验室时，她想把这两者结合起来。当埃琳加入实验室时，研究者已经知道睡眠支持记忆的演化，加工前一天获得的新记忆。但他们不知道做梦是否或如何有助于这一过程。

鲍勃在 2000 年的《科学》杂志上报告说，学习一项新的任务可能会影响梦境内容。他用经典的电脑游戏《俄罗斯方块》表明，学习该游戏的参与者在睡眠开始时毫不含糊地说梦到了它，并报告了相对准确的图像，如 "俄罗斯方块的形状在我的脑海中漂浮，就像它在游戏中一样，掉下来，在我的脑海中把它们组合在一起"。[16] 但这还不是全部。鲍勃和同事玛格丽特·奥康纳（Margaret O'Connor）一起研究了五个失忆症患者的俄罗斯方块梦。他们的失忆症是由意外伤害造成的，主要是一氧化碳中毒，影响了脑深处一个被称为海马（hippocampus）的结构。海马对于学习和回忆最近发生的事件至关重要。如果没有正常的海马，病人就无法记住他们早餐吃了什么，或者那天下午去了哪里。鲍勃的学生之一戴维·罗登伯里（David Roddenberry），在这些病人玩俄罗斯方块时与他们坐在一起，这些病人在三天内总共玩了7小时。每天晚上，他坐在他们的床边，监测他们的睡眠，并唤醒他们以收集梦境报告。每天晚上睡觉前，所有的病人都报告说没有玩俄罗斯方块的记忆。事实上，他们也不记得曾经见过罗登伯里。（一天晚上，一个病人问他："你为什么在我的卧室里？"）

然而，尽管没有玩游戏的记忆，五个病人中有三个在梦中看到了俄罗斯方块的图像。例如，一个病人报告看到了"侧向方块"的图像。再如，一个病人报告看到了"被翻转的图像。我不知道它们是从什么变来的——我真想记住——但它们像积木"。[17] 这种现象被称为俄罗斯方块效应（Tetris Effect），已经获得了相当大的知名度，衍生了一系列事物，从其维基百科页面到鲍勃使用的签名午餐盒，再到PlayStation中与之同名的虚拟现实游戏。

不过，鲍勃从来没有把做梦和记忆演化结合到一个实验中。而这就是埃琳的工作。[18] 她设计了一个虚拟迷宫，让参与者探索它，试图了解它的布局。然后她让他们睡90分钟的觉。小睡之后，她问他们是否记得梦到过这个任务，然后再次在迷宫中测试他们。

结果是惊人的。没有梦到过任务的参与者在小睡之后平均多花了1分半钟才找到走出迷宫的路，而那些报告他们梦到过任务的人则比小睡之前快了2分半钟找到出路。有了这些发现后，埃琳开始行动起来。她重复了这个实验，这次她在参与者小睡时叫醒他们，收集实际的梦境报告。鲍勃一直不敢尝试这样做，因为他担心这会打断任何正在进行的记忆加工。(他的担心是多余的。大约八年后进行的一项研究表明,即使在一个晚上叫醒参与者五六次,也不会对记忆的演变产生影响。[19])

埃琳找出了与实验任务有关的梦报告的参与者后,她发现他们在小睡之后进步了 10 倍之多——与那些没有实验任务相关的梦报告的参与者相比,他们在再测时找到迷宫出口的用时平均快了 91 秒。很明显,那些梦见了迷宫任务的人表现出了更多的睡眠依赖性改善。另外,埃琳有梦境报告。它们比显示了海马活动性增加的模糊 fMRI 图像更好,因为她可以直接看到睡眠脑可能在增强了这些新存储的信息的记忆时,在想象什么。

一位参与者的答案是:"我在思考迷宫,好像还有检查站的人,我猜'迷宫里没有人或检查站',然后这让我想到几年前我去旅行的时候,我们去看那些蝙蝠洞,它们有点像迷宫。"另一个参与者报告:"'我'在迷宫中寻找着什么。"还有一个人回忆说他"只是听到了背景音乐",在探索迷宫时放的背景音乐。

这并不是好事。这些梦不会帮助参与者增强他们对迷宫布局的记忆,而这种记忆可以帮助他们在醒来后更快地通过迷宫。然而,正是这些参与者表现出了最明显的提高。睡眠中的脑既增强了对迷宫布局的记忆,又创造了相关的梦境。但这些梦境虽然预测了随后任务表现的改善,但不可能直接促成这种改善。这些梦一定是在做别的事情,为其他一些功能服务。但那是什么呢?

我们在第 5 章中看到,睡眠中的脑进行了多种形式的记忆演化。它选择最近发生的突出记忆来进行夜间加工，优先考虑情绪记忆，但也处理别的记忆；它稳定和加强了一些记忆，同时从其他记忆中提取规则和要点；它将新的记忆整合到旧的、预先存在的知识网络中。幸运的是，脑很擅长多任务处理，可能可以同时进行多种形式的记忆加工。例如，在埃琳的参与者入睡后，海马可能会重放并加强他们早先在迷宫中所走路径的记忆。（众所周知，海马在啮齿类动物中正是这样工作的。）但这使得脑的其他部分可以自由地处理这些记忆演化的其他方面，例如如何将它们归类。

我们应该把这些新记忆归入"快速赚取 50 美元的方法"中吗？归入"我玩过的电脑游戏"或"我在超市和妈妈走散，以为自己迷路的那次"怎么样？或者，正如这些梦境报告所展示的那样，我们应该把它们归入"寻找丢失的物品""探索蝙蝠洞"或"我真的很讨厌电子说唱音乐"？这不是一个微不足道的问题。我们的脑将大量的信息储存在一个复杂到令人难以置信的连锁神经网络中，其中相关的记忆在物理上是相互连接的，因此，网络中任何记忆的激活都会倾向于激活该网络中的其他记忆。脑如何决定将新的信息归类，即准确地将新记忆连接到哪些预先存在的网络中，决定了在随后的清醒状态下如何以及何时能提取这些新信息。举个例子，当你需要赚些快钱时，或者当你玩一个新的视频游戏或探索一个山洞时，你会想到迷宫吗？

另外，脑如何将这些新的记忆归类，也决定了你在午睡后再次尝试浏览迷宫时，会想起什么，例如你是否会想起山洞或与母亲分开的经历。更重要的是，它允许脑发现并加强这些记忆之间的创造性联系。也许你在探索山洞时学到的一些策略会对你在迷宫任务中有所帮助，或者反过来说，也许你从迷宫任务中学到的一些东西会在你下次走出山洞的时候帮助到你。你的脑会突然意识到：嘿，探索迷宫和洞穴其实是同一件事。当然，这也正是埃琳的参与者所梦到的。"这让我想到几年前我去旅行的时候，我们去看那些蝙蝠洞，它们有点像迷宫。"这是一个完美的例子，帮助说明了我们之前提出的梦功能，即通过发现意外的关联，从现有的信息中提取新的知识。

为什么我们必须体验我们的梦

我们必须真的做梦才能得到这些公认的睡眠依赖性记忆加工的巨大好处吗？在埃琳和鲍勃的迷宫学习论文中，[20] 他们得出结论：做梦是睡眠依赖性记忆加工的脑过程的一种反映。但他们并没有论证做梦本身，即实际有意识地体验梦境，与这种记忆处理有什么关系。他们似乎在暗示，做梦只不过是一个幌子，是睡眠脑正在进行的重要记忆加工的一个无关紧要的副作用。这使我们回到了这样一个观点：梦是一种表象，没有真正的功能。或者，正如威廉·多姆霍夫在二十年前左右所论证的那样，也许"梦并没有被自然选择保存为解决问题的工具，或者其他任何东西，但它们还是可以被用来理解我们未完成的情绪事务，因为它们恰好表达了我们对所关注的问题的概念"。[21]

今天，我们两个人（指两位作者）都拒绝这种想法。正如我们将在下一章详述的那样，我们相信做梦和清醒的意识一样，提供了两个胜于无意识脑加工的优势。做梦创造了在脑海中跨越时序展开的叙述，并允许我们体验这些叙事所产生的思维、感觉和情绪。做梦，就像清醒的意识一样，使我们能够想象事件的顺序，计划、策划、探索它们。即使一个问题本身并不要求发展出一个叙事，例如弄清楚两个奇数相加是否总是产生一个偶数，我们还是创造了一个叙事来帮助解决问题。我们"大声思考"它，"在脑海中运行它"，有时在解决它时经历一系列的"步骤"。

南加州大学的神经科学、心理学和哲学教授安东尼奥·达马西奥（Antonio Damasio），在他的《感受发生的一切》（*The Feeling of What Happens*）一书中 [22] 提出，这种叙事的创造是意识最伟大的力量之一。他认为，我们无法在意识之外构建叙事。如果没有构建叙事的能力，我们就无法回忆过去，想象未来，或计划未来，而正是这些能力使我们成为人类。

能够想象和规划未来，对于几种睡眠依赖性记忆的演化形式来说，同样是至关重要的；而要做到这一点，睡眠脑需要做梦。通过做梦，脑创造了有意识的叙事，以其他无意识的睡眠依赖性记忆加工形式无法做到的方式来想象和探索大量的可能性。如果我们想执行睡眠的这些功能，我们必须做梦。

达马西奥还认为，对情绪的主观体验（他称之为感受）是意识的核心，甚至对普通的日常决策也至关重要。即使在做"完全理性"的决定，我们也要依靠情绪输出来确认我们做出了正确的选择。达马西奥举了一个例子：一个患有遗传性疾病的女人，她脑中的杏仁核被破坏。没有杏仁核，她就不能体验恐惧或愤怒。因此，她从来没有学习过潜在的不愉快和明显的危险情况的信号，而我们其他人在儿童时期就学会如何辨认并依赖这些信号。在一个简单的赌博任务中，尽管她看到有些选择一次次地出错，但她仍然无法习得哪些选择是不好的赌注。因为她无法感受到她的选择是错误的，所以她无法学习它们的错误性。

从这个角度来看，情绪在梦中如此普遍并不令人惊讶。如果我们接受达马西奥的结论，即情绪体验对于评估，哪怕是明显简单的情况，都是至关重要的，那么很明显，如果我们要评估它们，即去理解它们对我们意味着什么，我们就需要在梦中体验情绪。

因此，为了充分探索、评估和加强与我们正在关注的问题有关的新联想，情绪参与的叙事性梦境是必需的。这个过程，简而言之，就是睡梦的生物学功能。我们将在下一章中阐述这一功能以及它是如何运作的，将描述一个关于梦功能的新理论：NEXTUP。

第8章 NEXTUP 模型

我们提出一个新的梦功能模型，解释为什么人脑必须通过做梦来执行其睡眠依赖性记忆的演化功能的关键部分。这个模型被称为 NEXTUP，意为"对可能性理解的网络式探索"。它最初是由鲍勃发展和命名的，然后在托尼的帮助下进行了大量的改进。我们会详细介绍 NEXTUP 的定义特征，为每一个特征提供研究支持，并讨论它们的意义。在本章结束时，你会对脑为什么做梦有一个更好的理解。让我们开始吧。

NEXTUP 与弱关联探索

NEXTUP 提出，做梦是一种独特的睡眠依赖性记忆加工形式，通过发现和加强以前未曾探索过的弱关联，从现有的记忆中提取新知识。通常情况下，脑从当天编码的一些新记忆开始——可能是一个重要的事件，在工作中无意中听到的讨论，或与个人关注的事情有关——然后搜索其他与之有弱关联的记忆。这些记忆可以是同一天的，也可以是梦者过去任何时候的记忆。然后，脑将这些记忆组合成一个梦叙事，探索脑通常不会考虑的关联性。在这个过程中，NEXTUP搜索并加强了在我们的梦中发现和展示的新颖的、有创造性、有洞察力和有用的联想。

鲍勃在1999年发表的一项研究中测量了大脑在快速眼动睡眠期间对弱关联的偏好[1]。他使用了一个叫作语义启动（semantic priming）的认知测验。这是詹姆斯·尼利（James Neely）20年前在耶鲁大学开发的精妙的测验。被试坐在电脑屏幕前，屏幕上闪烁着一系列的单词和非单词，如"right"（正确）或"wronk"（错误）。他们的任务是对每个单词做出反应，按下标有"单词"或标有"非单词"的键。最后，鲍勃计算了被试对单词和非单词做出反应的速度和准确性。这还不算完。在每个目标刺激显示之前，另一个单词会在屏幕上闪现四分之一秒。当目标刺激是一个真单词时，根据这个"启动"词和目标词之间的语义关系，人们的反应或快或慢。

你可以在图8-1中看到这个测验进行时可能出现的例子。当"wrong"（错误）这个词前面有一个强关联的词如"right"（正确）时，被试识别它的速度比它前面出现弱关联的词如"thief"（小偷）时快。而且，在这两个例子中，他们的反应都比前面有一个完全不相关的词如"prune"（修剪）的时候快。反应速度的快慢是对语义启动的一种衡量。当鲍勃在白天对被试进行测试时，他得到的结果正是他所期望的——像"right"（正确）这样的强启动刺激产生的启动效果是"thief"（小偷）等弱启动刺激的三倍。

这是什么意思呢？每当你看到一个词，你的脑就会激活记忆这个词的声音和含义的回路。但它也激活了对相关词语的记忆。这种脑活动不仅使你能够更好地理解这个词，而且还使脑为接下来可能发生的事情做好准备。它越是强烈地激活相关词的记忆，你就越能在那个词下次出现时更快、更可靠地识别它。这正是我们在这里所测量的。在呈现像"right"（正确）这样的强启动词语之后，你对"wrong"（错误）做出的反应要比先呈现"prune"（修剪）的情况快得多，这意味着你的脑在面对目标词语"wrong"（错误）时强烈地激活了这个词。鲍勃的结果表明，被试的脑激活强关联词比激活弱关联词有效三倍。

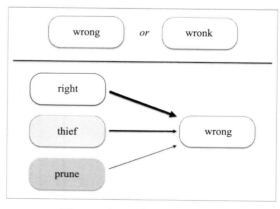

图 8-1   清醒状态下的语义启动

鲍勃能够非常迅速地进行这项测试；他只需要被试花上短短两三分钟的时间。这比脑完全从睡眠中清醒过来所需的时间要少得多，也比脑中的神经调质分泌水平，如血清素和去甲肾上腺素，转变到清醒时的水平所需的时间要少得多。他在被试醒来后立即对他们进行测试，以这样的方式确保脑神经调质水平仍然接近于醒来前的水平。他在半夜将被试从快速眼动睡眠中唤醒后立即对他们进行测试，其结果如图 8-2 所示，比他所希望的要好。由强关联词产生的启动效果下降了 90%，而由弱启动刺激产生的启动效果则增加了两倍多。当被试从快速眼动睡眠中被唤醒时——据推测，当他们几分钟前还在快速眼动睡眠中时——他们的脑对弱关联词的激活比强关联词的激活要有效八倍。

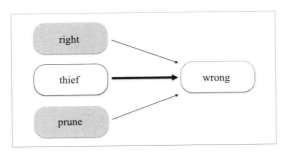

图 8-2　快速眼动睡眠后的语义启动

脑在做梦时，这种对弱关联的偏好有助于解释为什么许多梦与一天中那些主要的想法、感觉和事件缺乏清晰的联系。就算有明显的联系，梦的用处通常也不明了。但这正是 NEXTUP 模型所预测的——弱关联网络正在被探索以了解各种可能性。脑正在进行比清醒时更广泛的搜索，扫描不太明显的关联，并在清醒时绝不会考虑的地方挖掘隐藏的宝藏。在白天，也就是当脑主要在加工新传入的感觉，我们脑中的神经递质之间的平衡处在加工此时此刻的最优状态时，这些新发现的关联的用处或"正确性"也许是无法被理解的。但没有关系。我们不需要了解我们的脑为什么选择了这些关联。我们不需要知道用于构建一个特定梦境的联想是否有用。我们甚至不需要记住这个梦。所有重要的工作都是在我们睡觉的时候完成的。关联是在我们做梦的时候被发现、被探索、被评估的，如果我们的脑计算出其中一些确实新奇而有创意的，又对我们有潜在帮助的关联，那么它就会加强这些关联，并把它们归档，供日后使用。

NEXTUP 与梦的怪异性

NEXTUP 对弱关联的偏好的一个结果是梦的怪异的普遍性。怪异性的存在是如此突出，以至于许多早期的梦理论家感到有必要对其进行解释。在一个极端上，弗洛伊德的伪装 – 审查假说提出了一个解释，即梦的怪异性是蓄意掩饰被禁止的愿望的一部分，而这些愿望在梦中直接表达是不妥的。在另一个极端上，霍布森则把这种怪异性描述为前脑几近随意地将图像和概念强加在一起的结果，"充分利用了不利的条件"[2]。但从我们的角度来看，这只是一个将弱的，因而出乎意料的关联纳入梦的叙述的可预测的结果。

即使梦境与"白日残留"（白天未完成的想法和感受）的相关性是公开和直接的，怪异性仍然悄然而至。鲍勃在马萨诸塞大学

医学中心（University of Massachusetts Medical Center）拿到第一份
教职时，他有一个令人不快的任务，就是帮忙上所谓的狗实验室
的课。这个早已被废弃的实验室打着研究心血管功能的幌子，用
于给医学生上死亡导论课。当学生们到达时，他们面对的是被麻
醉的狗和一本描述如何将导管插入静脉、测量静脉血压、注射药
物等的实验手册。实验接近尾声时，他们将切开狗胸前的皮肤和
肌肉，用一把电锯穿过肋骨，并将药物直接涂抹在跳动的心脏
上。鲍勃神经脆弱，不忍心看学生们切开肋骨。他把监督的任务
留给了他的同事。在他教这个实验室课的第一个晚上，他做了一
个梦：

> 我又在狗实验室里，我们刚刚切开狗的胸部。当我
> 往下看时，我突然意识到那不是一只狗；那是我五岁的
> 女儿杰西。我目瞪口呆地站在那里，不明白我们怎么会
> 犯这样的错误。在我的注视下，切口的边缘缩回到一起，
> 愈合了，没有一丝疤痕。

从梦中醒来后，鲍勃把这件事告诉了他的妻子。她说，狗实
验室显然引起了他对死亡的恐惧。那么当死亡发生在何处时恐惧
最严重呢？当然是在他的孩子杰西身上发生时。但鲍勃不同意这
种说法。对他来说，感觉不是这样的。对他来说，这个梦似乎在
问一个问题："如果对狗可以这样做，为什么对杰西不可以这样
做？"当然，两种解释都是合理的。

这是一个典型的例子，说明梦喜欢做什么。当时，鲍勃的脑
从他的一天中提取了一个情绪事件，并以完全不可能的、怪异的

改编重放了一遍。很明显，这个梦并不是为了提高他做手术的能力。相反，当他的脑在做梦时，它在他的记忆网络中寻找弱的和潜在的有用的关联：这只狗和杰西都是小而无助的；他觉得自己对他们都负有责任；他不想让他们中的任何一个死去；他爱他们；或者是以上所有的这些。在找到与杰西的多种联系后，他的脑将她纳入了梦中。但为什么要这么做呢？这不是为了回答一个问题，也不是为了解决一个问题。而是为了 NEXTUP 演变后要做的事情。脑问："如果是这样，要怎么办呢？"接着它观察自己的情绪和认知反应，观察这种反应如何影响梦的叙述。这种反应的强度及其影响梦剩余部分的方式告诉了脑它需要知道的东西。杰西和狗实验室的这个关联是一个有价值的关联。一些关于生命的脆弱性或神圣性的东西被发现了，而这些东西很重要，值得标记和加强，并为未来保留。一旦这些联系得到加强，脑的工作就完成了。鲍勃醒来时是否记得这个梦，其实并不重要。

当然，并不是所有的梦都像这个梦一样简单明了。要确定我们的梦境内容（或至少是我们醒来时能记住的内容）与当天或更远的过去任何时候发生的事情之间有何联系，往往是非常困难的。有时，脑发现的东西没有任何用处。

同样重要的是，要记住，正如我们将在第 10 章和第 12 章看到的那样，梦境中的视像与口语、电影和故事一样，在本质上可以是具象化且充满隐喻的。梦的内容有时会将当前的关注点和其他有意义的生活事件戏剧化，而不显示其中的任何具体元素[3]。不论如何，试图在我们醒来后在两者之间找到一种联系——一方面是 NEXTUP 在丰富的、富有想象力的梦境中产生的新奇和不寻常的联想，另一方面是清醒时经历的无数的思想、感觉和事件——不仅很棘手，而且容易产生各种错误。关于这一点，我们以后会有更多的讨论。

NEXTUP 模型：理解可能性

我们已经比较详细地讨论了网络探索的概念，但我们还没有谈到理解可能性的概念（也就是 NEXTUP 的最后两个字母所代表的含义）。在第 5 章中，我们讨论了依赖睡眠的记忆演变和允许稳定、增强和整合新记忆的脑加工，以及在这些记忆中提取要点和发现规律。在所有这些例子中，都有一个隐含的理解，即脑通过产生更有用的记忆表征来改善我们的记忆。这种功能类似于所谓的辐合思维（convergent thinking，见图 8-3，左图）——寻求问题的唯一正解，合乎逻辑地得出结论，不容一点歧义。

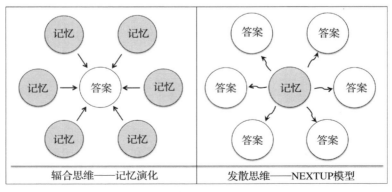

图 8-3　辐合思维和发散思维

　　相比之下，NEXTUP 更类似于发散思维（divergent thinking，见图 8-3，右图），它以一种创造性的、自由流动的方式工作，对一个最初的问题产生一些领悟，给出若干潜在的答案。NEXTUP 提出，梦允许我们探索网络连接，以理解各种可能性。你可以将其类比于教育的真正目标——不是填鸭式地往脑里塞进各种事实，而是带我们面对这些事实中所蕴含的未被探索的可能性，向我们展示它们可以被利用起来的多种方式，而不仅仅是某种特定的方式。

　　回想一下鲍勃关于狗实验室的那个梦。没有具体的问题需要解决，没有"正解"可以找到。只有一些最近发生的令人深感不安的事件的记忆需要鲍勃去理解。我们无法直接得知他的脑细胞在他做梦时做了什么，只能听到他对脑细胞所创造的体验的报告。这意味着我们无法以某种方式测量 NEXTUP 在他做梦的关键部分在神经或网络层面上做了什么。但鲍勃的睡梦报告表明，他的脑正在通过探索各种可能性来理解该事件。虽然 NEXTUP 不需要鲍勃在醒来时记得他的梦，但很明显，他在醒来后对它的思考——我们在第 7 章讨论的那些超出演变意图的附加值——确实产生了有趣的想法和可能性。

NEXTUP 模型与梦的感受意义

　　我们的许多梦可能会令人感到奇怪和无意义，但其中有许多梦似乎让我们强烈地感受到了其重要性。为什么会发生这种情况？如果做梦的功能不需要我们记住它们，并且如果我们在任何情况下都很少记住它们，为什么当我们记住它们时，会感到它们如此有意义呢？（事实上，这种梦有意义的想法是跨越数千年而一直存在于各个文化中的。）

我们知道，脑专门寻找弱的关联。这意味着它在探索的那些关联，在正常情况下会被丢弃在无趣和荒谬之间的某个地带。当我们在做梦时，脑必须改变它的偏见，用潜在价值的标准来给那些关联打分，而这是它在日常情况下不会做的事。如果它要判定任何纳入其梦境叙述的弱关联是有意义和有用的，它就需要推自己一把。

事实上，关于梦有意义的感受，我们可以看看神经化学上的解释。在药理学上，麦角酰二乙胺（lysergic acid diethylamide，LSD，迷幻剂主要化学成分）通过激活血清素受体，包括血清素1A受体而起作用，这反过来可以阻断脑的部分区域释放血清素。麦角酰二乙胺的所有怪异现象，包括幻觉以及其他一切，可能是这种生化阻断血清素释放的直接后果。这显然不是脑的正常状态。但每天有一个时间，血清素的释放被完全阻断，那就是在快速眼动睡眠期间。

我们在快速眼动睡眠和非快速眼动睡眠中都会做梦，但最离奇、最情绪化和最不可能的梦，也可以说是那些对我们来说似乎最有意义的梦，都发生在快速眼动睡眠中。非快速眼动睡眠期间血清素水平的降低（相比于清醒状态而言）和快速眼动睡眠期间血清素释放的完全中止可能起到了重要的作用，它使脑偏向于赋予那些在梦境构建过程中激活的弱小关联更多价值。这种化学作用可能是一种润滑剂，能使这些潜在的有用的新关联潜入"有价值的领悟"的范围，并在这样做时产生一种有意义的感觉。

NEXTUP 模型与睡眠的各个阶段

在第 4 章中，我们介绍了每晚发生的多种睡眠阶段，包括快速眼动睡眠和非快速眼动睡眠，并简要地讨论了它们在生理上的不同。然后在第 5 章中，我们讨论了睡眠中的记忆演变，并指出某些形式的记忆加工似乎主要发生在快速眼动睡眠中。你将在本章后面看到，一个公认的事实是，梦的形式在不同的睡眠阶段也是不同的。但还没有解决的问题是，在不同的睡眠阶段中梦的功能是否有所不同。在快速眼动睡眠中梦的功能是否不同于睡眠开始时或非快速眼动睡眠的其他阶段？在我们看来，答案是肯定的。让我们先来回顾一下目前所知道的情况吧。

首先，脑在快速眼动睡眠和非快速眼动睡眠中做梦的方式有一些根本性的不同。正如我们在第 4 章中指出的，在快速眼动睡眠期间，身体在功能上处于瘫痪状态。事实表明，这对于防止我们将梦付诸行动是必要的。在快速眼动睡眠行为障碍中，这种瘫痪状态会被打破，他们将梦中所为表现出来，重击他们的床伴，跳下床，或发出疯狂的喊叫，做出难懂的手势。但在非快速眼动睡眠中，身体不处于瘫痪状态，而我们也没有表现出梦中所为。在快速眼动睡眠中，当我们做梦时，脑激活了运动皮层，即控制动作的脑区，就像梦中的事件真的在现实中发生那样。因此，脑需要阻止肌肉对来自运动皮层的信号做出反应，以免我们在现实中有所行动。因为我们在非快速眼动睡眠期间既没有处于瘫痪状态也没有做梦中的动作,所以脑一定没有像在快速眼动睡眠中那样激活运动皮层。为什么我们在快速眼动期和非快速眼动期做梦时演化出两种不同的脑激活模式?这是一个谜。但这些不同的模式告诉我们,在快速眼动睡眠和非快速眼动睡眠中做梦时,脑的行事方式是不同的——同时这也表明这两种类型的梦正在执行不同的功能。

在脑中释放的化学神经调质也有差异。这些化学物质控制着神经细胞之间的交流方式;在整个脑层面,它们基本上起到了切换运行程序来操控脑的作用。你刚刚已经了解到,血清素可以影响做梦的人对一个弱关联的重要性的感觉。当血清素的释放在快速眼动睡眠期间被阻断时,会导致对碰巧发现的任何弱关联都感到更加惊奇和重要。在非快速眼动睡眠期间,血清素的释放并没有完全被阻断,所以这种偏向于弱关联的倾向会被削弱。但这也没什么问题,因为在非快速眼动睡眠期间,脑并没有在寻找弱关联。

鲍勃的语义启动实验表明,在快速眼动睡眠期间,我们对强关联的正常偏好被对弱关联的偏好所取代。这种影响可能是由于第二种神经调质,即去甲肾上腺素,在快速眼动期也被关闭了。去甲肾上腺素是肾上腺素的脑内版本;其众多功能之一是将注意力集中在眼前的事物上。你可能已经注意到,在压力情境中,肾上腺素水平急剧上升时,你不愿去想眼下在努力做的事情以外的一大堆不太可能发生的事。你是如此专注,几乎没有什么可以阻

挡你。在快速眼动睡眠期间，去甲肾上腺素从脑中消失，使你的
脑很容易在其他弱关联中游移。鲍勃在他的语义启动研究中发现
了快速眼动睡眠和非快速眼动睡眠之间这种差异的证据。当他把
参与者从非快速眼动睡眠中唤醒时，像"小偷"这样在快速眼动
睡眠中非常明显的弱启动词，竟然一点效果都没有（见图 8-4）。
与完全不相关的启动词相比，这些词似乎并不更容易被激活。现
在，强启动词又产生了非常强的影响力。看来，在非快速眼动睡
眠期间，只有强关联被激活。

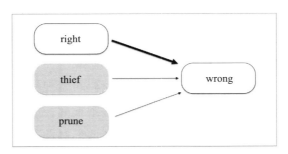

图 8-4　非快速眼动睡眠中的语义启动

对于不同睡眠阶段中做梦的功能，这个结果能告诉我们什
么？在回答这个问题之前，我们必须从对睡眠和梦境的讨论转向
对清醒状态的讨论，特别是对做梦的表亲——白日梦和心智游移
（mind wandering）的讨论。

NEXTUP 模型与默认模式网络

在 20 世纪的最后 25 年中，两种脑成像技术被开发出来，并

极大地改变我们对脑的工作方式的理解。正电子发射断层扫描（positron emission tomography，PET）和功能性磁共振成像（fMRI）使科学家们能够在人们执行一系列心理任务时观察大脑活动，并创建详细的大脑活动三维图。利用这些新技术，我们已经了解到哪些脑区在各种心理活动中被"激活"——从注视几何图形到观看情绪图片，阅读和记单词表，再到灵魂出窍体验。

为了制作这些脑激活图谱，人们被送进一个巨大的圆环形机器的中心。其后机器就开始对他们的脑活动在不同情况下进行成像，先是他们躺在那里休息的时候，然后是他们做一些任务的时候。如果我们把任务执行时的激活模式减去静息时的激活模式，就可得到被任务激活的脑区图片——你也可以称之为脑区图谱，就是脑的哪些部分实际上在执行任务的图谱。使用 fMRI 实时绘制脑活动图是一项惊人的突破，此后科学家们很快就开始绘制几十种脑功能的图谱。

随着越来越多的脑成像研究的发表，人们慢慢注意到一些奇怪的事情。每项心理任务在开启特定的脑区的同时，也关闭了其他区域。起初，这似乎很合理。但随着时间的推移，人们逐渐发现，无论参与者执行什么任务，被关闭的区域都是一样的。这就奇怪了。

不过，随着时间的推移，·马库斯·赖希勒（Marcus Raichle）和他在圣路易斯华盛顿大学的同事们意识到他们看到的是什么[4]。科学家们一直设想，在静息时看到的脑激活模式反映了脑在不做任何事情时的激活状态。现在回想起来，这显然是一个愚蠢的假设。我们的脑总是在思考一些问题。正因为如此，每当我们开始执行一项心理任务时，关闭的脑区是我们在"无所为"时有所为的区域。这些脑区共同构成了默认模式网络（default mode network，DMN）。这个发现帮助我们认识到一个不能更真实的事实：脑永不停歇。

当我们观察构成默认模式网络的脑区时，我们发现有一个子网络在监测环境中的重要变化，关注潜在危险。保护我们的安全可能是默认模式网络的一个功能。但我们也发现了一个帮助我们回忆过去事件和想象未来事件的子网络，一个帮助我们在空间中导航的子网络，还有一个帮助我们解释他人言行的子网络。而这些都是与心智游移有关的心理功能。大部分的心智游移都涉及对一天中发生的事件的梳理，或者对未来事件的预测和规划。事实上，这种计划被认为是心智游移的一种功能[5]。因此，心智游移与默认模式网络的活动性增加有关，这或许并不那么令人感到惊讶[6]。这似乎是默认模式网络的另一个功能。

然而，默认模式网络并不是一个静态结构。它的变化基于你之前所做的事情。鲍勃和他的同事达拉·马诺奇（Dara Manoach）研究了在做完鲍勃最喜欢的一项任务后，默认模式网络的活动是如何变化的：也就是我们在第5章中看到的手指敲击任务，需要学习尽可能快而准确地输入序列4-1-3-2-4[7]。年轻的参与者在短短几分钟的练习中就会有很大的进步，但随后就会出现平颈期。当天休息一段时间并不会提高他们的速度，但如果他们睡了一晚，然后再次尝试，那么他们的速度就会提高15%到20%。这是一个依赖睡眠的记忆演变的例子。

鲍勃和达拉在参与者学做任务的同时对他们的脑进行了扫描，包括训练前后的静息时段。他们发现，与训练前静息期相比，在训练后的静息期里，参与执行任务的脑区之间有更多的交流。默认模式网络一般由静息期的测量得出，会因任务执行而发生变化。更重要的是，默认模式网络被改变得越多，第二天参与者的进步就越大。仿佛这种新的默认模式网络活动在告诉脑入睡后要练习什么。

事实上，默认模式网络的大部分区域在快速眼动睡眠期间也被激活了，这表明白日梦这个词可能比我们想象的更有意义。威廉·多姆霍夫和他的同事基兰·福克斯（Kieran Fox）甚至认为，做梦，或者至少是在快速眼动睡眠期间做梦，构筑了一种"心智游移增强"的脑的状态[8]。最近，多姆霍夫提出，做梦的神经基础就在默认模式网络中[9]。当你把所有信息拼凑起来，就会看到NEXTUP模型令人激动的拓展。每当清醒的脑不必专注于某些特定的任务时，它就会激活默认模式网络，识别正在进行的、不完整的心理过程，也就是那些需要进一步关注的过程，并试图想象完成它们的方法。有时它在问题出现后不久就完成了这个过程，在我们没有意识到的情况下做出了决定。但在其他时候，它会在标记问题后将其放在一边，以便以后进行睡眠依赖型的加工，无所谓在做梦还是不做梦的情况下。一些梦理论提出了类似的观点，即做梦是在帮助我们解决生活中的问题。默认模式网络可能提供了识别这些问题的机制，从而确定什么是NEXTUP。

NEXTUP 模型与不同睡眠阶段中梦的功能

有了来自默认模式网络的理解，我们可以回到之前的问题上，即 NEXTUP 模型的功能在不同的睡眠阶段会有什么不同。最大的差异可能发生在睡眠开始时。入睡期是睡眠前心智游移和早期睡梦之间的一个独特环节。两者的"断裂点"通常发生在睡眠开始时的思维过程中。在这期间，理性的清醒思维，即那些必然是关于清醒时的关注点或不完整的心理过程的思维，转变成了入睡的梦境。

也许正因如此，西尔瓦娜·霍洛维茨（Silvana Horovitz）发现默认模式网络在整个入睡期都很活跃，也就并不奇怪了[10]。她在华盛顿特区外的美国国家卫生研究院工作。她还看到睡眠开始后视觉处理区域的脑活动性急剧增加。这些梦的其他特征额外支持了其在 NEXTUP 中具有独特作用的观点。来自睡眠开始阶段（N1）的入睡梦报告比其他非快速眼动期和快速眼动期的梦报告明显要短得多。它们通常与你在入睡前的想法明显相关，并且就算是意想不到，也常常是从这些想法中不知不觉地演变出来的。入睡梦一般不会那么离奇，也没有下半夜的梦那么情绪化，而且它们往往缺乏其他梦中几乎总是存在的两个特征，即自我描述和叙事结构。很多时候，这些梦只是一些不寻常的想法，或一个随机的几何图案，或一张简单的图片，如风景或面孔。

这一发现好像并非有利于 NEXTUP 模型的工作。相反，这些短暂的入睡梦似乎将默认模式网络的工作延伸到了睡眠期，并识别和标记当前的关注点，以便进一步进行睡眠依赖型的加工，然后也许还会开始识别相关的记忆，供其后参考。但这种梦的短暂性表明，它们能做的仅仅是标记这些记忆，而把更广泛的加工留给下半夜。

NEXTUP 模型把它最重要的工作任务留给了快速眼动睡眠。与非快速眼动期的梦相比，快速眼动期的梦更长、更生动、更有感情、更离奇，而且它们的叙述更复杂。此外，当人们试图识别这些梦境中的内容的清醒来源时，他们报告的情景记忆来源明显较少，即我们可以完全回想起来的，可以让我们重温原始事件的关于生活实际事件的记忆。例如，如果你在非快速眼动期的梦中看到飞碟，你可能会把它的来源确定为相关的外显记忆，说："哦，那些飞碟看起来就像我昨晚吃的比萨。"相比之下，在快速眼动期的梦中，你更有可能说，"哦，它们看起来就像比萨。我爱比萨"，从而确定的是一般语义记忆（我爱比萨），而不是具体的情景记忆（我昨晚吃了比萨）。这个例子与我们想象的 NEXTUP 模型在快速眼动睡眠中的工作方式一致，因为它试图利用模拟的梦境来概括这些记忆来源，并对其意义和重要性产生更综合的理解（见图 8-5）。

图 8-5　按睡眠阶段划分的 NEXTUP 模型的功能

相比之下，N2 阶段的梦比较短，不那么情绪化、怪异和生动。但也许最能说明问题的是，N2 梦的内容的清醒来源往往是更近或者更偶发的事件，例如你晚餐吃了什么，你的伙伴在晚餐时跟你说了什么，谁洗了碗等，而不是来自不太具体的"语义"记忆，如你喜欢吃什么，你经常和你的伙伴谈论什么，以及哪些家务是你要做的。因此，用于构建 N2 梦的记忆来源，介于入睡梦的直接睡前来源和快速眼动期的梦的非常松散的、与语义记忆的关联之间。这些 N2 梦的功能可能介于二者之间。尽管快速眼动睡眠似乎是在寻找微弱的，往往出乎意料的、遥远的联想，这些联想可能有效关联当天未解决的问题的记忆，但 N2 梦似乎是在寻找与最近的事件性记忆有更明显关系的记忆。

据推测，这一逻辑适用于所有睡眠依赖型的记忆加工，无论梦里梦外。鲍勃的前博士后，现在在宾夕法尼亚大学工作的安娜·夏皮罗（Anna Schapiro）在 2018 年的一篇论文中提出了这个论点。她将非快速眼动睡眠（不涉及做梦）的作用描述为"回顾当天事件细节的契机，同时提供最近从外部世界获得的信息"[11]，而快速眼动睡眠的作用是促进"对包含长期记忆的皮层网络的探索"[12]。这一描述符合 NEXTUP 模型中网络式探索的定义。

这种快速眼动期和非快速眼动期的功能分离为整个夜晚的正常睡眠阶段顺序提供了一个解释。每晚从 N1 开始，进入 N2 和 N3，然后进入快速眼动期，然后在 N2/N3 和快速眼动期之间循环往复。随着夜晚的进行，非快速眼动期减少，快速眼动期增加，使脑寻求越来越弱的关联，梦也变得越来越离奇。

这种跨越夜晚的梦境演变甚至可以在时间尺度更小的入睡期中看到。在鲍勃实验室的一项研究中，使用街机游戏《高山滑雪 II》（Alpine Racer II），埃琳·瓦姆斯利发现，有些梦与游戏有强烈的直接关系，表现在对游戏具体细节或滑雪这类运动的明确描述；

其他梦与它有较弱的间接关系，包含与游戏有关的感觉、地点或主题。在入睡期开始时收集的梦报告中，即睡眠开始后的 15 秒内，梦境中直接包含游戏的可能性是间接包含的 8 倍。但仅仅在睡眠开始 2 分钟后，直接包含和间接包含的发生率就趋同了。另一组参与者可在收集梦报告前睡上 2 小时。2 小时后，他们会被叫醒，之后又可以继续睡觉。然后在 2 分钟内再次叫醒他们，收集他们睡眠开始时的梦报告。在这种情况下，间接与直接包含的比例是在晚上第一次睡眠开始时收集的 5 倍 [13]。

有趣的是，加拿大渥太华大学的斯图尔特·福格尔（Stuart Fogel）让参与者先练习任天堂的游戏《大满贯网球》（*Grand Slam Tennis*），然后在当晚收集 8 份从睡眠开始起的梦报告。一觉之后的游戏水平的提升，似乎取决于睡眠开始时前 4 个梦与实际游戏的相似程度，而与后 4 个梦无关 [14]。也许只有更早、更直接的关联才能成功地为 NEXTUP 附上有关游戏的记忆。

这都是有道理的。不管是看睡眠前的活动如何与入睡期的梦相联系，还是看其如何与夜间所有睡眠阶段的梦相联系，做梦似乎在记忆如何被选择以及它们随后如何在一整晚发生演变方面起着重要作用。

NEXTUP 模型与失眠

如果你曾经受过失眠的痛苦，哪怕只是短暂的失眠，你都可能体会得到当你只是想放松入睡，而脑却似乎在全速运转时，重提你一天中所有令人担忧的和未完成的事情的感觉。为什么你的脑会这样做？事实上，焦虑，或者说压力、担忧或忐忑也好，都是导致失眠的主要原因。（在某些情况下也可能是因为兴奋，比如当"脑海里还跳动着糖梅仙子之舞的幻影"⊖时。）

为什么所有这些想法和影响会在我们试图入睡时闯入脑海？根据我们刚才所说的，答案很简单：脑正在利用睡眠开始的时间来标记当前的关注点，也就是未完成的过程，以便在睡眠期间进行加工。

尽管世界各地失眠率的增加很可能反映了压力和担忧的增加，但我们认为还有另一个因素——智能手机和耳机。看看走在街上的人，开车的人，在餐馆和咖啡馆里独自吃饭的人。不久前，这些人还不会因手机而分心。他们的心智会游移，会做白日梦；他们的默认模式网络会活跃起来，虽然他们完全没有意识到，但他们会把最近的记忆标记下来，以便在当天晚上进行加工。但是，随着随身听和手机先后主宰了我们的空闲时间，默认模式网络已经慢慢地从我们的日常生活中被挤出。也许所有这些忧虑都在睡前袭来，因为这是我们唯一留给脑执行至关重要的任务的时间，即识别和标记记忆以便之后加工。也许好好睡觉和玩手机二者不可兼得。

⊖ 引自克莱门特·克拉克·摩尔（Clement Clarke Moore，1779—1863年）广为流传的圣诞诗歌《圣尼古拉来访》（*A Visit from St. Nicholas*）。原文为：（平安夜里）孩子们在被窝里呼呼大睡，脑海里还跳动着糖梅仙子之舞的幻影。"糖梅仙子之舞"出自柴可夫斯基的芭蕾舞剧《胡桃夹子》，描绘了平安夜里主角来到奇妙的糖果王国时，糖梅仙子跳起欢快的舞蹈欢迎主角一行的场景。——译者注

NEXTUP 模型是为鸟类准备的吗

让我们暂时假设狗和婴儿都有某种做梦的经历。如果像NEXTUP模型提出的那样，做梦具有探索和理解以前未考虑的可能性的演变功能，那么它对他们有什么作用？如果它只在成年人类中发挥功能，那么它大概就不会在整个哺乳动物演化过程中得到维持。但是，正如狗和婴儿的梦的内容一定比我们自己的梦简单得多，所以他们梦的功能性上的好处也一定会少得多。如果像丹·马戈利亚什和马特·威尔逊说的那样，鸣禽会梦见歌唱，老鼠会梦见跑迷宫，那这与做梦支持我们的网络式探索以理解可能性的概念有什么关系？

即使老鼠的认知能力和经验有所减弱，它们仍然可以从NEXTUP中受益。尽管我们无法知道老鼠是否做梦或做什么梦，但让我们暂时假设它们会做梦，而且研究人员在睡眠期间看到的老鼠脑活动性确实反映了它们关于迷宫的睡梦。在马特·威尔逊的老鼠迷宫实验的一个变种中，阿诺普姆·古普塔（Anoopum Gupta）及其在卡内基梅隆大学的同事一起，创造了一个有两个"T"形的迷宫（见图 8-6）[15]。老鼠知道它们必须从那里走到第一个 T 形路口（虚线箭头，T1），向右转，然后继续走到第二个 T 形路口（虚线箭头，T2）。然后，一些老鼠被告知，它们必须在 T2 处右转（黑色箭头），以获得迷宫右侧的食物（F）。如果他们向左转（白色箭头），他们会发现左边的食物碗是空的。其他老鼠学到了相反的东西，他们必须向左转而不是向右转。

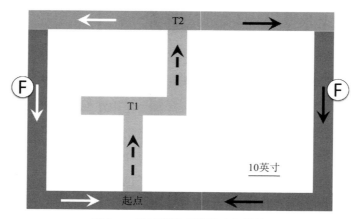

图 8-6　用于训练老鼠的迷宫设计

　　然后，在测试过程中途，所有的老鼠都必须转换方向来获取食物。如果它们曾被训练为向左转，现在它们必须向右转，反之亦然。第三组老鼠必须学会双向转弯，不断切换他们转弯的方向，一次向左转，下一次向右转。在这期间，古普塔一直在记录它们海马中的脑细胞活动性。由于这些细胞反映了它们在迷宫中的位置，他可以通过观察这些细胞或简单地观察哪些细胞在任何特定时间内放电来跟踪它们的路径。

　　随后老鼠睡觉时，他继续记录这些脑细胞，看到它们以与老鼠实际在迷宫中时相同的顺序放电。有时它们以与左转时相同的顺序发射，有时则以右转时的顺序发射。但有时它们以完全出乎意料的顺序发射，就像它们一路穿过迷宫的顶部，从左上角经过T2，然后到右上角。老鼠脑中的"位置细胞"就像在走一条它在现实生活中从未走过的路。如果我们暂时继续假设老鼠在做梦，那么它确实在进行网络式探索以理解各种可能性。诚然，这似乎不像是人类的梦；但在老鼠有限的认知能力范围内，这种叙述可能同样具有挑衅性和意外性。老鼠正在考虑一种它在清醒时从未探索过的可能性。我们认为对鸣禽来说也是如此。还有新生儿。

关于 NEXTUP 模型的许多细节，以前就有人提出过，其中一些是几百年前提出的，并且我们在前面的章节中已讨论过其中一些学术贡献。但是 NEXTUP 模型汇集了各种创新的神经科学思想和发现，为广泛的睡眠和梦境相关的发现提供了简洁的解释。它的神经认知和神经生物学基础使我们能够将 NEXTUP 扩展到其他哺乳动物（以及新生儿），为梦及其潜在功能创造了一个更广泛的、多方面的和发展的构想。NEXTUP 模型也为后面章节的讨论提供了一个宽泛的背景。我们将从梦的内容开始讨论。最后，你可以在书末的附录中找到 NEXTUP 模型的总结。

第 9 章　梦境之恶作剧

接下来的两章是关于梦的内容。你可能猜到，这里有很多内容需要讨论。在第 4 章中，我们谈到了研究人员为收集梦境报告而采取的各式方法。无论我们是研究梦的形式属性、个人梦的特异性内容，还是比较不同的梦者群体，都是从收集梦境报告开始的。好玩的地方在这一步之后才真正开始。有了正确的梦境报告，我们可以问的问题几乎是无穷无尽的。

- 这些报告有多长？
- 报告中有多少人物、多少地方、多少事物？
- 视觉、听觉和触觉感受如何？
- 它们有多怪异和情绪化？

我们可以了解总体中不同人群的答案有什么不同。

- 比如，男人和女人的梦境有什么不同？
- 成年人、青少年和儿童的梦境有什么不同？

我们可以了解特定的亚群体的答案有什么不同。

- 在不同的文化或时代里，梦境有什么不同？
- 在睡眠障碍患者中，如有失眠或睡眠呼吸暂停症状的人，他们的梦境有什么不同？
- 在精神疾病患者中（如精神分裂症或抑郁症患者），或神经疾病患者（如遗忘症或帕金森病患者），其梦境有什么不同？
- 怀孕妇女的梦境有什么变化？

我们还可以了解梦境在不同的夜晚有什么不同。

- 梦境是如何被我们的入睡时间、睡眠时长或同床共枕之人影响的？
- 梦境在一整夜里是怎么变化的？
- 梦境是如何被我们前一天的想法和行为所影响的？如何受生活中的压力和困难影响的？如何受饮食影响的？

另外，如果有睡眠实验室的记录，我们还可以提出一系列完全不同的问题。

- 在快速眼动睡眠和非快速眼动睡眠中，梦境的特征有什么不同？

- 快速眼动期开始时的梦境与 15 分钟后的梦境有什么不同？
- 我们能从一个人的脑电图模式中看出他是否在做梦吗？我们能分辨出他们的梦境有多生动或情绪化吗？
- 在做清醒梦、飞翔梦或梦魇时，脑中发生了什么？

这些都是我们和其他研究梦的同行们一直在问的问题类型。它们是我们日思夜想的问题。随着时间的推移，这些问题使我们能够建立起一幅图景，一幅关于梦境是什么样的，以及脑内事件是如何影响梦境的图景。

为了回答这些问题，我们必须收集梦境报告，然后提取我们需要的具体信息，而这又需要一个评分系统。在梦境报告分析中，细节之处才见真章，应运而生的评分系统层出不穷。

在 1979 年出版的《梦之维度》（Dimensions of Dreams）一书中，卡罗琳·温格特（Carolyn Winget）和米尔顿·克雷默（Milton Kramer）对近 150 个梦的内容进行了分类，囊括了从自我整合的措施到梦的生动性，再到阉割的愿望等几乎所有的类别[1]。但在过去的 50 年里，有一个编码系统一直领先于其他的编码系统，并且使用这个编码系统的研究数量可能比排名其后的 10 个评分系统的总和还要多。

霍尔和范德卡斯尔梦境评分系统

霍尔和范德卡斯尔梦境评分系统由卡尔文·霍尔（Calvin Hall）和罗伯特·范德卡斯尔（Robert Van de Castle）在 20 世纪 60 年代

开发，是有史以来最知名、最有效、可能也是最广泛应用的梦境评分系统。虽然霍尔是动物行为学家出身，但他在西部保留地大学任职期间的研究兴趣逐渐转向了梦。霍尔着迷于如何用在长系列梦境中观察到的梦境内容模式来推断梦者的个性、核心冲突和个人关注点。1953 年（也是发现快速眼动睡眠的那年），霍尔出版了《梦的意义》(*The Meaning of Dreams*)[2]，这是一本很受欢迎的书，他在书中提出了一个创新的梦的认知理论，将梦的影像描述为"思想的化身"，而这些并不是普通的思想。霍尔认为，梦反映了我们对自己、他人、外部世界和内心冲突的概念认识。他的开创性工作帮助推进了做梦的"连续性假说"。该观点被广泛接受，认为梦反映了梦者当前的想法和关切，以及最近的最主要经历。

另外，范德卡斯尔开始对超感知觉（extrasensory perception，ESP）感兴趣，并于 20 世纪 40 年代末至 50 年代初在杜克大学的超心理学实验室工作。有史以来最著名的超感知觉科学研究报告就是由约瑟夫·莱因（Joseph Rhine）和路易莎·莱因（Louisa Rhine）在那里进行的。但范德卡斯尔的兴趣转向了梦。他与霍尔合作，研究家庭梦境与实验室梦境有何不同，以及梦境内容在不同的快速眼动期有何不同。在一个鲜为人知的小项目中，他还研究了梦的心灵感应现象，其中霍尔是"发送者"，范德卡斯尔是"接收者"——但这部分就留在稍后再详细讨论吧。

在一项标志性的研究中，霍尔和范德卡斯尔分析了从 100 名男大学生和 100 名女大学生中收集的每人 5 份梦境报告，共计 1000 份极其详细的报告。在这项工作的基础上，他们出版了《梦的内容分析》（*The Content Analyses of Dreams*）（1966年），这本书彻底改变了梦境内容的科学研究[3]。在这本书中，[4]作者描述了对众多梦境特征进行评分的规则，包括人物、环境、物体和行为。他们通过打分评定梦境的友好性、攻击性和性互动，成功和失败，幸运和不幸，以及几种情绪。后人称其为霍尔和范德卡斯尔编码系统（Hall and Van de Castle，HVC）。它还包括对这些内容类别中的每条信息进行精细解析的规则。例如，攻击性的社会互动，可以根据攻击发起者是谁，是否得到回应，以及攻击的严重程度来评分——尺度从微妙的敌意到口头威胁等，直到谋杀。同样，"人物"类别，包括人、动物和神话人物，根据人物的数量和每个人的性别、年龄和身份被进一步划分。例如，一个人物的身份可以是直系亲属，在这种情况下，它将被进一步细分为母亲、父亲、姐妹、兄弟，等等。最后，霍尔和范德卡斯尔编码系统允许对梦境报告进行极其详细和客观的编码，为五十年来梦境内容的科学研究奠定了基础。

当然，在一项特定的研究中，我们可能不想对梦境报告进行所有的类别及其细分类别进行评分。我们可能只对梦中人物的总数感兴趣，或者梦中之人是否是梦者认识的。我们可能只想知道友好的社会互动的频率，或者包含负面情绪的梦的比例。同样，这一切都取决于问题是什么。霍尔和范德卡斯尔编码系统甚至允许研究人员在不实际收集任何梦境报告的情况下询问并回答关于做梦的重要问题。这是通过使用其他梦境研究者出于完全不同的研究目的而收集和打分的梦境报告来实现的。"梦境银行"（DreamBank）[5]是一个包含2万多个梦的在线数据库，其中许多梦已经根据霍尔和范德卡斯尔编码系统进行了评分。搜索引擎允许科学家在这些梦境报告中搜索特定的单词或短语，以及特定的霍尔和范德卡斯尔编码系统变量。搜索可以局限于探索霍尔和范德卡斯尔的 1000 个梦的原始数据集，可以查看来自不同背景的个人的长梦系列，或者就关注特定的梦者亚群体，如男性、女性、青少年、退役老兵或盲人。

使用霍尔和范德卡斯尔编码系统，霍尔和其他几位研究人员表明，有可能从他们未知的个人的梦中提取有心理意义的信息。该系统同样被用来分析知名人士的梦的内容，包括卡夫卡、荣格和弗洛伊德。霍尔和范德卡斯尔编码系统甚至被用来研究虚构的梦。与渥太华大学法国文学教授克里斯蒂安·范登多普（Christian Vandendorpe）领导的团队合作，托尼帮忙创建了一个法语网站[6]，收录了 400 多位作家近 1500 个文学梦。这个数据库介绍了每个梦发生的背景，还详细介绍了梦在作品中的意义，它的解释（如果作者提供了任何解释的话），以及我们在这里特别感兴趣的，前面描述的许多的霍尔和范德卡斯尔编码系统内容变量。

在对研究人员感兴趣的特定群体的梦境报告进行评分后，将该群体的霍尔和范德卡斯尔编码系统分数与基准值（如《梦的内容分析》中的基准值）或与其他特定人群、文化、个人或时间段的梦境内容概况进行比较。观察到的内容模式（例如，环境、人物或社会互动），加上这些与其他人群的比较，使研究人员能够确定梦者内在和外部清醒生活的关键特征。数十项使用这种方法的研究已经成功地从人们的梦境报告中提取了令人印象深刻的大量高质量信息，包括人们的个性、关注点和行为活动。

霍尔和范德卡斯尔的评级表今天仍被广泛使用。但这并不意味着对梦境内容的研究就顺风顺水了。你很快就会看到，对一些比较主观的梦的元素，尤其是怪异性和情绪的评分，比许多人想象的要棘手得多。而且根据这些梦境特征的定义和评估方式，分析会产生截然不同的结果。

NEXTUP 模型与梦的形式特征

梦是什么样子的？数以千计的研究几乎从所有可以想象的角度对梦进行了探索，我们无法对此做出一个总结，但我们将尝试回答人们对梦境内容提出的最重要的那些问题，并且与此同时合理而准确地为你描绘梦是什么样子的。我们将从研究梦境的一般特征开始，包括第 7 章中提到的梦的形式属性。我们将把梦中实际发生的事情留到下一章，届时我们将探讨诸如最普遍的梦境主题以及反复出现的梦、性梦和梦魇的内容。我们还将在调查结果和百分比之外，向你展示弄清梦境内容所面临的复杂性和挑战。

根据第 8 章对 NEXTUP 模型的描述，你应该能够对梦境做出一些预测了——包括它们的形式属性和具体内容，即使你一生中从未能回忆起任何一个梦。NEXTUP 预测，你的梦通常会包含感官知觉、叙事结构和情绪，而且你会在梦中扮演一个角色。梦境会把你平时认为不会在一起的弱关联的概念和事件同时呈现，并常常因此为你的梦添上怪异的一笔。而且它们的内容将与你目前的关注点有关，通常与近期白天的想法、感觉和事件有一些联系，但也包括值得在这些正在进行的关注的背景下探索的与旧记忆的联系。让我们来看看这些预测吧。

不同睡眠阶段的正式梦境属性

你很快就会看到，NEXTUP 模型所提出的所有梦的形式属性确实会出现在梦境报告中，同时出现的还有一些不一定能被我们的模型所预测的属性。这些特征中至少有一部分，可以在大多数梦中看到，特别是在快速眼动期的梦中。但正如我们在上一章中所讨论的那样，许多梦，特别是非快速眼动期的梦和入睡梦，只包含少数这些特征，或者根本不包含。试图对每个睡眠阶段的所有这些特征进行分类，会使分析变得相当复杂。一般来说，我们的描述要么是针对 N2 和快速眼动期的实验室梦境——我们大部分回忆起来的梦境都来自这两个阶段，要么是针对在家里的梦境，不过出自哪个睡眠阶段就不得而知了。带着这两点局限，让我们来挨个儿看看 NEXTUP 模型的预测。

感官想象

毫无疑问，这是梦境中最引人注目的特征。无论是否包含视觉、听觉、触觉、嗅觉、前庭觉或其他感觉模式，梦境通常都是非常生动和令人信服的现实。事实上，除了那些罕见的清醒梦，在梦中，我们总是相信梦境是真实的，而且只会在醒来后才意识到它们的虚幻性。一般来说，我们所有人都能在醒着的时候在脑海中想象一些东西，例如朋友的面孔、哨子的声音、烈火的热度，但对我们大多数人来说，这种清醒的图像是对现实生活或梦境的苍白的模仿。尽管如此，并非所有的梦境都包含这些意象。统合所有的梦境报告，无论多么简短，一起进行分析时，大约10%的快速眼动期梦和多达30%的非快速眼动期报告没有任何感觉意象[7]。我们对这些梦了解不多，因为它们通常被梦研究者所忽视，历来不被认作"真正的"梦。在睡眠开始时，这样的梦可能是为了确定之后要加工的问题。至于后来的思想类梦境是否也是如此，目前还不清楚。

所有的感觉模式都可在梦中出现，但显然不是所有的感觉模式都同样突出。大多数有感觉的梦都包含视觉图像；有声音的报告大约只占一半；而出现嗅觉、味觉和疼痛的报告各占不到1%。然而，目前还不清楚这些数据是否准确反映了诸如气味和味道在梦中出现的频率。在一项研究中，鲍勃收集了900份参与者在清醒状态下的报告，通常是在他们用餐时。虽然有250次提到梦里在用早餐、午餐或晚餐，但只有24次提到了味道，13次提到气味，不到报告中用餐次数的15%。显然，大多数人通常不会报告他们尝到味道或闻到气味。梦境也可能是如此。不过，我们明确知道的是，被提问时，只有大约三分之一的男性和40%的女性回忆了曾经在梦中体验过的味道或气味。

当然，不是每个人的梦境都是如此高度视觉化的。当本书的任何一位作者在公开演讲中描述梦的视觉性质时，总有人会问："那盲人呢？他们的梦中有视觉图像吗？"这是一个很好的问题，也是一个我们有明确答案的问题。

首先，先天失明者的梦没有视觉图像（尽管还不清楚如果真有的话，他们如何知道那是视觉）。那些在四五岁前就失明的人也是如此。正如你所期望的那样，先天失明和早期失明者的梦境中包含了许多对事物感觉、味道和气味的描述，包括感觉上的细节，如他们衣服的质地，或他们行走的街道的小坡度。他们甚至报告了一些感觉，如皮肤感受到的阳光的温度。但是，那些在五到七岁之后失明的人，至少在刚开始的时候，会继续做有视觉的梦，尽管这些梦的频率和清晰度会随着时间的推移而降低。失聪的人也表现出类似的现象，许多人报告做了异常生动的视觉梦。在这两个群体中，他们仍然保留的那些感官，在梦境中的影像强度的增加，与在清醒状态下感知和想象中的强度的增加同时发生[8]。

尽管绝大多数的梦境似乎都包含视觉意象，但仍有一个更微妙但经常被问及的问题，即我们的梦是彩色的还是黑白的。这个问题的答案有点复杂。在最近的一项在线研究中[9]，受访者说他们有 50% 的时间做的是彩色梦，10% 的时间做的是黑白梦，其他 40% 的时间记不得了。在彩色电视问世后出生的人中，每两百人里只有一人说他们总是做黑白的梦——这比彩色电视问世前出生的人的回答要少八倍。相反，在 1942 年的一项研究中，40% 的参与者说他们总是做黑白的梦（包括男性中的 51%，但女性中只有31%）。显然，在彩色电影和电视出现之前，人们报告做黑白梦的情况比现在多得多。但现在，即使这些人几乎都报告，做彩色梦的频率至少是做黑白梦的两倍。他们是不是一直在做彩色的梦？

这是一个很好的问题。也许，电影和电视中引入的色彩使人们

对他们视觉中的"技术色彩"更加敏感，包括每晚在脑海里播放的
"电影"。但是，至少早在亚里士多德时代就有关于梦中色彩的报道，
甚至在弗洛伊德 1899 年版的《梦的解析》中，有大约一半的长篇
梦境报告明确提到了色彩。也许是黑白媒体的流行，包括黑白摄影、
电影和电视在 20 世纪 40 年代和 50 年代的蓬勃发展，导致人们认为
他们回忆出来的梦中的图像和场景是黑白的。毕竟，直到 20 世纪初
至中期，包括科学家在内的大多数人才开始对这个问题感兴趣。

很自然，你可能会认为每个在现实生活中能看到色彩的人在
梦中也能看到颜色。但研究人员知道，我们并不记得大部分梦境，
而且对梦境的记忆在醒来的那一刻就开始消退，所以我们有理由
认为，这些脆弱的记忆更有可能是由梦境的核心特征构成的，如
环境、在场的人和特定的事件序列，而不是像物体的颜色或环境
温度之类的次要细节。因此，我们是否能从梦中回忆起颜色，可
能更多地取决于我们做梦时在关注什么，说到底取决于脑在做梦
时忙着编码的是什么，而不是取决于颜色是否真的出现在梦境中。

然而，这个问题的答案可能也不是黑白分明的。甚至有可能
当一个梦作为一个整体出现在我们面前时是彩色的，而其中的一
些物体或方面却并非如此，反之亦然。这个问题的妙处在于，只
要想一想，你就能从字面上看出这些可能性中哪一种在你自己做
梦的脑中最常见。

叙事发展和情节延续性

NEXTUP 模型提出，做梦通过允许脑创造与当前关注点有关

的叙事，并允许梦者对其做出反应，从而增强记忆加工。叙事序列在梦中很常见[10]，我们甚至都不用去想它；这就是梦的本质。梦本来可以演变到只是简单地显示视觉图像，就像看照片那样，但与此相反，它们已经演变到可以在时间中流动，就像清醒时那样。事实上，与鲍勃共事十多年的埃德·佩斯 – 肖特（Ed Pace-Schott）认为，梦的这个特征是通过默认模式网络连接到梦中的，是一种名副其实的"讲故事"的本能——你还记得默认模式网络在清醒时会参与回忆过去的事件，并想象未来的事件吧[11]。加州大学的戏剧艺术教授伯特·史达茨（Bert States）更进一步提出，所有形式的文学和戏剧都来自我们在梦中观察到的东西[12]。当然，故事、文学和戏剧确实能引导我们探索自己的记忆；最有效力的时候，它们还可以帮助我们理解生活中的新可能性。

一个相关但不太明显的梦的属性与情节的连续性有关，即一个梦的情节是否从头到尾都是连续贯通的。尽管梦中的情节似乎在每个时刻都与上一个时刻都是连贯的，但它们很少在整个梦中保持这种连贯性。大约三十年前，宾夕法尼亚大学的马丁·塞利格曼（Martin Seligman）和艾米·耶伦（Amy Yellen）将这种相邻性原则[13]描述为类似于派对上的谈话；每条评论都与之前的评论相关，但话题偏离得很快，以至于参与者经常问："等等，我们怎么开始谈论这个了？"

1994年，鲍勃在一项关于梦境拼接的研究中证明了这一观察的真实性[14]。他将22个梦境分成两组，每组11个。不过在第二组中，他将每个梦境在最接近整个报告一半篇幅的句子末尾处一分为二；然后他把每一半与其他梦境的一半"拼接"起来。

在将 11 个拼接后的梦境与完整的梦境混在一起后，鲍勃请 5 位评分者猜测 22 个梦境中哪些是拼接的，哪些是完整的。总的来说，评分者在 110 次中有 90 次正确识别了梦境报告。而随机抛 110 次硬币想要得到这个频率的概率不足千亿分之一。显然，大多数梦境报告句与句之间都是连贯的。

但是从一端到另一端呢？鲍勃又收集了 18 份梦境报告，每份都至少有 20 行，并将其分成两组。这一次，他只取了每个梦的第一行和最后五行。同样，对于第一组梦，他只是简单地把首尾两节放在一起，就像他在第一个实验中对一组完整的报告所做的那样，只不过现在每个梦的中间部分不见了。对于剩下的一组梦境报告，他通过合并不同报告的开头和结尾来创造新的拼接梦。

这一次，结果完全不同。在第一次实验中，80% 的情况下评分者判断正确，但在这次实验中，只有 58% 的情况判断正确，比你抛硬币 50% 的概率好不了多少。不过，三分之一的梦境报告能被 7 位评分者中的至少 6 位正确识别，包括三份拼接的报告和三份完整的报告。评分者是怎么知道的？三份拼接的报告中的每一份都在两个片段中有不同的主角，这足以让评分者相信拼接的报告来自不同的梦境报告。相比之下，三份完整的报告中的每一份都有一个人物、一个地方或一个物体出现在报告的两个部分里，提供了暴露它们的连续性元素。因此，看起来只有大约三分之一的梦能够从头至尾保持一个明显的梦的元素。事实上，对于几乎所有评分者都打出正确分数的六个案例来说，不是情节是否有连续性，而是人物、地点和事物的连续性提供了暗示。

这又与 NEXTUP 有什么关系？不像古典音乐，梦的结尾没有再现部分⊖；也不像小说，梦的首尾不会呼应。这种模式很有意义。我们的梦很少有完整的结尾。最常见的梦境报告的结局是：然后我就醒了。做梦的脑不会策划出整个故事。事实上，我们在上一章讨论过，去甲肾上腺素水平降低可能会使 NEXTUP 无法在一个单一的情节叙述上停留很长时间。相反，NEXTUP 将一系列的记忆和网络探索缝合在一起，在运作时保持着相邻性原则。这很像鸡尾酒会上的谈话，人们在不断变化的聊天中从一个话题游走到下一个话题，但总是在寻找潜在的有用的新关联。

自我呈现和具身存在

做梦时，我们并不像是在被动地观看图片或影片，而更像是参与鲍勃的儿子们一直在玩的那种多人在线角色扮演游戏。我们是正在进行的梦境事件中的真实人物，这一事实非常普遍，常常被忽视。但它对 NEXTUP 和梦的过程至关重要。两位意大利的梦境研究者，皮耶尔·卡拉·奇科尼亚（Pier Carla Cicogna）和马里诺·博西内利（Marino Bosinelli），已经确定了梦境中自我呈现的8 个不同类别。[15] 分类 1 ～ 5 囊括了从完全不在场，如看电影一样（第 1 类），到完全在场但只观察梦中的事件（第 4 类），再到积极参与与其他梦中人物和物体互动（第 5 类）的情景。第 6 ～ 8 类是更奇怪的自我呈现形式，包括梦者在梦中扮演其他一些人，甚至一个物体的角色，比如一台复印机（第 6 类），或同时扮演两个

⊖ 古典音乐中的奏鸣曲在结尾通常有主旋律再现的部分。——译者注

人的角色（第 7 类），或同时作为梦的参与者和清醒的观察者（第 8 类）。第 6 类和第 7 类虽然相当罕见，但特别有趣，因为它们也见于一些神经系统疾病患者清醒时的情况。

所有这些类别都在梦境报告中出现，但第 4 类和第 5 类是最常见的，即只作为观察者出现和作为参与者出现。它们是梦境研究者通常所指的"自我呈现"。正如你所想象的，几乎所有的快速眼动期的梦都属于这两类中的一类，在不同研究中达到 90% 到 100%。相比之下，只有三分之二的非快速眼动期梦境报告，以及入睡梦境中四分之一到三分之二的睡眠发生时刻出现过自我呈现，具体比例取决于睡眠发生后多久开始收集报告。

除了自我呈现，"具身存在"（embodied presence）也出现在梦中。支持这一有趣概念的认知科学家认为，如果我们想研究我们如何来理解我们周围的世界并在其中做出决定，仅仅研究大脑和身体是不够的，因为它们与环境不是分离的。相反，我们必须将环境纳入自我认知模型中。因此，尽管经典认知科学坚持认为我们只需要关心由感官投射到脑的外部世界的神经表征就行，但具身存在的理论认为这个范围是不够的，物理环境必须被视为我们认知机制的一部分[16]。

做梦是具身存在的一个绝妙的例子。虽然脑产生了梦境，但身体显然影响了梦境，身体的感觉常常被纳入梦境。然而更重要的是，外部环境被一个自我生成的内心世界所取代。在一个非常真实的意义上，我们在梦中的意识包裹着围绕着我们的虚拟世界；这个世界成为意识的一部分。

通过激活支撑我们的自我意识和世界概念的神经网络，做梦的大脑既创造了我们（梦者），也创造了我们所处的梦境，使我们进入一个沉浸的、不断发展的旅程，我们从个人的、第一人称的角度来体验。但在一个经常被忽视但又非同寻常的过程中，做梦的大脑不仅追踪我们对梦中各种情况的反应，还追踪梦境本身对我们正在进行的思想、情绪和行动的反应。

在 NEXTUP 中，梦境中看到的自我呈现和具身存在一起发挥了关键作用，提供了一个近乎完美的环境，使脑可以执行梦境功能。虽然 NEXTUP 可以说能通过对记忆网络的探索创造出可用的叙事模拟，但如果没有这些特征，这种模拟就像被动地观看电影，它们会缺乏这种强大组合所创造的真实性。有了这些关键特征，在梦中的自我和梦中的世界之间不断变化的、动态的相互作用中，模拟出来的世界会被我们有意识地感知到，并且我们会对其做出反应。这种梦境的变化和梦者的反应之间的循环是推动梦境叙事构建的原因（见图 9-1）。在睡梦自我和睡梦模拟世界的其余部分之间的这种非凡的相互作用中，NEXTUP 发挥了它的魔力。

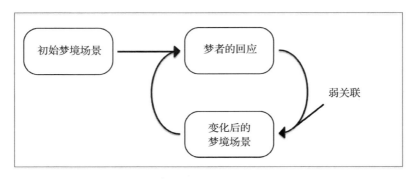

图 9-1 叙事的发展循环

怪异性

　　无论是鲍勃的女儿杰西梦见一只鸭子在她的床上，还是他自己梦见一只狗在他的实验室里，梦都能向我们展示其令人印象深刻的怪异性。毕竟，人们在分享一个刚刚回忆起来的梦时，常常以"我昨晚做了个极古怪的梦"作为开头，这是有原因的。但是，梦有多不寻常或奇怪呢？

　　回想一下你自己的梦境经历吧。你觉得有多少个梦是真正离奇的？如果让托尼来评估最近做的 50 个梦，你认为他会得出跟你相同的数吗？如果是让你的邻居或你妈妈给他们打分呢？情况很有可能是每个人给出的数字都有些不同，因为他们对怪异性的定义以及对你的了解程度，也有些不同。梦的研究也是如此。

　　对大多数人来说，包括科学家在内，梦的怪异性包括不可能的事情（如穿墙而过，与死者交谈，看到猫变成狼等）或不太可能的事情（如碰到一群羊，被海啸袭击，与前任复合等）。但梦的怪异性也可以体现在更细微之处——也许你最好的朋友的声音不对，季节感觉不对，或者你手中的笔有了勺子的形状。另外，怪异性可以包括诸如不确定性（"我不确定坐在餐桌另一端的人是玛丽阿姨还是我的邻居朱莉"）、不协调性（"我们在丹佛拜访朋友，从他们的客厅窗户可以看到太平洋上航行的船只"）和场景转换（"我在酒吧和我哥哥打台球，但接下来我知道我回到了高中，正在写数学试卷"）等情况。

　　因此，梦中的怪异性可以指一系列广泛的事件和经历。这就是现如今已开发的梦境怪异性量表有十余个之多的原因之一，而每个量表对梦的不寻常因素都有其自己的定义和评分标准。此外，这些量表中的一些侧重于梦中的不寻常细节，而另一些则将梦中的经历视为一个整体。不幸的是，梦的研究者们对使用何种测量工具及这些测量工具能描述梦的什么性质还没有达成共识。因此，你会发现一些论文声称所有的梦都是非常怪异的，而另一些论文则认为大多数梦都是平凡的。而真相，正如你所想的那样，在这两极之间。接下来谈谈我们所知道的吧。

大约 75% 的快速眼动睡眠报告至少包含一次某种形式的怪异性（如场景转换、不协调性或不确定性等），但只有相当小的比例（不到 10% 至 20%）包含三种或更多形式的怪异性，甚至一个明显不可能的事件 [17]。我们还知道，在非快速眼动睡眠的报告中，梦的怪异性不那么普遍（只有大约 60%），而且只出现在三分之一的睡眠开始的报告中。因此，虽然大多数的梦显示了某种形式的怪异性，但有些梦（包括大约四分之一的快速眼动睡眠报告）并不包含明显的奇怪或不寻常的特征。总而言之，与对立双方的说法不同，并非所有的梦都是怪异的，也并非大多数的梦都是平常的。但事情并没有结束。梦的怪异性还有四个常被忽视的方面值得我们关注。

第一，你有没有注意到，当你在周末日上三竿才醒来时，你的梦似乎是最长、最生动也最强烈的？事实确实如此，而且有两个明显的原因：因为你是很晚才醒来，而且你可能是从异常强烈的快速眼动睡眠中醒来的。在一项巧妙的研究中，当时还是研究生的埃琳·瓦姆斯利为了收集梦境报告，在夜间唤醒实验被试四次[18]。被试从快速眼动睡眠中被唤醒两次，一次处于早期，一次处于后期；另外两次从非快速眼动（N2）睡眠中被唤醒，也是一次早期，一次后期。当她分析这些报告时，埃琳发现梦的四个特征，即长度、梦幻感、怪异性和情绪化，都显示出相同的模式。与非快速眼动睡眠相比，快速眼动睡眠中的梦更长、更梦幻、更怪异、更情绪化，而在两种睡眠阶段里，后期的梦都比早期的梦更长、更梦幻、更怪异、更情绪化。因此，后半夜快速眼动睡眠的梦是最长、最梦幻、最怪异和最情绪化的；上半夜非快速眼动睡眠的梦是最不离奇的。这也部分解释了为什么在家里回忆起来的梦往往比在睡眠实验室里整晚收集的梦更离奇。

梦境怪异的第二个方面是人们回忆起的梦境种类的偏差，以及他们选择与他人分享的种类。研究表明，梦中出现的怪异现象有助于人对其进行记忆编码，从而使这些梦比沉闷和稀疏平常的梦更容易被回忆起来。而人们之所以认为大多数梦都是离奇古怪的，也是因为这些梦正是我们最可能与他人分享的梦。假设醒来后，你记起的是一个开车被堵在路上的梦，你很可能不会去告诉你的朋友。但是，如果当你被堵在路上时，一只巨大的鹰用爪子抓着你的车盖，把你举到城市街道的高处，让你看到下面城市的壮丽景色，它有力地拍打着巨大的翅膀把你送到目的地，并在飞走之前向你眨了眨它金色的大眼睛，那么你很可能坚持要把你的梦告诉所有人。在治疗中分享的梦也是如此。人们几乎从不把短小、无聊的梦带给他们的分析师；他们带来的是长长的、令人困惑的梦，这些梦吸引了他们的注意力，并让他们产生了进一步探索的兴趣。当然，这些梦也是那些能够进入更具临床导向性的梦境文献的梦。

人们感觉梦境怪异的第三个方面是，人们把它们与普通的清醒生活相比较。事实上，这大概是所有的梦境怪异性量表所具有的唯一共同点。但这是合理的比较吗？以许多梦境中的离奇场景转换为例，当与正常的清醒现实相比较时，这些位置、视角或动作的转变当然是很奇怪的。但是，如果把梦境比作电影，或者最好比作心智游移呢？这两种情况下，思维能自然地从一个时刻转移到下一个时刻，从一个地点转移到另一个地点。如果如第8章所指，做梦是由默认模式网络（似乎也是支撑心智游移的同一个系统）所支配的，那么这种在人们的梦中看到的场景转变，就符合我们的预期了。

第四，梦的怪异性并不是无序的自由发挥；即使是最不寻常的梦的转变也往往显示出某些约束规则，即内在的"梦的逻辑"形式。鲍勃与艾伦·霍布森和辛迪·里滕豪斯（Cindy Rittenhouse）共同进行的一项研究[19]就涉及了观察梦中物体和人物的怪异转变。鲍勃和他的同事表示，转变后的物品通常保持在它们的类别中——物体仍然是物体，而人物仍然是人物。因此，一辆汽车可能变成一辆自行车，一个人可能变形为另一个人（甚至是几个人的混合物）；但物体不会变成人，人也不会变成灯、工具或植物。

在物体转换的类别中，甚至更严格的约束规则似乎是活跃的。你可以在表9-1中看到它们。该表包含了在梦境报告中提到的11

个物体，左边是 1 到 11 的编号，右边是它们自发变成的 11 个物体，从 A 到 K。但是物体 A 到 K 的顺序被打乱了。项目 1，包，没有变成物体 A，自行车。试着将 1 至 11 号物体与它们转化后的物体 A 至 K 相匹配，答案在表后。在鲍勃的研究中，6 位参与者尝试着将它们进行匹配，在 66 次尝试匹配中只犯了 4 次错误。因为只有十一分之一的概率能正确匹配任何一个物体，所以只错 4 次的概率小得可怜。因此，正如 NEXTUP 所预测的那样，梦境怪异的这个方面揭示了在我们做梦的大脑中存在着联想性的约束。

表 9-1　怪异的物体转换

试着将左栏中的梦中物体与右栏中的物体相匹配。答案在表后。

1. 包	A. 自行车
2. 床	B. 校车
3. 波士顿的家	C. 激烈的战斗视频游戏
4. 建筑物	D. 乔治亚州的家
5. 汽车	E. 人物
6. 提款机	F. 半身床
7. 游泳池	G. 建筑物
8. 汽车	H. 麻布袋
9. 城市巴士	I. 海滩
10. 鲜花	J. 狮子
11. 小羊的雕像	K. 汽车轮子和框架

答案：1-H，2-F，3-D，4-G，5-A 或 K，6-C，7-I，8-A 或 K，9-B，10-E，11-J。

注意，当一个物体突然变成另一个物体时，新的物体总是与旧的物体相似。这一点很重要。当 NEXTUP 探索关联网络时，可以因一个新对象与旧对象相似或与之有关而选择它。但在鲍勃的研究中，NEXTUP在每个案例中都是根据它与旧对象的物理相似性来选择新对象的。没有一个物体变成了我们已经知道的与之相关的东西。例如，城市巴士并没有变成一个公交车司机。如果你意识到自己梦中的怪异转变，你能靠直觉明白，像这样的变化从未发生。这样看来，这种在做梦的脑中很容易产生的转变，对于理解生活中的可能性没有用处，所以在NEXTUP构建我们的梦时，拒绝了这种转变。

但也有可能，这些转变背后的关联并不像外界判断的那样薄弱。事实上，对做梦的人来说，有些可能性是完全合理的。思考一下托尼的这个梦。

> 我回到了我长大的房子里。当我进入我的卧室时，我看到我珍爱的泰迪熊躺在床上。当我想把它抱起来时，我听到有人进入我的房间。那是我的叔叔罗密欧，我已经多年未见他了。我给了他一个拥抱，然后，当我抽身离开时，不解地发现自己正站在一个葡萄园的中央。

这个位置的突然转变与我们之前在鲍勃的拼接梦境研究中谈到的那些所吻合。显然，这样的突然转变不可能在托尼醒着的时候发生。但是，这两个地点是否像鲍勃的研究中所说的那样毫无关联？也许不是，一旦你了解到托尼心爱的泰迪熊是他叔叔罗密欧送的礼物，他在托尼还是个孩子的时候从意大利来看望托尼，而且罗密欧曾经用北美的葡萄酒来取笑托尼的母亲，告诉她即使是用他在意大利的家附近的葡萄酿造的最便宜的葡萄酒，也比北美的葡萄酒好喝。就算托尼没有记住其中的一些细节，他在做梦的脑也肯定记得。

　　从这个关于梦境怪异性的讨论中，我们可以得出几个结论。首先，大多数梦都不是电影和大众媒体所描述的那样：它们不是费里尼式的创造，在这些梦中，你的母亲骑着空中飞人，你在她身下的水面上滑行，而你的兄弟变成了一只猫，在发光的鸟笼上观看这一切。事实上，对于有经验的梦境研究者来说，这类描述（经常出现在大众媒体关于梦境的文章开头）听起来就是为了符合人们对梦境最疯狂的概念而编造的夸张故事。对数以千计的实验室和家庭梦境报告进行了分析的研究告诉我们，大多数梦境，特别是快速眼动期的梦境，都是令人着迷的怪事，但并不像媒体引导着让你认为的那样离奇。在现实中，梦境通常向我们展示了令人信服的环境和人物，而最令人感到奇怪的往往是我们发现自己所处的对话、情景或情节的展开。许多戏剧、小说和电影也是如此。

　　此外，当脑在做梦时，它不会创造一个杂乱的场景。即使是人们最奇怪的梦也是如此，即使梦的联想过程和记忆来源对梦者来说并不明显。在接下来的几章里，你会发现一些关于这种现象的有趣的例子。

　　但最重要的是，所有这些发现从 NEXTUP 的角度来看都是有意义的。来自不同记忆来源的奇怪又不寻常的内容并列在一起，而这正是我们在找寻的。这些内容给了脑一个机会，在一个令人信服的梦境中探索出乎意料的和微弱的关联，由脑进行设计，在梦中引起你的一系列反应。

情绪

我们将讨论 NEXTUP 的最后一个预测，它涉及情绪。你可能还记得，NEXTUP 提出，我们的梦需要有情绪（或"发生的感觉"），以使大脑能够解释已经被共同激活的弱关联记忆的潜在价值。事实上，大多数梦境确实含有情绪。我们研究了十几项关于梦境情绪的研究，发现人们将 70% 到 100% 的梦境评为有情绪的。奇怪的是，当他人对梦境报告进行评估时，他们通常只在其中 30% 到 45% 的梦境报告中识别出情绪，就算用完全相同的梦境报告来同时进行自我和他人评估，结果也是如此[20]。看来许多人往往不会在梦境报告中明确提到情绪，就像人们通常不报告气味和味道一样。

首先什么算作情绪呢？一些模型列出了 5 ～ 7 类基本情绪，另一些则列出了多达 20 类。如果科学家们不能就清醒状态下的情绪定义达成一致，那么在梦方面他们也不可能做得更好。在霍尔和范德卡斯尔关于梦境内容的开创性著作中，他们只提出了梦境情绪的 5 个类别：快乐（happiness）、悲伤（sadness）、愤怒（anger）、忧虑（apprehension）和困惑（confusion）。他们采取这种方法的部分原因是为了在对梦境进行评分时获得较高的评分者之间的可靠性。相比之下，其他人使用了 15 种梦境情绪的类别：兴趣、兴奋、快乐、惊讶、痛苦、愤怒、厌恶、蔑视、恐惧、羞愧、害羞、内疚、激动、嫉妒和焦虑。而这个更长的列表甚至不包括忧虑或困惑，即霍尔和范德卡斯尔的 5 个类别中的那两个。使比较变得更加困难的是，一些研究根本不测量梦中的情绪类别；相反，他们只是对梦的整体情绪基调进行评分（例如，"总体积极或消极"）。这真够混乱的。

因此，与梦的怪异性一样，关于梦的情绪的研究结果取决于使用什么量表，谁在应用它们，以及评估的是什么类型的梦境报告（例如，是在家里记录的早晨自发醒来的梦，还是在实验室里从非快速眼动睡眠中被迫醒来而记录下来的梦）。对十几项研究的得分进行平均，我们发现，当人们在实验室里睡觉时，有四分之三的时间将他们的梦评为积极的，但在家里睡觉时只有一半的情况如此。在其中一些研究里，被试同时还记录了白天所发生的事。结果表明，人们在清醒的生活中对情绪的评价有 51% 是积极的，这与居家梦境情绪的评估情况是一致的。

当独立评分者评估梦境报告中的情绪是积极还是消极时，他们的评分总是比被试对自己的梦境进行评分时要消极 25% 左右。评分者对实验室报告的评分只有一半的情况下是积极的（相比之下，被试对自己的梦进行评分时，有四分之三的情况是积极的），对家中报告的评分只有四分之一的情况是积极的（相比之下，被试对自己的梦进行评分时有一半的情况是积极的）。

在梦的情绪强度方面也出现了类似的情况。在 1 ~ 5 的范围内评分，参与者对积极和消极情绪的强度评价平均为 3.2，只比中间值 3 高一点。他们对清醒时的情绪强度给予了同样的评价，平均为 3.3[21]。不足为奇的是，被试在哪里睡觉以及谁在评分在这里似乎也很重要。在一项研究中 [22]，被试和独立评分者对负面情绪的强度评价相似，但被试对自己的正面情绪的评价是独立评分者的两倍以上。在另一项研究中，被试对家庭和实验室梦境的积极情绪的强度评价相同，但当他们在家里做梦时，他们的消极情绪的强度几乎是实验室中的三倍[23]。

尽管这些研究结果存在种种差异，我们仍然可以得出一些一般性的结论。首先，人们在梦中确实有情绪，特别是在有基本叙事结构的梦中。但总的来说，日常梦境中的情绪并不是非常强烈；它们平均介于温和与中度之间，而且它们并不比白天现实中更重要的事件中的情绪更强烈。其次，我们在梦中的情绪在积极和消极的总体基调上取得了很好的平衡，而且它们与我们在清醒时的经历没有什么不同。然后，书面的梦境报告中并没有很好地报告情绪。因此，梦境情绪，尤其是积极的情绪，对阅读梦境报告的人来说并不明显。最后，梦中的情绪似乎还不够强烈，这无法解释为什么我们觉得梦如此重要，以及为什么我们经常感到不得不与他人分享。

总结一下我们在这一章中所描述的内容：梦包含了令人信服的感官体验，这些体验被嵌入到一个叙事中，具有时点与时点之间的连续性，但不是从头到尾的连续性。它们的特点是具有怪异性，具有几乎无所不在的感觉或情绪，具有自我呈现和具身存在。所有这些特征都与我们基于 NEXTUP 的预测相符。但需要注意的是，我们只是在讨论梦的形式属性，而不是其实际内容。在下一章中，我们将注意力转向我们的梦的具体内容，并提问它对 NEXTUP 模型意味着什么。

第 10 章　梦中何所见，缘何所见

　　当人们谈论他们的梦境时，他们很少关注梦境的形式属性。相反，他们会描述故事——梦中的环境、在场的人和物，以及整个故事情节。换句话说，他们关注的是梦的具体内容。在这一章中，我们将研究人们日常梦境中的内容，以及我们通常更感兴趣的那些梦境，如反复出现的梦境和梦魇。然后，我们将讨论这些发现对 NEXTUP 的影响。

日常梦境

　　与清醒时的生活事件一样，日常梦境如花园里的姹紫嫣红，形形色色，各有不同，但在我们的梦中可以看到某些模式和偏好。

正如我们在上一章中所讨论的那样，几乎所有具有基本叙事结构的梦都包含一个作为积极参与者的梦者，并且通常是以第一人称视角呈现和体验的。我们在梦中并不孤独。大多数的梦都包含至少两个其他角色，梦中的人，包括我们自己，通常都参与了一些活动，比如观看或行走，或有一些社会互动，比如与梦中的其他角色交谈。大约一半的梦中人物是我们熟悉的人，如亲戚、朋友、同事或熟人，而另一半则是不认识的，包括陌生人和仅由其职业角色识别的人，即警察、医生或教师等[1]。

当把焦点放在梦中人物的性别上时，一个特别的发现便浮出水面：女性的梦中包含同等比例的男性和女性人物，而男性的梦中包含的男性人物是女性的两倍。为什么会存在这种性别差异尚无定论，但许多研究都记录了这种差异，且这是跨文化的，甚至在小女孩和小男孩的梦中也是如此。

我们还知道，有 40% 的儿童梦境里出现了动物，从猫头鹰、老虎到忠犬，而只有大约 5% 的成年人梦境会有动物。但这种差异似乎在文化区别上更明显。在对几个前工业社会和狩猎采集社会的研究中，研究者发现那里的成年人梦见动物的频率是城市人口的 5 倍左右，城市人口梦见动物的频率只有 5%[2]，这可能是因为这些社会中的人们更接近并更经常地与动物及其自然环境互动。

梦的一个关键特征是发生在人物之间的互动，包括与梦者的互动。根据霍尔和范德卡斯尔的研究，攻击性的社会互动在人们的梦中出现的比例（46%）比友好互动（40%）略高。此外，身体上的攻击在男性的梦中明显比在女性的梦中更常见——反过来，女性在梦中比男性更有可能成为攻击的受害者，这反映了大多数文化中的差异。

看看梦的其他特征，我们发现厄运事件，即人物无法避免的灾难，出现在约三分之一的梦中。不幸的是，这一比例是幸运事件的 7 倍之多。但是，我们在梦中顺利解决困难的次数和无法解决困难的次数一样多。

当然，梦一定是在某个地方发生的。只有三分之一的梦发生在完全熟悉的环境中，而这个频率是完全陌生的环境的 2 倍。在另外二分之一的梦境中，环境具有模糊的熟悉感。女性的梦境有一半以上发生在室内，而男性的梦境则更有可能发生在室外。而为何如此，我们也不知道。

在更宏观的层面上，梦者或其他角色通常面临着某种难题。这些难题包括相对较小的困难，如计划行动方案，试图弄清情况或寻找丢失的物品等，也有严重的身体或心理危险，如迷路，生病，面临人际冲突，处理环境危险或逃离身体危险等。

在这些日常的梦境中，人物、互动、难题和环境都是高度特异性的。然而，有时这些梦的特征汇集在一起，形成了具有主题内容的梦。很大一部分人都体验过这些主题，并且对其的描述是跨时间、跨地域和跨文化一致的。如果你曾经梦到过跌倒，梦到过穿着怪异，或者梦到过没有准备好参加考试，那么你经历的就是我们要谈论的下一类梦境。

典型的梦境

典型的梦境主题指的是许多人至少梦见过一次的梦境。事实上，几千年来，人们一直在为这些梦境提供解释，如被追赶、摔倒或牙齿掉了等。（根据《周公解梦》，梦见自己的牙齿掉了意味着你的父母可能会遭遇不幸。）因此，多少有些令人惊讶的是，第一个关于典型梦境的重要科学研究直到 1958 年才出现[3]。当时研究人员调查了日本和美国学生中 34 个典型梦境的普遍性。虽然两个群体有一些跨文化的差异，如美国人报告关于火的梦比较少，而关于裸体的梦比较多，但相似之处惊人地多。在这两个群体中，被攻击或被追捕的梦，摔倒的梦，反复尝试做某事的梦，关于学校、老师或学习的梦，以及关于性经历的梦，都以几乎相同的排名顺序出现在最常报告的六个梦境主题中。排名倒数的四个典型梦境，即关于半动物半人的生物的梦、被活埋的梦、在镜子里看到自己的梦和被吊死的梦，在两组中的频率和排名也几乎相同。其余的梦境主题在两组中的分布（如考试失败，飞行，看到自己死了或牙齿掉了的梦）也显示出更多的相似之处而非差异。

又过了 40 年，托尼和同为加拿大人的梦境研究者托雷·尼尔森（Tore Nielsen）才对这些发现进行了追踪。以 1958 年的研究为起点，托尼和托雷开发了由 55 个问题组成的典型梦境问卷，并用它来调查学生和睡眠障碍患者的典型梦境[4]。一个关键的发现是，学生的典型梦境普遍概况在不同年份以及加拿大不同地区的学生群体中是如此一致。另一个更惊人的结果是，几十年来人们的典型梦境是如此稳定。例如，在 1958 年对美国和日本学生的研究

中，最常报告的四个梦境主题都在约 40 年后加拿大学生报告的前
五个梦境中。更重要的是，随后在德国和中国香港进行的研究显
示，所有这些人群的梦境主题的排名顺序都非常相似。

为了让你更好地了解最常见的典型梦境的普遍性，我们汇集
了几项使用典型梦境问卷的研究结果（包括来自中国和德国的研
究），并编制了一份前 15 个典型梦境的列表。表 10-1 列出了基于
2000 名大学生（包括 1500 名女性和 500 名男性）的结果而得出的
排名。

表 10-1　排名前 15 位的典型梦境主题的普遍性

排序	典型梦境：你是否曾经梦到过	总百分比	女性的百分比	男性的百分比
1	被人追赶，但没有受到身体伤害	85	86	82
2	性经历	78	75	85
3	学校、老师、学习	77	80	68
4	跌倒	76	77	75
5	迟到（如错过火车）	65	67	59
6	一个活人在梦中死去	61	65	49
7	处于坠落的边缘	59	61	55
8	在空中飞行或翱翔	56	54	62
9	考试失败	54	58	46
10	一次又一次地尝试做某事	52	51	56
11	被吓呆了	49	52	43
12	受到人身攻击（例如，被打、被刺、被强奸）	47	48	46
13	一个人死而复生	44	46	39
14	生动地感觉到，但不一定看到或听到房间里有一个人存在	43	44	42
15	重新成为一个孩子	41	42	40

从这些发现中可以得出几个有趣的看法。第一，没有一个典型的梦是真正的"普遍"。在前 15 个主题中，只有 4 个主题的发生率超过 70%，没有一个主题的发生率高于 85%。第二，"被人追赶，但没有受到身体伤害""性经历""学校、老师、学习"，以及"跌倒"等主题是男性和女性都最常报告的典型梦境。第三，大众媒体中最常讨论的许多典型梦境并不那么常见。例如，只有 35%的人报告曾经梦见自己穿着怪异，不到 30% 的人报告曾经梦见找不到（或不好意思使用）厕所，或梦见自己的牙齿掉了，或梦见找到钱。第四，这些研究显示了一致的性别差异。例如，女性比男性更可能报告梦到了学校、老师、学习，或梦到一个活人在梦中死去，或梦到考试失败，但她们更少报告梦到性经历或捡到钱。

最后，尽管许多典型的梦境是消极的，但也有一些梦境是积极的，包括梦见飞行（56%），梦见发现房子里有新房间（34%），梦见拥有飞行以外的神奇力量（31%），梦见拥有卓越的知识或心理能力（31%）。这些典型的梦境偶尔也是消极的，如害怕在飞行时摔倒，或者害怕新发现的房间里跳出来一只怪物，但总的来说，它们都伴随着积极的情绪。

不过，这些数字反映的是一生中的百分比，即一生中至少做过一次这种梦的人的百分比。它们并没有告诉我们人们做梦的频率。托尼评估了从 450 人中随机选择的 3000 个在家里发生的梦境的主题内容，发现在 55 个典型的梦境中只有 5 个在超过 3% 的梦境报告中出现，如坠落，飞行，一个人死而复生，穿着怪异，无法找到或使用厕所等。许多其他主题，如捡到钱，牙齿掉了和考试失败，出现在不到一半的梦境报告中。其他研究人员也得到了类似的数据，包括那些在实验室的快速眼动睡眠期收集的梦境报告[5]。尽管如此，当你把所有 55 个典型梦境的频率叠加时，你今晚的梦境中出现其中一个主题的概率超过 50%。

重复出现的梦境

20 世纪 70 年代初，英国神经科学家伯纳德·卡茨（Bernard Katz）在哈佛医学院做了一系列讲座，当时鲍勃正在那里工作。卡茨曾在 1970 年获得诺贝尔生理学或医学奖，当时学校的圆形剧场里挤满了人。在他的最后一次讲座开始时，卡茨望着观众说："我昨晚又做了那个考试梦。"听众中响起了大家了然的呻吟声。很显然，这些梦永远不会结束。

考试梦、穿着睡衣（或更暴露的衣物）去上学的梦、牙齿掉了的梦、忘带飞机票或护照的梦……谁需要重复做这些梦？这听上去像在反问，其实不然。显然，卡茨不必担心没有读书或忘记去上课——这是考试梦的两种常见形式——而你在上班前忘记穿衣服的风险，显然也是微乎其微的。那么为什么有些人持续地经历着这些梦境呢？正如我们将在本章后面所看到的那样，如果从 NEXTUP 模型的角度来看，它们的出现可能并不那么令人惊讶。

重复出现的梦境不仅每次都有相同的主题，而且也有相同的内容。研究表明，大约 70% 的成年人表示在他们的生活中至少有一个重复出现的梦，有时可以追溯到童年。可以预见的是，反复出现的梦境往往会让经历者产生迷惑和不解的感觉。

我们对重复出现的梦境内容的了解，包括直接从儿童和青少年那里收集的梦境，来自托尼及其同事进行的一系列研究[6]。撇开与创伤有关的梦魇不谈（这些梦魇也可能是重复性的，我们将在第13章讨论这个话题），大约75%的重复性梦境报告带有消极的情绪；另外10%是积极和消极情绪混杂在一起的。即使用霍尔和范德卡斯尔编码系统这样的客观尺度来评分，消极的内容类别（如不幸、失败、咄咄逼人的社会交往等）在重复性梦境中出现的频率是积极内容（如幸运、成功、友好的社会交往等）的10倍。最后，只有大约10%的反复出现的梦境只包含积极的情绪。

由于重复出现的梦境的具体内容总是独特的，我们很难试图将它们的主题内容归入狭义的类别，如果非要这么做的话。事实上，由儿童和成人报告的大约三分之一的重复性梦境具有难以想象的广泛内容，而且往往是相当怪异的内容，以至于它们根本无法分类。一位参加了托尼的研究的年轻女性对这样一个重复出现的梦描述如下。

> 我在海滩上散步。我知道我的父母就在我身后不远的地方。我望着大海，看到一个巨大的、粉红色的大写字母A从水中升起。它说："我是字母A，跟着我！"它的声音低沉而有力。我步入水中，试图游向那个巨大的字母，但它不断后退，浪花不断变大。我醒了过来。

尽管如此，大约60%的重复性梦境是梦者在处理挑战或威胁，要么是心理的，要么是身体的。如果儿童梦见被追赶或以其他方式对抗，其重复性梦境中的敌对因素通常涉及虚构的或民间传说中的角色，如怪物、女巫、僵尸和食尸鬼；另外，成年人的重复性梦境通常以人类角色为主，包括窃贼、陌生人、暴徒和阴暗的人物。

重复性梦境中的非威胁性内容具有多种形式，如对物体或环境的描述、日常的活动或与对梦者不构成危险的人的互动。积极情绪的重复性梦境通常涉及的主题是发现自己在一个富饶的环境中，或在空中飞行或翱翔，或发现或探索了一个秘密的房间，或在一项体育活动中表现出色，如跳舞或运动。

我们刚才讨论的一些典型的梦境主题也是重复出现的梦境的特征，特别是在成年人中。因此，除了被追赶或追捕的主题外，人们还报告说重复梦到牙齿掉了、考试失败、找不到或无法使用厕所，或驾驶着一辆失控的汽车。奇怪而又有点矛盾的是，许多这些主题在儿童的重复性梦境中都没有出现。

在本书中我们曾多次提到，一般来说，梦，尤其是深夜的梦，往往与人们最突出的经历和情绪问题联系在一起，但没有直接将这些事件的记忆纳入梦的叙述中。重复出现的梦可能是做梦的脑描述这些问题时一种耐人寻味的方式，往往以隐喻的方式来描述，并随时间发生变化。如果之前已确定了一个梦境主题并且这个主题体现了某种担忧，并引起了梦者的强烈反应，例如对考试毫无准备或驾驶一辆失控的汽车，当类似的经历或担忧被标记为需进一步处理时，做梦的脑会回到这个视像或隐喻。在第 12 章中，我们将有更多关于何时以及为什么会发生重复性梦境的内容。但现在，让我们把注意力转移到那些负面情绪变得如此强大，以至使人惊醒的梦上。

梦魇

梦魇（nightmare）因其压倒性的情绪和扣人心弦的故事情节，长期以来一直令人着迷。1819 年，伦敦皇家海军的外科医生约翰·沃勒（John Waller）说，在社会各阶层中很少有比梦魇更普遍的痛苦。他可能是对的。梦魇影响了很大一部分各年龄段的儿童。10% 至 30% 的成年人每月至少发生一次梦魇。事实上，大约 85% 的成年人报告每年至少经历一次梦魇，而梦魇的终身患病率接近 100%。

梦魇没有普遍认同的定义，但它们通常被描述为令人高度不安的梦，可能还会唤醒睡眠者。唤醒的标准使研究人员能够将梦魇与它们一般不那么强烈的表亲，即不会唤醒睡眠者又带有消极情绪的坏梦区分开来。研究人员和临床医生还区分了与创伤有关的梦魇和更常见的特发性梦魇，前者或多或少准确地重现了创伤事件中的元素，后者的发生则没有明显的原因。

许多人会混淆梦魇与睡眠恐惧（sleep terror），特别是年幼儿童的父母。睡眠恐惧是一种有生物学上独特之处的睡眠障碍。你可以通过其独特的特征来区分它们。梦魇主要发生在后半夜的快速眼动睡眠中。从梦魇中醒来后，人们很快就会找到方向感（即完全醒来并意识到这种经历是一个梦），并且很容易回忆起梦魇中生动的图像和详细的故事情节，甚至在当天早上晚些时候仍能清晰回忆。相比之下，睡眠恐惧发生在深度睡眠（N3）阶段中，通常是睡眠的头几个小时。睡眠恐惧伴随着突然和强烈的自主神经激活（此时你的心率可以在几秒钟内增加一倍或两倍），偶尔还有令人毛骨悚然的尖叫，醒来时明显感到困惑，除了可能的孤立的图像外，没有梦境的回忆。此外，在早晨醒来时，对整个事件的遗忘是典型的。

直到最近，我们对非创伤性梦魇内容的了解大多是基于个人访谈（要求人们描述最近的梦魇）或问卷调查数据（要求人们从梦魇主题列表中进行选择）。但是这类研究发现摔倒、被追赶或被攻击、瘫痪或死亡等主题的发生率很高，这可能是有偏见的。首先，这些研究通常要求参与者简单地回忆和报告他们能够记住的任何梦魇。鉴于我们对梦境的长期记忆的脆弱性，大多数人最终会报告一个特别强烈的、不寻常的或其他突出的梦魇，这些梦魇往往可以追溯到几年或几十年前。以被追赶和死亡为主题的梦魇当然符合这种描述。此外，以跌倒或瘫痪为主题的梦魇，很可能是由于其他常见的异态睡眠（parasomnia）引起的。异态睡眠是一类经常发生在睡眠边缘的不愉快的经历或行为，如入睡抽动（在你入睡时突然抽搐或感觉跌倒）或第4章中讨论的睡眠瘫痪的情况，通常在你早上醒来时发生。

为了明确我们谈论的是同一件事，我们需要就梦魇和坏梦（bad dream）的明确定义达成一致，而且必须排除潜在的混淆性疾病，如睡眠恐惧。然后，我们可以要求人们在几天或几周内详细记录所有记得的梦。显然，这个过程是相当苛刻的，甚至收集的大多数梦境报告都不是梦魇。但是几年前，托尼和他当时的博士生吉纳维芙·罗伯特（Geneviève Robert）进行了一项大规模的深入研究，从 572 名被试身上收集的 10 000 份梦境报告中寻找坏梦和梦魇[7]。

在这 10 000 个梦中，大约 3% 是梦魇，另外 11% 是坏梦。总的来说，在自然睡眠环境中，人们回忆的每七个梦中就有一个含有强烈的负面情绪。此外，在令人不安的梦境中，报告的情绪并不限于恐惧；大约 35% 的梦魇和超过 50% 的坏梦包含其他消极而同样强烈的主要情绪，包括愤怒、悲伤、困惑和厌恶。意料之中，梦魇比坏梦在情绪上更加强烈和怪异，而坏梦又比其他梦在情绪上更加强烈和怪异。

托尼和吉纳维芙为梦魇和坏梦确定了十几个主题类别，然后提出了精确的定义，使评分者能够对梦境进行可靠的评分。表 10-2 描述了这些类别，表 10-3 给出了它们的观察频率。（细心的读者可能会注意到，这些综合频率全部加起来是 146%，而不是100%。这是因为许多梦包括了这些主题中的多个。）

表 10-2 梦魇和坏梦的主题类别

主题	描述
身体侵犯	另一角色对自己身体完整性的威胁或直接攻击，包括性侵犯、谋杀、被绑架
人际冲突	基于冲突的互动，涉及敌意、反对、侮辱、羞辱、拒绝、不忠、撒谎等

（续）

主题	描述
失败或无助	梦者在实现目标时遇到困难，包括迟到、迷路、不能说话、丢失或忘记东西、犯错等
与健康有关的问题和死亡	出现身体疾病、与健康有关的问题，或某个人物或梦者的死亡
忧虑或担心	梦者对某人或某事感到害怕或担心，但没有客观威胁存在
被追赶	梦者被另一个角色追赶，但没有受到人身攻击
邪恶的存在	看到或感觉到邪恶力量的存在，包括怪物、外星人、吸血鬼、灵魂、生物、幽灵等
意外	梦者或其他人物卷入事故，包括车辆碰撞、溺水、滑倒、摔倒等
灾害和灾难	从相对较小规模的异常事件，如一个人的房子或邻里发生火灾或洪水，到较大规模的灾难，如地震、战争、世界末日等
昆虫和害虫	昆虫、蛇等的侵扰、咬伤或蜇伤
环境异常	梦中环境出现的怪异或令人难以置信的事件
其他	奇特或不经常出现的主题，如赤身裸体、身处不健康的环境、找不到厕所或不好意思使用厕所

表 10-3　梦魇和坏梦中各主题出现的频率

主题	在梦魇中出现（%）	在坏梦中出现（%）	综合频率（%）
身体侵犯	49	21	32
人际冲突	21	35	30
失败或无助	16	18	17
与健康有关的问题和死亡	9	14	12
忧虑或担心	9	13	11
被追赶	11	6	8
邪恶的存在	11	5	7
意外	9	5	6
灾害和灾难	5	6	5
昆虫和害虫	7	4	5
环境异常	5	4	4
其他	7	10	9

　　如表 10-3 所示，涉及身体侵犯和人际冲突的主题是最经常被报告的，其次是失败或无助，与健康有关的问题和死亡，以及忧虑或担心。梦魇比坏梦明显更有可能包含身体侵犯、被追赶、邪恶的存在和意外的主题，而人际冲突的主题在坏梦中明显更频繁。值得注意的是，在对梦魇的问卷研究中通常报告的几个主题，如瘫痪或窒息的感觉，在 10 000 个梦的样本中完全没出现；跌倒主题出现的频率很低（占所有梦魇和坏梦的 1.5%），以至于它们被重新归类为意外。这一发现证实了我们的怀疑，即这类主题可能归因于异态睡眠，如入睡抽动、醒来时的睡眠瘫痪或睡眠呼吸障碍，即一种与睡眠有关的呼吸障碍。

　　托尼和吉纳维芙还发现，男性的梦魇比女性的梦魇更有可能包含昆虫或洪水、地震和战争等灾难，而人际冲突在女性的梦魇中出现的频率则是男性的两倍。最后，最常报告的从梦魇中醒来的原因是存在直接威胁（42%），所经历的情绪强度（25%），以及故意醒来以逃避梦魇（14%）。

　　综合来看，这些发现告诉我们，大多数令人不安的梦境包含对生存、安全或自尊的威胁。它们还告诉我们，尽管梦魇和坏梦有许多共同的特征，但梦魇有更强烈的情绪、更多的怪异性和更多的暴力主题倾向，代表了同一基本现象的更少见和更严重的表现。

性梦

　　长期以来，临床和大众对性梦都有极大兴趣，并且它们是典型梦境中反复出现的"前三名",然而这一梦境类别得到的科学关注出乎意料地少——这事儿可能更关乎梦境研究者而非梦者。1953年,金赛研究所(Kinsey Institute)报告说,三分之二的女性报告曾在生命中的某个时刻做过明显的性梦,而且几乎所有的男性都做过性梦。大约40%的女性经历过带有高潮的性梦;大约80%的男性报告过梦遗,无论有没有伴随性梦。十多年后,霍尔和范德卡斯尔发现,从大学男女生中收集的1000份梦境报告里,有8%包含性活动,而且男性比女性更经常报告这种梦境(12%比4%)。男性性梦中报告涉及陌生性伴侣的概率也是女性的2倍;女性性梦包含已知人物,尤其是当前的性伴侣的可能性是男性的2.5倍。然而,又过了40年,其他一些研究人员,包括托尼实验室的一些研究人员,才对这项研究进行了扩展。

许多问卷调查研究发现,男性比女性更有可能报告做过性梦。但是,如果不是通过一次性的问卷调查,而是通过实际的梦境日记来观察性梦的频率,就能看到更细致的情况。在一项研究中,287名参与者,包括学生和非学生,在每日梦境日记中记录了5500个梦境报告[8]。托尼和他的同事发现,在男性(7%)和女性(6%)的梦境中,性梦的发生率没有显著差异。此外,在一项更大的、正在进行的研究中,这两个百分比基本保持一致,该研究涵盖了近600名男性和女性共1万多份梦境报告。因此,虽然更多的男性比女性报告曾在生活中至少经历过一次性梦,但这些梦在男性和女性的日常梦境中出现的频率大致相同。有趣的是,无论性别如何,人们的性梦频率,与其说与他们的性活动频率有关,不如说与他们思考性问题的时间长短有关[9]。

最近的研究与霍尔和范德卡斯尔的数据之间观察到的性梦频率的差异可能部分是由于样本构成不同（大学生，或成年学生和非学生的混合）。但也有可能现在的女性实际上比 50 年前经历了更多的性梦，并且感觉更容易报告这些梦。这两种情况都是由于社会角色和态度发生了改变。

在这些梦中，性交是最经常被报告的性活动，其次是性挑逗、接吻、性幻想、生殖器接触、口交和手淫。然而，在男性和女性的性梦中，只有不到 4% 的人报告了性高潮。而且意料之中的是，女性更有可能将至少部分性活动描述为不情愿的[10]。

与霍尔和范德卡斯尔最初的研究结果一致，最近的研究表明，虽然有 30% 的女性性梦中出现了现在或过去的性伴侣，但只有 10% 至 15% 的男性性梦会出现这些人物。即使在对有固定关系的成年人的研究中，所有的性梦报告中只有不到三分之一涉及梦者的现任性伴侣[11]。所以，人们在梦中究竟在和谁发生性关系？和 50 年前一样，熟悉的人物，包括朋友、熟人和公众人物，在女性的性梦中出现的频率仍然是男性的 2 倍，而陌生人（包括多个伴侣）在男性的性梦中出现的频率大约是女性的 2 倍。但在最近的一项研究中[12]，恋爱关系持续时间较长、报告与伴侣的关系满意度和性活动频率较高的人更有可能梦到涉及其现任伴侣的性梦，而报告对其伴侣"出轨"的人更有可能梦到涉及熟人或前任性伴侣的性梦。同样，另一项研究发现，在过去有不忠伴侣经历的人，以及在亲密关系中嫉妒水平较高的人里，不忠的性梦更常见[13]。

　　说到梦和嫉妒，托尼并不是唯一一个听朋友或研究被试讲述如下故事的梦境研究者："我正睡得香，突然我的配偶在我头上打了一巴掌！我被吓醒了。当我问她这到底是怎么回事时，她告诉我，我在梦中欺骗了她！"

梦境内容和 NEXTUP 模型

　　在第 9 章中，我们看到了梦境在不同阶段，包括从睡眠开始时出现的短暂的入睡思维和图像到与快速眼动睡眠相关的更复杂和沉浸式的体验，是如何在不同程度上共享了相同的形式特征。同样，我们现在已经看到了梦境内容中存在的一些共同点，包括它们的总体主题。但是，尽管两个人可能会报告关于错过火车的梦，但这些梦的细节总会在某些方面有所不同，比如他们打算如何去火车站，周围的环境是什么样子的，季节和时间，错过火车的原因和后果，以及梦中任何其他人物的角色。从你的角度来看，这两个梦可能看起来要么非常相似，要么非常不同。

　　这些相似之处和不同之处引出了两个重要问题。首先，为什么同样的中心主题会出现在我们这么多的梦境之中；其次，最终交织在我们梦中的所有细枝末节来自哪里？

　　让我们从第二个问题开始。我们从一系列的家庭和实验室研究中了解到，当脑在做梦时，通常会把前一天的事件纳入其中，或者，更偶尔的情况下，把做梦前几天的事件纳入其中。弗洛伊德称之为"日遗"（day-residue）。但是，脑并没有从前一天的事件中吸收全部情景记忆，而是只吸收其中的片段：物体、环境、人物、印象、转瞬即逝的想法或谈话的片段。这些碎片与较早的、关联性较弱的记忆中的细节相结合——有些是几周或几个月前的记忆，有些是我们一生中的自传体记忆集合中的细节，从而提供了构成我们个人梦境叙事的细节。这正是 NEXTUP 模型的预测。

然而，我们是如何从这些平凡的日间经历穿梭到考试失败、牙齿掉了、被追赶或拥有超能力的梦境的呢？毕竟，大多数人并不是在考试失败，被僵尸追赶，与前男友上床或飞越富饶之地的日子里度过的。这就是梦境第二个更重要的记忆来源发挥作用的地方。

我们在第 8 章中看到，脑可能在默认模式网络（每当一个人不专注于特定的任务时，它就会在脑中活跃起来）的指导下，利用停机时间以及睡眠开始的时间来识别和标记特别突出的经历或需要额外关注的问题，以便它可以在之后的睡眠中处理它们，包括在梦境里处理它们。与此观点一致的几十项研究表明，梦境，尤其是在家里的深夜梦境和在实验室的快速眼动睡眠梦境，更有可能包含情绪明显的清醒生活经验和关注点，而不是包含情绪不那么明显的事件。例如，最近有一项在威尔士斯旺西的马克·布莱格罗夫实验室（The laboratory of Mark Blagrove）进行的研究，研究发现当参与者每晚花几分钟时间来识别和评价他们一天中主要事件的情绪强度时，正是那些情绪更强烈的事件提供了随后梦境里包含的元素，如这件事的一个人物，那件事的一个物体等[14]。

像之前的许多梦境理论一样，NEXTUP 模型提出，梦往往与我们最突出的经历和关注点密切相关，但不直接将这些事件的记忆纳入梦境叙述中。梦也没有为这些经历和关注点所带来的问题提供具体的解决方案。这是梦境构造中最令人困惑的地方之一。如果一场勉强避免的车祸是随后梦境的形成动力，那为什么梦境呈现的却是游乐园的碰碰车？为什么在梦中没有出现对实际险些发生的事件的记忆？正如我们前面所指出的那样，依赖于海马活动的情景记忆在快速眼动睡眠期间不会被重新激活，因此不会被纳入其中。但是，碰碰车的图像从何而来？脑如何知道它与当天的事件有关？

之前提及的鲍勃的两项研究为此提供了一个答案。我们从他的俄罗斯方块研究中得知，即使人们的两个海马都被像一氧化碳中毒这样的事件破坏了，也能梦到玩俄罗斯方块。因此，即使没有海马，这种记忆的痕迹一定存在于脑的其他部分，且即便它不能被带回到意识层面，也可以被激活。

另一条线索来自第 5 章所述的一项研究，该研究是鲍勃与杰西卡·佩恩一起完成的。在该研究中，被试试图记住录音机上播放的词列表。被试没有被告知，每个列表都是由与某个中心词（如"医生"）密切相关的词组成的，而这个词并不在列表上，因此也从未被听到。但是，当被试后来试图回忆他们听过的词时，有很大一部分人会"回忆起"他们听到过中心词，如"医生"，尽管它们不在列表中。即使没有听到这个词，被试还是将其与他们确实听到的其他词联系起来；也就是说，事实上，他们认为自己听到了这个中心词。

　　该实验的某个细节在这里特别重要。这些列表是这样建立的：心理学导论课程的本科生被要求根据某个词（如"医生"）写下他们想到的前十个词，然后杰西卡用最常见的关联词组成列表。整个方案与NEXTUP模型提出的在梦境构建过程中发生的情况非常相似，但有两个关键的区别。首先，当脑做梦时，不是教授要求学生做出联想，而是脑通过自己的相关记忆和概念网络来寻找相关概念。其次，脑搜索的是弱关联，而非强关联。但实验方案与做梦的过程极为相似，因为它特别将列表的核心，即在做梦的情况下为梦境加工而确定的情绪明显的事件或关注点，排除在实验或梦境叙述的最终概念列表之外。正如杰西卡的实验对象在实验中没有明确听到那个不存在的代表每个列表核心的词语一样，导致产生梦境元素列表的事件和关注点本身也没有被纳入梦境中。

　　然而，正如杰西卡·佩恩和其他许多人已经表明的那样，未听到的核心词会被他们的被试（错误地）回忆出来，所以NEXTUP模型提出，尽管梦境里没有该事件，但梦中的元素会与发生的清醒事件相关联。

　　当然，在我们的梦中，这些相关的记忆元素并不是以表格或列表的形式呈现。相反，它们被纳入具身的梦境叙事中。这种叙事的使用没什么可惊讶的，我们在清醒时也使用它。无论是在电影或书籍中，还是在简单的故事中，人们都使用戏剧化的方式，用比喻、形象化的情节和隐喻，来描述和呈现生活中的情绪事件和关注点。我们的脑在做梦时所做的事情与我们去影院时所做的事情没有什么不同——脑在想象和探索蕴含在叙事中的可能性，希望产生对我们自己和我们生活的世界的新理解。

电影和戏剧通常涉及普遍的人类意义的主题，与此相仿，梦境也常常以共同的主题为中心——被追赶或迟到，对考试毫无准备，在空中翱翔，生病，死亡或发现奇妙的东西。这些常见的梦境主题使做梦的脑能够提出关键的假设问题，而且更重要的是，它通过让我们进入虚拟世界，有意识地感知和对其做出反应来探索可能的答案——这些世界是根据我们在梦中的思维、感觉和行动而发展的。

就像我们对电影类型的刻板印象一样，做梦的脑所选择的故事种类也取决于我们作为个体与哪些主题内容最密切相关。这种现象可能就是成年人在梦中更有可能面对窃贼、暴徒和阴暗的人物，而儿童则被愤怒的怪物和女巫追赶的原因。这也可能是涉及人际冲突的主题通常在女性梦魇和坏梦中更为频繁，而灾害、灾难和战争的主题则更多地出现在男性梦魇和坏梦中的原因。我们的梦既普遍又独特，它在帮助我们探索可能存在的众多不同世界。

第 11 章　梦与内在创造力

　　一本关于梦的书必须包括对创造力的讨论。在最简单的层面上，我们可以研究在梦境中看到的纯粹的创造力：人物、地点、事件和概念奇怪且不可预测地共同出现，视觉图像绚烂多彩，清醒时的想法、情绪和经历潜入梦境景观和叙事时的变换不仅奇怪且似乎充满隐喻。若说这种描述看起来带有一种近乎狂想曲的味道，那是因为我们经常被自己梦境的这些独特特征所震撼。

　　在以这种方式描述做梦的创造性时，我们不是在谈论梦的功能或产生梦的脑机制。我们只是在描述令人惊叹的一切关于做梦的现象的本质，即做梦体验现象，以及当醒来时想起一个特别有趣的梦，并能生动地回忆它，对其内容感到惊讶的那种惊奇和喜悦感。这就是梦的魔力，且它的魔力不会被任何关于机制或功能的解释削弱分毫。几千年来，正是它促使人们对自己的梦境产生好奇。在某种程度上，它是驱使我们写这本书的原因，而且我们猜测，也是驱使你阅读这本书的原因。但作为科学家，探讨做梦的机制和功能使这种"魔力"不减反增，好比所有这些巧妙的过程只会使人们在清醒生活中的创造力只增不减一样。

做梦以两种不同的方式促进清醒状态下的创造力。一种是直接促进问题的解决。我们在第 5 章讨论睡眠的功能和第 7 章讨论做梦的功能时，都谈到了睡眠在解决问题中的作用。有很多在梦中解决问题的著名例子，尽管这些解决方案很少以清晰外显的形式出现。

问题解决的创造力

有三个突破性的科学发现被归因于梦。其中两个科学问题的解决方案完全形成于梦中。第一个是在 1869 年，俄国化学家德米特里·门捷列夫（Dmitri Mendeleyev）做了一个梦。他后来回忆说："我在梦中看到了一张表，所有的化学元素都如我所求地出现在表中的对应位置。醒来后，我立即把这张表誊写在一张纸上。"[1]该表后来被称为元素周期表。150 年后的今天，化学专业的学生仍在学习该表。

第二个案例发生在 1921 年。德国犹太药理学家和心理生物学家奥托·洛维（Otto Loewi）梦见了一个实验，使他能够证明神经细胞通过释放化学神经递质来相互交流——这个实验为他赢得了1936 年的诺贝尔奖。1938 年纳粹逮捕洛维后，他的那个梦和诺贝尔奖可能是让他活着的全部理由。他被释放是以他"自愿"将其所有研究交给德国人为条件的。

但在第三个案例中，梦中并没有解决方案的明确体现。那是1865年，德国化学家奥古斯特·凯库勒正在努力破译化学物质苯的结构。当时已知苯含有六个碳原子。六个碳原子可以通过多种组合方式形成一个分子，图11-1列出了一些可能结构。但是凯库勒已经表明，所有碳原子的运动方式都是一样的，而这些结构都不符合这一点。从侧面或末端延伸出来的碳原子与这些结构中间的碳原子有不同的运动方式。

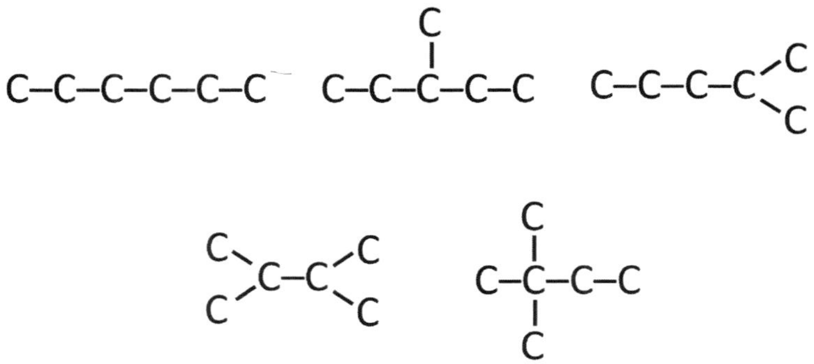

图 11-1 可能的六碳结构。单个碳原子用字母 C 表示，最多可以与其他四个碳原子相连

然后，凯库勒做了一个重要的梦。在纪念苯分子结构发现的二十五周年庆典上，他是这样在演讲中描述他的发现的。

> 我坐在我的教科书前写作，但工作没有进展……我把椅子转向炉火，打起了瞌睡……碳原子在我眼前晃来

晃去……我的精神之眼，由于这种反复的幻觉而变得更加敏锐，现在可以分辨出多种形状的更大的结构：长长的一排，有时更紧密地结合在一起，蛇行一般地缠绕和扭曲。但看！那是什么？那是什么？其中一条蛇抓住了自己的尾巴，它的形状在我眼前旋转着，像是在嘲弄我。这时仿佛有一道闪电划过，我醒了……接下来的一整晚我都在研究这个假设的结果。[2]

在梦中，凯库勒并没有看到苯分子结构本身。他看到的是一个不太可能的蛇吞下自己的尾巴的影像——一个以前没有探索过的可能性。这个影像使他发现了另一种未曾探索过的可能性，即苯分子可能自成一个环，六个碳原子中的每一个都与另外两个相连（见图 11-2）。就这样，他发现了苯的结构，这是第一个被发现有环状结构的有机分子。

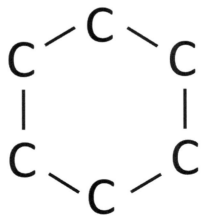

图 11-2   苯的环状结构

梦境为发明、小说和歌曲提供创造性见解的例子比比皆是，如埃利亚斯·霍韦（Elias Howe）的缝纫机、玛丽·雪莱（Mary Shelley）所著的《弗兰肯斯坦》（*Frankenstein*）和保罗·麦卡特尼（Paul McCartney）创作的歌曲《昨日》（*Yesterday*）。几乎每一种形式的创造性努力都有著名的梦境灵感的例子，导致一些人认为创造性的问题解决是做梦的功能。

但这个结论存在问题。首先，这些标志性的梦境很多都来自入睡期，即在睡觉前不久思考了一个问题之后。正如我们前面所讨论的，入睡状态的生理特征、梦境内容及此时梦的功能都是该状态下所特有的。它的生理特征与先前清醒状态的生理特征有更直接的联系，而且此时的梦境比后续睡眠阶段的梦境更强烈地反映了清醒时的关注点。事实上，入睡期正是因为它能够创造性地反映这些问题而被人们利用。

托马斯·爱迪生（Thomas Edison）的发明获得了一千多项专利，他开发了一种技术。在参观爱迪生在佛罗里达州迈尔斯堡的前研究实验室时，鲍勃得知了这项技术。在参观过程中，他看到一把扶手椅，椅子前面和侧面的地板上有一块锡板。他被告知，爱迪生就是在这里攻克了那些发明中最棘手的难题。爱迪生坐在椅子上，双臂搭在扶手上，用一只手的拇指和食指夹住一个金属勺，悬在锡板上方。然后，在思考这个顽固的难题时，他让自己慢慢进入梦乡。当他进入入睡状态时，他的拇指肌肉放松了；勺子便掉了下来，砸到了锡板上，弄醒了他——而问题的解决方法在他的脑海里还很清楚！

类似的故事在爱因斯坦身上也能找到。不过，是萨尔瓦多·达利提供了关于他使用该技术的详细报告。达利在他1948年出版的《魔幻技艺的50个秘密》(*50 Secrets of Magic Craftsmanship*)一书中生动地描述了他那"带着答案的沉睡"技术。

> 让自己坐在一把细窄的扶手椅上，最好是西班牙风格的，头向后倾斜，靠在拉长的皮椅背上。你的两只手必须悬挂在椅子的扶手之外，而你得像被焊在椅子上一样，且处于完全放松的超然状态……在这个姿势下，你必须用左手拇指和食指捏着一把沉重的钥匙，使其悬于空中。在这把钥匙下面，你要事先在地板上反扣一个盘子。做好这些准备后，你只需要让午后宁静的睡意缓缓袭来……当钥匙从你的手指上掉下来的那一刻，毫无疑问，它掉在反扣的盘子上的声音会把你惊醒……"这"正是你开始下午的良性劳动之前所需要的小憩，不多也不少。[3]

我们拒绝将这种问题解决作为做梦的功能的第二个原因是，除去这些经典案例显示的所有光环，梦中的创造性突破是罕见的。我们中很少有人能指出梦境曾揭示了什么重大的或仅是次要的创造性突破，几乎没有人能够指出在过去一周揭示的突破。即使从梦中获得了对问题的洞察力或解决方案，它们通常也只是在醒来后思考梦境时而不是在梦境中具体化为成熟的形式。

最后，这些发现之梦并不发生在任何时候的任何人身上。我们描述的每一个与梦有关的科学发现，都是在科学家们沉浸于某

个问题，并为解决它花了数月甚至数年时间，尽了不懈努力之后
才取得的。门捷列夫花了数年时间研究元素周期表的各种草稿，
然后才确定了他梦中出现的那张。因此，尽管"解决问题"的梦
境肯定存在，但它们是相当罕见的，不能反映梦境的正常运作
方式。

能否用爱迪生和达利那样的技术来"劫持"入睡梦的通常表
现，以服务于我们自己的创造性，就是另一个问题了。部分为了
回答这个问题，鲍勃指导的麻省理工学院的研究生亚当·霍洛维
茨（Adam Horowitz）正在开发 Dormio™，相当于催眠技术的现
代电子版。在使用者入睡时，它会提示使用者此前自定义的预录
信息（例如，"思考一个叉子"）。然后，它会检测使用者的睡眠起
始，唤醒使用者，记录入睡梦境的报告，重复预录信息，然后再
循环一遍。下面是一个被试的实际记录。斜体的文字是由 Dormio
说出来的。

问 1：*你正在入睡。想象一把叉子。一把叉子。*（被试者
睡着后，语音提示停顿；之后，Dormio 把被试叫醒。）*告
诉我，你在想什么？*
答 1：超市里有一把叉子；我想用它在海边做汉堡；我的
朋友在那里；它用起来非常舒服，是一把金属叉子。只
有一把叉子。
问 1b：*你能告诉我更多吗？*
答 1b：这座房子……这是我住过的房子。还有一个水槽，
抽屉里有叉子，但我用的叉子只有一把。还有一个炭火

烤炉；烤炉上架着做汉堡的牛肉，我们在超市买了叉子。周围有很多烟。

问 2：*好的，你又可以开始睡觉了。*（语音提示停顿，直到再次检测到睡眠起始。）*告诉我，你在想什么？*

答 2：关于一把叉子的演讲。有只猴子正拿着它。一只老鹰正带着它穿过树林。叉子是木头做的。家人很高兴看到这把叉子。他们把它放在一个南瓜里。秘密特工用叉子进入总部。戴墨镜的人把特工带了出去。特工把叉子扔到了一棵树上。

问 2b：*你能告诉我更多吗？*

答 2b：叉子在地上。有个孩子把它捡了起来，扔向一只鸟。那只鸟下了一个蛋，里面有……叉子，还有一只毛毛虫。

问 3：*好了，你又可以开始睡觉了。记住要想到一个叉子。*（语音提示停顿，直到再次检测到睡眠起始。）*告诉我，你在想什么？*

答 3：一个灯泡大小的叉子。而灯泡里有一个城市。叉子在水槽下方。叉子里有一个迷宫。而水槽里的水正流过迷宫，并填满了它。

问 3b：*你能告诉我更多吗？*

答 3b：叉子在塑料管里，塑料管在瀑布里。瀑布的水流向太空。他们在月球上，叉子如同旗帜般被插在地上。太阳变大了。迷宫是用草做的，有着脑的形状。迷宫里有猫，还有蜘蛛，而蜘蛛——它们的腿是由金属制成的，

红里带棕。它们有耳朵，有的用叉子挠耳朵。它们也用
叉子把冰淇淋舀到塑料杯里。

这些报告的进展让人想起我们在第8章谈到埃琳·瓦姆斯利
对电子游戏《高山滑雪 II》的研究时描述的情况。答 1 和答 1b 可
能是对一个人一天中的活动的描述。它们描述的是正常的事件。
答 2 虽然描述的是物理上可能的事件，但已经变得相当离奇，而
答 2b，坦率地说，是不可能的。到了答 3 和答 3b，这些描述不仅
变得离奇和不可能，而且难以想象。但它们都是关于叉子的。

这些 Dormio 梦境报告是否创造性地解决了什么问题？看似不
太可能，不过也没有任何与叉子有关的问题需要解决。它们看起
来像在寻找创造性结合的弱关联吗？也不明显，但鲍勃被答 2 中
叉子被放进南瓜，然后被一个秘密特工使用的形象所打动。这让
他想起了 1948 年臭名昭著的美国众议院非美活动调查委员会的听
证会，当时惠特克·钱伯斯（Whittaker Chambers）声称他将有关
所谓的共产主义特工阿尔杰·希斯（Alger Hiss）的秘密微缩胶片
藏在一个挖空的南瓜里。唉，当霍洛维茨向研究对象核实时，他
对秘密特工阿尔杰·希斯或那个南瓜一无所知。该被试提出，这
种联系可能是按以下顺序产生的：南瓜→橙色→橙色特工→秘密
特工。但我们永远无法知道真实情况。

尽管如此，霍洛维茨的目标是将 Dormio 变成一种廉价的消费
品，任何人都可以用它来驾驭入睡梦境的创造性力量。鲍勃的目
标是搜集一些优质的、确凿的、科学的证据，以明确这种技术是
否可以用来驾驭我们的创造力。

入睡阶段之后，在梦中解决问题的频率还不太清楚。但是至少，我们前面描述的一些突破性的梦境，特别是奥托·洛维的梦境，显然不是在刚入睡时发生的。不幸的是，在睡眠实验室中没有记录这样的梦，因此我们对它们产生于睡眠的哪个阶段一无所知。但是这样的梦有多普遍呢？哈佛大学的梦研究者戴尔德丽·巴雷特（Deirdre Barrett）记录了关于这个问题的少量研究，发现多达三分之一的被试似乎能够在一周内解决一个具有个人意义的问题，不过尝试在梦中解决一个脑筋急转弯的被试，只有 1% 成功了 [4]。

读完这些，你必须记住，我们一直在谈论的只是人们在醒来时回忆起来的梦。我们知道，绝大多数的梦在醒来之前就已经从意识中消失了，所以我们不知道这些梦是否也会产生解决问题的方法。更重要的是，我们在第 5 章中谈到，有研究表明，与同等时间的清醒状态相比，经过一夜的睡眠，人们确实可以找到创造性的问题解决方案，而且概率相对较高。但是，我们仍然不知道这些夜间的解决方案是在未被记住的梦中产生的，还是通过完全无意识的过程产生的。

梦中的创造力和发散性思维

我们在本章开篇提出，做梦在两个方面促进了清醒时的创造力，且上述第一部分探讨了做梦如何通过提高问题解决能力来促进清醒时的创造力。但从 NEXTUP 的角度来看，这些外显的问题解决案例只是冰山一角。在做梦中发现的真正的创造力是对联想神经网络的创造性探索，在这个过程中，脑找出了在解决这些问题中具有潜在价值的关联，它们通常较弱。这是否算作真正的创造力，取决于如何定义创造力。罗伯特·弗兰肯（Robert Franken）在他的《人类动机》（*Human Motivation*）一书中，将创造力定义为"产生或发现可能利于解决问题，促进人际交流及使人快乐的想法、替代方案或可能性的倾向"[5]。

另外，芝加哥大学的米哈里·契克森米哈赖（Mihaly Csikszentmihalyi）采取了一种更注重以目标为导向的方法，将创造力定义为"任何改变现有领域［知识（如数学）］，或将现有领域转变为新的领域的行为、想法或产品"[6]。他总结说，重要的是"新颖性……是否应被纳入该定义的范畴"[7]。这一定义意味着，创造性行为的产品必须具有某种普遍价值或意义，而这种限制的确十分苛刻。

虽然前面描述的凯库勒、洛维和门捷列夫的标志性梦境显然满足这个更严格的创造性定义，但我们平常每天（或每晚）的梦境明显不满足。不过它们似乎更符合弗兰肯较温和的定义。事实上，他描述的"产生或发现可能利于解决问题的想法、替代方案或可能性的倾向"几乎与我们对NEXTUP的描述完全一致，即"通过网络探索来了解各种可能性"。更具体地说，这与快速眼动睡眠的梦境描述相吻合，在第8章中，快速眼动睡眠的梦境被描述为一种几乎有意寻求创造性联想的意图。

利用梦中的创造力

随着睡眠在记忆加工中的作用渐渐水落石出，为自身利益而操纵睡眠的兴趣也急剧升温。最近，非侵入性的脑部电刺激、磁刺激和听觉刺激已被用于尝试加强睡眠依赖型的记忆演化，且在某些情况下，可以针对脑中特定区域。增加做梦好处的其他技术也被开发出来。现已发现有药物可以增强清醒梦境，而通过眼睑的视觉刺激也被用来训练人们做清醒的梦（见第 14 章）。由爱迪生、达利和亚当·霍洛维茨开发的收集睡眠起始的入睡梦报告技术，已被用于提高创造力和促进解决问题。

其中的一些梦境技术并不新颖，连爱迪生的梦境技术都已有百年历史，但在过去十年里，研究和技术发展出现了大规模的增长。就在去年，鲍勃参加了在麻省理工学院媒体实验室举行的梦境工程研讨会[8]——一个自称是反学科的研究实验室。会上有十几位研究人员介绍了加强对梦境研究和操纵的新技术。霍洛维茨的 Dormio 只是其中之一。但除了这些相对较新的方法之外，还有一些基于"梦境孵化"实践的更古老、更简单的技术，可以促进创造力的出现，并通过梦境为日常、现实生活中的问题提供解决方案。

梦境孵化指在清醒状态下采用各种技术帮助一个人梦到一个特定的主题或获得特定问题的解决方案。这种技术的实践可以追溯到 4000 年前的美索不达米亚人，但在 1500 年后的古希腊才开始广泛流行。寻求治愈之梦的人们来到供奉着阿波罗之子、希腊药神阿斯克勒庇俄斯（Asclepius）的神庙，希望得到能揭示其病因的梦，要是还能治愈疾病就再好不过了。另外，有时庙里还会释放无毒的蛇，让它们在寻梦的祈求者们身上爬来爬去。这种做法不论在过去还是在今天都让人感到无比惊慌。但这样做不是为了诱发瘫痪性失眠或可怕的噩梦，而是为了帮助诱发所需的梦。蛇是阿斯克勒庇俄斯的标志，今天你仍然可以从无数医疗组织的标志中看到蛇和医学之间的联系。这些标志的特点是有一根蛇缠绕的杆子，即阿斯克勒庇俄斯之杖（见图 11-3）。

图 11-3　生命之星的标志显示在世界各地的紧急医疗服务上，
如救护车

今天，人们通过各种形式的梦境孵化来发现日常问题和关注点的解答，不论是实际问题、人际问题还是情绪问题。虽然目前可能还缺乏有控制变量的科学实验来支持这些技术，但已有大量关于理解梦境孵化的描述性报告。基于上述这些证据，再加上我们已知的关于睡眠和梦境对学习的影响、记忆的演化以及对联想记忆的探索的情况，我们向你推荐这种完全免费的、时间效益高的、无害的利用梦境创造力的方法。梦境孵化甚至可能帮助你发现现实生活问题的解决方案。

梦境孵化的方法可以在几十本书籍和网上找到，从相对平淡的程序到高度复杂的睡前仪式都有。我们选择介绍一种简单的、循序渐进的方法。多年来，托尼一直推荐这种方法，以帮助诱发解决问题的梦。（至于是否要引入滑溜溜的蛇作为这个过程的一部分，就由你来决定啦。）

梦境孵化技术

1. 选一天夜晚，那天你没有过度疲劳或受到可能对你的睡眠产生负面影响的物质影响，如酒精、安眠药或其他药物。

2. 花几分钟时间想一想你想在梦中关注的问题。问自己一些类似以下这样的问题或许会对你很有帮助：我准备好对这个问题采取行动了吗？此刻我对这个情况的感觉如何？如果这个问题得到解决，会有什么不同？

3. 用一个简练的短语、问题或单行句子来概括这个问题。不要害怕改变措辞，直到你找到感觉正确的版本。写下这句梦境孵化之语，放在你的床边。

4. 当你准备睡觉时，告诉自己你会梦到这个问题。确保你的床边有笔和纸或录音机（智能手机也可以）。

5. 在你入睡时，对自己重复你的梦境孵化之语。如果你发现自己的思绪飘忽不定，就让这些想法消失，把你的注意力带回你的句子。

6. 睡觉吧！

7. 醒来后，无论是在半夜还是在早上，都要闭着眼睛安静地躺在床上。如果被闹钟吵醒，就把它关掉，然后再次闭上眼睛。给自己几分钟时间，尽可能多地记住你的梦。然后，才睁开眼睛，写下或记录你所记得的一切，即使它只是一个孤立的图像或梦的片段。这时要避免对梦境做出任何判断，重点是在遗忘梦境之前把所有的东西记下来。

8. 审视你所回忆的梦境与你的梦境孵化之语之间的关系。（使用下一章中描述的一些想法和技巧可能会有帮助。）

最重要的是，如果你没有回忆起梦，或者没有看到你的梦和你所关注的问题之间的联系，不要感到气馁。与生活中的大多数事情一样，熟能生巧。你可能需要几个晚上才能找到答案。如果你的梦确实有助于解决你的问题，那么在你下次被问题困住的时候再这么做一次。

为什么以及在多大程度上梦境孵化技术会起作用，仍然是一个争论不休的问题。早在第 8 章，当我们第一次详细介绍 NEXTUP 的工作原理时，就曾提出，脑利用睡眠启动期来标记当前的关注点，或不完整的过程，以便在睡眠期间进行加工。我们认为这里刚刚概述的梦境孵化方法以及类似的技术，只是在帮助脑标记目标问题。然后，根据 NEXTUP 在夜间探索的网络，以及你在醒来时回忆的梦境，你可能会发现创造性的理解或问题的解决方案。最后，至于要如何处理滑溜溜的蛇助手，就留给你自己去想吧。

第 12 章　梦境工作

理念、方法和注意事项

　　作为梦研究者，经常会有学生、朋友或陌生人向我们诉说他们的一个梦，然后不可避免地会问："你认为这说明了什么？"（鲍勃总是回答说："说明你有病！"）所以，让我们打开天窗说亮话吧。我们不知道你的梦是什么意思，而且我们相信，其他人也不知道。而这并不是说梦没有实质意义，何况本书已经详细介绍了许多方法，这些方法可以把梦看作拥有丰富心理学意义的脑的创造。但要是说每个梦的背后都有一个"真正的"意义，而且这种单一的解释还可以由受过专门训练或有天赋的人破译出来，我们是不同意的。

　　在第 7 章中，我们提及了关于人为何会做梦的最古老的一个观点，即梦携带了象征性的或被伪装的信息。事实上，自从我们的祖先能够记得他们虚无缥缈的夜间遐想以来，我们就一直渴望让梦有意义，去理解梦的含义。但我们也看到，做梦不可能进化成一种纯粹为了释义而存在的机制。这种想法没有意义的原因之一，是人们对夜间做梦的记忆太少了。第二个原因是，我们记得的梦很少被解释过，就算有也是屈指可数，更不用说被所谓的专家解释了。而这最后一点对你爱狗的梦来说更是如此。这就是为什么我们要区分梦的生物学或适应性功能，即梦的展开过程中"现场"发生的，以及人们在梦醒后才做出的对梦的利用，包括解释、创造，抑或只是娱乐。

那么，有意想要利用梦境进行自我探索的人要怎么做才好呢？我们将在本章后面介绍一些选择，但现在让我们从如何不这样做开始。

当一个艺术家创作绘画、雕塑或诗歌时，他通常不会把作品展示给其他人并问："你能告诉我这是什么意思吗？"即使他这样做了，答案也会因人而异，而且很多人都无法与艺术家产生共鸣。然而，许多人正是这样对待他们的梦境的。还有一些人求助于"解梦辞典"，就像他们用外语词典查阅某个短语或单词那样，想要从字面上查询梦的含义。但这些方法将梦者本人排除在解释过程之外，是很有问题的。若要行之有效，梦境亲历者需要积极参与梦境探索。更重要的是，这些"X 意味着 Y"的断言是基于梦境拥有普遍意义的假设之上，而这种想法没有什么临床依据，当然也没有科学依据。

我们认为，梦境和艺术一样，可以有多种不同含义。没有哪种使用梦境方法是正确的，就像没有哪种欣赏艺术的方法是正确的一样。但是，一些探索梦境的方法比其他方法更容易理解；这些方法已经成为严肃研究的研究对象，并被认为能够催生个人见解，无论是在治疗还是日常的自我探索中。这些想法和方法正是本章的重点。

梦的临床使用

尽管释梦是实现更多自我理解的潜在帮助工具，但在大多数形式的心理治疗中，释梦——或者说梦境工作（dreamwork），是那些将梦的探索视为心理治疗师和来访者共同努力的过程的人所喜欢的术语，只是偶尔使用。（这里提出的梦境工作一词的使用不应该与第 3 章中描述的弗洛伊德的梦的工作概念相混淆，后者指的是将不可接受的愿望扭曲成可接受的梦境形象的无意识过程。）但现实中，许多人想要甚至需要解释他们的梦，无论是在治疗中还是在其他场合。（我们在第 8 章开始的部分讨论了这种感觉可能来自哪里。）

这就是为什么来访者有时会通过向他们的心理治疗师讲述一个梦来启动梦境工作，即使他们在以前的治疗中从未涉及过梦境主题。来访者经常与他们的治疗师分享梦境，希望咨询师能够阐明梦的含义，或以某种方式利用这些材料来洞察他们的日常生活和心理健康。然而，许多临床医生并不觉得自己有能力处理来访者的梦境（很少有临床课程会涵盖睡眠课程，更不用说梦境工作了），或者他们认为梦境是一个毫无意义、不科学的研究对象。在这种情况下，来访者很可能会失望而归，而临床医生则错过了一个独特的治疗机会。

选择将梦境工作纳入实践的治疗师必须决定他们要如何做这件事。对一些人来说，释梦的想法与弗洛伊德的梦境理论以及追溯梦境到无意识的冲突和欲望的需要有着内在的联系。对另一些人来说，与梦打交道意味着要掌握荣格的思想，即梦是如何被神话、原型以及个人和集体无意识层面所构造的。在以格式塔（Gestalt）为基础的方法中，不同的梦境元素被理解为梦者人格中被接受和不被接受的方面的投射。其他方法侧重于梦中经历的情绪、梦中描述的人际关系、复述梦境时经历的身体感觉，等等。数十种技术和思想流派都旨在利用梦境来提高自我理解，每一种都有其独特的临床和理论基础。

然而，在过去的几十年里，人们对整合了多个学派思想和方法的当代梦境工作模式的兴趣越来越大。其中一种方法是由克拉拉·希尔（Clara Hill）[1] 开发的认知体验式梦境模型（cognitive-experiential dream model），她是马里兰大学帕克分校的心理治疗研究人员和心理学教授。出于许多原因，我们决定强调希尔的模型。首先，这个模型是经过多年实践、教学和研究发展起来的。其次，它汇集了许多与特定学派（如格式塔、荣格、现象学和精神分析）相关的最有趣的和经过时间考验的思想。这项工作增加了模型的丰富性，也使不同心理治疗学派的治疗师能够接受。最后，认知体验式梦境模型已经成为大量研究的主题，大量的证据支持其在各种环境中的有效性[2]。这里，我们概括一下这个模型是如何运行的。

使用认知体验式梦境模型来获得你对梦境的洞察

希尔模式由三个阶段组成：探索、洞察和行动。探索阶段有四个步骤——描述（description），再体验（reexperiencing），联想（association）和清醒生活的触发因素（waking-life triggers）。这四个步骤的英文首字母缩写DRAW能帮你轻松记住它们。这个阶段要求你用第一人称的现在时态来叙述你的梦（如同你当下正在经历它一样）。然后你从梦中选择一些突出的图像。接下来，你和治疗师按顺序逐一探讨这些图像：①你需要尽可能详细地描述图像；②重新体验与图像有关的感觉；③提供与图像有关的联想；④确定该图像潜在的清醒生活的触发因素。

在下一个阶段，即洞察阶段，治疗师通过整合在探索阶段获得的信息，帮助你为整个梦境创造一个意义。这种合作可以在几个不同的层面进行。第一，梦的体验本身可以在此时此地被探索，而不考虑它与其他事物的可能关系。第二，可以根据梦境与你当前生活状况的联系来察看它，包括最近的经历、当下的关注点和情绪。第三，可以把梦作为更复杂的心理动力的一个功能来探讨，如作为自我的投射，与童年冲突的关联，或产生自精神和存在方面的关注点。

最后，在行动阶段，你根据对梦的理解，考虑在你的生活中可能出现的变化。引入这一阶段的一个常见方法是询问你想如何改变这个梦。你可以通过这个问题开始考虑，你的生活中可以发生哪些改变。在治疗师的帮助下，你可以看到这些变化是如何实现的。

和其他当代的梦境工作模式一样，与其说希尔的认知体验式方法是在揭开梦境的隐秘含义，不如说是以一种帮助你发现关于自己未知一面的方式来探索梦境的潜在个人含义，从而引出进一步的自我洞察，提高自我意识，或更有力地参与治疗。

量化心理治疗中的梦境工作带来的好处可能很困难，但临床医生和研究人员已经开发了各种工具和方法来做到这一点。以下是他们的发现。

当代梦境工作，包括希尔的模式，其中一个有据可查的好处是自我洞察力（personal insight）的发展[3]。这可能包括对你如何看待自己，思考个人问题，与他人沟通，或继续受到遥远事件的影响的自我洞察。

对希尔模式有效性的研究发现，来访者对认知体验式的梦境工作时段给予很高的评价。研究人员看到，这种模式有助于建立来访者与治疗师的工作同盟（working alliance），增加来访者对治疗的参与程度，并加强治疗师对来访者动态及治疗进展的理解。它还可以提高来访者的幸福感，这可能是因为焦虑和抑郁的症状减轻了。对于一个在很大程度上被误解和经常被忽视的治疗工具来说，上述列举的科学发现已令人相当印象深刻。

个人梦境工作

当梦境工作在临床环境中进行时，总有一位治疗师在帮助你探索和理解你的梦。但是，如果你想自己开展梦境工作呢？一种选择是将希尔的模式和其他基于治疗的梦境工作模式中的一些方法和技术改编为个人使用。另一个选择是，抱着"三个臭皮匠顶一个诸葛亮"的想法，与一小群对理解和欣赏自己及他人梦境感兴趣的人一起开展这项工作。接下来，我们将考虑这两种选择。

个体梦境工作

与你的梦境一起工作的第一步是记录你记得的梦。在上一章中，我们提出了引出问题解决的梦境的方法；这些想法也适用于写梦境日记。具体来说，在你的床边放好纸笔或录音机。当你准备入睡时，告诉自己，你会在早上记得你的梦。最重要的是，给自己一个机会去记住它们。（鲍勃会告诉他的学生："在睡觉前重复三遍'我会记住我的梦'。这很尴尬，但很有效。"）当你第二天早上醒来时，不要睁开眼睛，也不要开始思考你的一天。如果你是被闹钟吵醒的，把它关掉，再闭上眼睛。静静地躺在床上，试着飘回梦中的状态。给自己几分钟的时间，尽可能多地记住你的梦。如果什么也想不起来，试着慢慢改变体位（翻身至侧面或背面）。

当你记起一个梦时，请闭上眼睛，回顾你能记起的关于它的一切。直到这时，你才应该写下或用语音录下你的梦。重要的是要在忘记之前把一切都记下来，即使它只是一个模糊的感觉或一

个孤立的视像。记录完之后，给你的梦起一个简短的标题。随着
条目数量的增加，这将有助于浏览你的梦境日记。

当你记录了一个你想探索的梦时，就可以开始仔细重读它了。
闭上眼睛，花时间从头至尾地重新体验这个梦，体验它的视像、
想法和情绪。接下来，问自己一些问题，来帮助你探索这个梦可
能对你意味着什么。下面给出了一个问题清单。这个清单并不详
尽，也并非终版，但它可以作为一个很好的开始。

- 梦中你的感觉如何？它的中心情绪是什么？你第一次或最
  近一次有这种感觉是什么时候？
- 想一想梦中的环境。在那里是什么感觉？它是否让你想起
  了什么？
- 想一想你梦中的人。他们在做什么？如果你能认出梦中有
  清醒生活中的人物，那么他们日常是什么样的？他们还让
  你想起了谁或什么事物？你能在这些梦中人物身上看到自
  己的哪些部分，无论是否是你喜欢的？你对这些部分有什
  么感觉？
- 如果你的梦中有动物，那么它在做什么？它给你的感觉如
  何？你会如何描述它的个性或主要的区别特征？
- 梦中的主要形象是什么？当你现在想到这些视像时，你
  会产生什么样的联想？你能确定它们在清醒生活中的来
  源吗？
- 那天晚上你睡觉的时候想的是什么？
- 鉴于你对这些问题的回答，你的梦，或者梦中的特定元素，

是否让你想起了生活中的某个特定情况、经历或当下的关注点？

● 从整体上看，这些问题的答案对你是谁、你想成为谁，以及你如何看待你周围的世界并与之互动有何启示？

处理这些问题可以帮助你更好地理解你的梦，尽管你可能需要处理几个梦才能适应这个过程。此外，重要的是要记住，关于你自己或你的生活环境的新信息、联系或见解可能不是来自整个梦，而是来自其中的一个元素。换句话说，不要指望能完整地"理解"你的梦，特别是当你刚开始做梦境工作或在处理那些不仅特别长且复杂或奇怪的梦时。你更可能从梦中的中心图像、主题、情绪或互动中收集到信息，而且它们同样有价值。试一试吧。

团体梦境工作

最著名和最广泛使用的"梦境小组"方法可能是由已故的蒙塔古·乌尔曼（Montague Ullman）开发的梦境鉴赏法（dream appreciation），他是一位在纽约接受过训练的精神病学家和精神分析学家，并在 20 世纪 60 年代于布鲁克林创立了迈蒙尼德梦境实验室（Maimonides Dream Laboratory）。他的梦境鉴赏法[4] 包含几个阶段，强调发现（discovery）和安全（safety），其中最重要的阶段在此总结一下。

作为梦境陈述者，你首先向小组其他成员描述你的一个梦，接下来他们可以提出问题来澄清梦境内容。接着，你倾听小组成员如何把你的梦当作他们自己的梦来处理（即"如果这是我的梦"

技术）。小组成员通常首先讨论如果这个梦是他们自己的，他们会有什么样的感受，然后分享关于这个梦的个人联想和预测，以及在他们自己的生活环境下，这个梦可能意味着什么。然后，你对小组分享的内容做出回应，并探讨这个梦与你自己的生活有什么关系，重点是最近经历的事件和关注点。再然后小组成员以第二人称将梦境读给你听，之后，小组的所有成员参与互动讨论。在之后的小组见面会上，你可以回到这个梦，并分享你对这个梦的任何其他见解或想法。

在整个过程中，你会对分享你的梦以及任何个人和可能是你生活中的隐私细节感到安全。你不应该感到有义务分享你的梦，或透露你不想透露的自己的细节，而且你总是可以选择在任何时候停止对你的梦的讨论。最后，与梦境的认知体验模型一样，其他人对你的梦境的联想和解释绝不应该强加于你。

除了大量关于乌尔曼梦境鉴赏法的使用和许多改编的描述性文献外，还有研究支持这样的观点：如果按照规定使用，这种方法可以为小组成员带来许多与梦境有关的好处。毋庸置疑，自我洞察力的提高也是其中之一[5]。

在系列梦境中寻找意义

大多数对梦境工作感兴趣的人都专注于单个梦境。但是，处理系列梦境的工作也是大有裨益的。在第 9 章中我们提到，在 20 世纪 50 年代，卡尔文·霍尔着迷于如何用在一长串的梦境中看到的梦的内容模式来推断出梦者的个性、核心冲突和关注点。霍尔和其他人表明，有可能从一个素不相识的人所报告的系列梦境中提取有心理意义的信息。

你可以使用他们的几个想法和方法来研究你自己的梦。在这个过程中，你很可能会了解到一些关于你自己的事情，而这些事情是无法从任何一个梦中推断出来的。如果你察看自己的一系列梦境，如25个或50个梦，你可能会注意到梦境内容暗含的模式。这些模式可能包括：你的梦往往发生在某个地方；它们的总体主题；哪些人最经常出现在你的梦中；你如何与他们互动，他们又如何与你互动；你在某些环境中或在特定的人或物体面前的感觉和行为；以及你的梦在行动、怪异性或情绪方面如何以及何时发生转变。如果你有一本梦境日记，或者打算开始写日记，那么对一系列的梦境进行研究可成为一种有用但常被人们忽视的，从日记中获得最大收获的方法。

同样地，处理重复出现的梦境也可以引导自我洞察或更好的自我理解。根据一些研究，重复出现的梦境以及梦境的停止可能与人们在日常生活中处理情绪问题和挑战的情况有关[6]。如果你有一个重复出现的梦，想知道它为什么会突然出现，那么请注意在每次梦境重复出现之前所发生的情绪上的突出事件或压力因素。例如，你可能会发现，这个梦是在你对亲近的人感到失望之后出现的，那个梦可能出现在你自我怀疑的时期，或你感到羞愧的时候。提醒一下，重复出现的梦境在很大程度上保持不变的原因之一是，对于梦中徐徐展开的内容，每次你都有相同的反应，都有相同的思维、行为和情绪。

通过重新审视以往探索过的可能性，并追踪梦中的自己对它们的反应，你做梦的脑也许能够更好地衡量你在认识或解决关键的情绪问题方面的进展或不足。

梦境的 NEXTUP 模型，洞察以及清醒的来源

在大多数研究梦境的方法中，包括本章所描述的方法，人们不可避免地被要求查看他们的梦境内容与清醒生活环境之间的关系，或者在清醒生活中找出梦中关键元素的潜在触发因素。大多数人认为这项任务相对简单，但将梦境内容与清醒生活的来源联系起来，并有一定程度的把握，是相当复杂的。

在第 8 章和第 10 章中，我们探讨了交织在梦境中的细节来自何处的问题。我们看到，确定梦中不同元素的清醒生活来源不仅棘手，而且有时不可能做到。事实上，研究发现只有大约 20% 的梦境材料可以有把握地追溯到清醒生活中的来源，即使是在集体探讨梦境的情况下（例如，用乌尔曼的梦境欣赏法）。按理说这一发现并不稀奇，因为 NEXTUP 模型专门将新奇和不寻常的联想纳入我们的梦中，尤其是在深夜的快速眼动睡眠期间。然而还是会有人对此感到惊讶，就连梦研究者也不例外。

几年前，托尼正在给一群学生做讲座。这时，某种对于礼堂的感觉让他意识到他在做梦。在扫视了整个房间后，他（在梦中）闭上眼睛，想象自己站在一个开阔的沙滩上，海浪向海岸线袭来。

当他睁开眼睛时，他确实站在沙滩上，而且像他想象的那样，巨大的波浪在翻滚着。但在他的梦里有一些非常奇怪的东西。企鹅，数以千计的企鹅。它们到处都是，站在他脚边的就有十几只。它们自顾自地晃来晃去，像一团晃动的黑白色块，一直延伸到远方。托尼醒来后感到很困惑。为什么他的脑会在诗意般的海滩上放置一群企鹅？为什么不是海鸥，或飞盘，或者最好什么都没有？他甚至不记得他最后一次想到企鹅是什么时候。尽管他很努力，托尼还是无法为这些企鹅找到一个在他目前的生活背景下有任何意义的来源，或清醒的，或联想的，或只是带有隐喻的。

几天后，当托尼乘坐一个朋友的车时，一个广告牌吸引了他的注意。它展示了两个并排的海滩，每个海滩都延伸到海里。左边的海滩上有人在享受沙子和涉水。但右边的海滩上却布满了企鹅！这是加拿大一些海滩的旅游广告，孩子们在水面上玩耍，说明他们比缅因州更南边的那些有企鹅的海滩要温暖得多。托尼不记得曾经见过这个广告，但他最近曾开车路过那段路。很有可能，他的脑已经记录了这个图像，而他的思维却没有注意到它。因此，当托尼在梦中变得清醒并试图想象一个诗意般的海滩时，他的脑搜索了他的记忆网络，寻找弱的和潜在的有用的联想，然后想出了一个不寻常的假设——一群企鹅，就像广告牌上的那样。也可能像……托尼梦中，那些在他变得清醒之前正在听他讲课的学生？他们是否像企鹅一样，"自顾自地晃来晃去，像一团晃动的黑白色块，一直延伸到远方"？NEXTUP 模型是否在探索关于托尼学生的一些有用的信息？我们永远无法知道。

当脑在做梦时，他们可以在任何地方寻找微弱的、新颖的联想，包括在人们很少或没有注意到的事件中。这部分解释了为什么将梦境内容与近期或遥远的生活事件联系起来往往比人们想象的要棘手。

在第 8 章中，我们看到，由于鲍勃在梦中的反应，以及他的联想对梦的展开的影响，鲍勃做梦的脑可能加强了他女儿杰西和狗实验室之间的探索性联想。然而，托尼在醒来之前，对海滩 – 企鹅 – 海洋的联想的反应仅仅是不解。他的脑很可能明白，这些联想不值得加强；它们对于更好地理解未来的可能性似乎毫无用处。并非梦中所有的东西都埋藏着惊天动地的启示。

然而，有时候，一个梦的清醒来源就像白天一样简单——或者看起来是这样。托尼的一个朋友（我们称他为埃里克）曾经告诉他一个梦，在这个梦里，他正坐在驾驶座上，被困在一个巨大的雪堆里。他的女朋友琳达就坐在他身边。埃里克显然是不小心把车开进了雪堆——尽管他不记得梦中的这部分内容——现在琳达对他很生气，求他赶紧做点什么。埃里克试着左右转动车轮，试图通过向前和向后加速把汽车开出雪堆，甚至还下车清理轮胎。但是没有任何作用，因为雪太深了。对埃里克来说，这个梦的来源是很明显的。在做这个梦的前一天，蒙特利尔下了一场暴风雪，他看到一辆车陷在路边的沟里，司机正在努力地把它从雪里挖出来。然而，托尼被埃里克说他在梦中经历的感觉所震撼。埃里克并没有为事故、汽车或迟到而担心。相反，他对女友将这个困境归咎于他而感到不安。

经过几次探究和交流，埃里克看到了他梦境的新来源：他与琳达的关系。事实证明，埃里克和他的女朋友正在经历一个艰难的阶段，他们都觉得这段关系停滞不前。更重要的是，埃里克觉得他是唯一一个采取具体行动来改善状况的人，而在他看来，他也要为他们的问题承担大部分责任。换句话说，他们被困住了，而这个梦是一个完美的比喻，它与实际的汽车或暴风雪无关。

尽管这些例子说明了在理解我们的梦境时涉及的一些不确定性，但我们相信本章所描述的那种梦境工作可以引导自我洞察，而且从 NEXTUP 模型的角度来看，它是有意义的。我们之前已经看到，做梦对于被选择进行处理的记忆在夜间的演变过程很重要。我们还看到，当脑在做梦时，它们会识别并加强以某种方式体现突出经历和情绪问题的关联；此外，脑计算出这些关联可能对解决这些或类似的问题有帮助，无论是现在还是将来。最后，我们看到 NEXTUP 模型的一个迷人之处在于，它同时监测梦者对梦境的反应，以及梦境对梦者自己在梦中的思维、行动和情绪的反应，从而产生不断发展的梦境叙述。

在某种非常真实的角度上来说，反思一个梦境的关键特征，如它的背景、人物、主要形象和主题，表明你是在反思这个梦境中体现的经历和问题。通过检查你在梦中经历的思维和情绪，你不仅仅是在深入研究这些问题可能会使你在清醒的生活中产生怎样的感觉和行为，你还在窥探梦中的思维、行动和情绪是如何影响脑在互动构建梦境时选择联想和可能性的。如果这个探索过程还不能让我们有机会了解我们自己和我们生活的世界，那还要怎样才好呢？

第13章　夜半魍魉

PTSD、梦魇和其他与梦有关的疾病

在本书中，我们已经提到并描述了一些与梦有关的疾病的特征，从睡眠瘫痪和快速眼动睡眠行为障碍到发作性睡病、梦魇和PTSD。在本章中，我们将所有这些疾病汇集在一起，扩展我们之前所说的内容，展示它们的相似性和不同之处，并弄清它们可以告诉我们什么关于 NEXTUP 的信息。

PTSD 的梦魇

他在看到直升机之前就听到了它的声音。但他知道已经太晚了。距他左右两边十码⊖之远，拉里和卡洛斯

⊖　1 码 ≈ 0.914 米。

已经死了，他也应该死了。当直升机从他头顶呼啸而过并开始向敌人的阵地投掷炸药时，他看到一只手臂横亘在他和拉里之间。"这一定是拉里的手吧，"他想，"还是我自己的？"他似乎感觉到有人在摇晃它，摇晃他的手臂。他睁开眼睛，看到妻子正轻轻地摇着他。"这只是一个梦。"她告诉他。为什么，为什么这个梦他做过一千次了？

患有 PTSD 的人，其梦境的独特之处不在于充斥整个梦境的恐怖的程度，而在于实际创伤事件的反复出现和逼真程度。我们在第 5 章中讨论了 PTSD，当时我们提出，PTSD 是一种依赖睡眠的记忆演化障碍。它具体反映了睡眠无法削弱对创伤性记忆的情绪反应并促进其与旧有记忆的整合。那时，我们只是顺便提到了 PTSD 梦的独特形式。不过，就像在那一章里，讨论 PTSD 在清醒时的性质能使我们对记忆进化的机制和功能有深入了解，那么讨论 PTSD 的梦也能使我们对 NEXTUP 和它的运作方式产生深入了解。

我们在前几章中讨论过的梦内容的一个特点是它的联想性和常有的隐喻性。我们的梦通常不会重放我们清醒时的记忆。相反，我们梦到的是我们清醒时发生的事情。

玛格达莱娜·福斯（Magdalena Fosse）是鲍勃实验室的一名挪威研究生，她验证了这一观点，即我们梦到的是实际发生的事情，而不是梦到记忆的准确复制品 [1]。在她的研究中，连续两周，被试一早起来就要立刻写下他们做的梦。然后，他们用下划线标注任何他们能确认其清醒生活来源的部分，然后他们写下对这些来源的描述。

玛格达莱娜试图确定人们是否真的在梦中重现了情景记忆。第8章中，我们提到了情景记忆，描述其为对生活中实际事件的记忆；我们可以将这些记忆详细地带回脑海中，多少允许我们重温这些经历。玛格达莱娜认为，如果我们在梦中重现这些记忆，那么梦就会发生在同一个地点。更重要的是，它将拥有与清醒时相同的人物和物体、行动、情绪和主题，因为所有这些特征都在情景记忆中被绑定。因此，对于每个划线的梦境元素，玛格达莱娜要求她的参与者指出该梦境元素与它清醒时的来源有多大的相似性，即它与清醒时事件的地点、人物和物体、行动和情绪以及主题的匹配程度。

简要地说，他们几乎没有找到匹配的。在超过350个有清醒来源的梦的元素中，甚至只有60个——约六分之一——的元素在梦中与清醒事件中发生在相同地点。最终，这些梦境报告中只有5个元素——不到2%——符合情景记忆重现的标准。这就是我们对NEXTUP模型的期望。尽管依赖睡眠的记忆演化的许多方面似乎都受益于正在被加工的记忆的重新激活，但在做梦期间发生的网络探索避免了重新激活原始的源记忆。正如我们在第8章中所讨论的，NEXTUP模型旨在寻找和激活弱相关的、较早的记忆，这些记忆可能会提议对源记忆进行重新利用和重新解释。在快速眼动睡眠中尤其如此，当来自海马的情景记忆重放被阻断时，神经递质乙酰胆碱的分泌水平增高，加上去甲肾上腺素的分泌关闭，使得联想网络偏向于较弱的关联。我们还发现，在快速眼动睡眠中，语义启动会优先激活弱关联。

因此，在梦中原原本本地重现一段情景记忆将反映出NEXTUP 模型的失败，而反复重现这样的记忆将表明 NEXTUP 模型出现故障，至少在与该特定记忆有关的方面是如此。而这正是我们在 PTSD 患者身上看到的情况，实际创伤记忆的重现会出现在他们的梦中，往往是每晚都会出现。

在创伤性经历之后出现这种"复制性梦魇"是预测谁会继续发展出 PTSD 的一个因素，而在梦魇中反复描绘与创伤有关的记忆与更严重和更慢性的日间 PTSD 症状有关。换句话说，当NEXTUP 模型出现故障时，脑在睡眠中自然和自动加工创伤记忆的能力，在没有意识或意图的情况下，就会受到影响。同时，许多依赖睡眠的记忆演变形式也会受到类似损害，特别是那些依赖快速眼动睡眠的记忆。以下是一些受影响的功能。

- 剥离情绪记忆中的周边细节
- 在未来回忆时软化情绪反应
- 将新的记忆与旧的、相关的记忆相结合
- 提取要点并发掘记忆的意义
- 网络探索以了解记忆的可能解释和用途

正如我们在第 6 章至第 8 章所看到的，所有这些过程都在睡眠中自然发生。为什么它们在 PTSD 中会被打破？我们可以在身体对压力的正常反应中找到其中一种可能性。每当我们的身体感受到压力时，无论是身体上还是心理上的，都会通过释放应激激素做出反应——包括肾上腺的皮质醇和肾上腺素，以及脑中的去甲肾上腺素。在清醒状态下，去甲肾上腺素帮助脑将潜在的威胁变成锐利的焦点，阻止它被无关的想法和感觉所干扰。快速眼动睡眠中，正常关闭去甲肾上腺素的释放可以使 NEXTUP 开始搜索弱相关的记忆。但如果 PTSD 的过度唤醒阻止了这种关闭，NEXTUP 就会在这种搜索中受挫。

汤姆·梅尔曼（Tom Mellman）在 1995 年报告，虽然健康的参与者在睡眠期间的总体去甲肾上腺素释放下降了 75%，但对于那些患有 PTSD 的人来说，反倒增加了 25%[2]。无法抑制去甲肾上腺素的释放可能会导致图 13-1 中所示的一系列事件。高水平的去甲肾上腺素阻止发展出功能完善的快速眼动睡眠状态，从而阻止了对情景记忆重现的正常抑制。高水平的去甲肾上腺素也限制了脑有选择地寻找较弱关联的能力。这种限制阻碍了 NEXTUP 模型将创伤性事件整合到更广泛的联想网络中的能力，而这种整合对于摆脱创伤性经历来说是必要的。正是这种故障决定了 PTSD 的发展。因此，依赖睡眠的记忆演化的崩溃，包括 NEXTUP 的崩溃，可能是一些创伤记忆不能随着时间的推移进行适应性演化的最终原因，甚至可能揭示了 PTSD 发展的原因。

图 13-1 创伤后 PTSD 的发展步骤

但做梦的神经生物学，以及延伸到 NEXTUP 的神经生物学，太复杂了，不能只用成功与故障来描述。在这两个极端之间有一个巨大的中间地带，在那里，依赖睡眠的记忆演化可能会突然发生，并有不同程度的效果。例如，尽管多达 90% 的遭受创伤的人在发展 PTSD 时报告说梦魇与创伤事件有不同程度的相似性，但其中只有大约一半的人在梦魇中经历这些创伤记忆的重现。相反，一些创伤后的梦魇呈现出扭曲的创伤元素，以隐喻的方式表现创伤事件，或在没有直接提到实际的创伤事件的情况下重现创伤时经历的相同的痛苦情绪（如恐怖、悲痛、无助）。因此，PTSD 的梦魇呈现出一种与创伤有关的连续复制，与 NEXTUP 的功能程度相关联。然而，随着时间的推移，与创伤有关的梦魇内容的积极变化，如复制性元素出现的频率和强度下降，对创伤事件的隐喻性表述增加，以及在梦中更多地整合日常生活事件，往往与整体情绪和日常功能的临床改善同时发生。

科学家们尚未确定梦境内容的渐进变化在多大程度上有助于创伤后的恢复。但我们相信，NEXTUP 功能的崩溃，特别是在快速眼动独特的神经化学和神经生理学的大脑状态下，与重要的适应性困难有关，而其正常的夜间功能使这些困难的情绪记忆随着时间的推移而得到有效的发展。

哌唑嗪

如果 PTSD 的发展始于睡眠期间脑中去甲肾上腺素水平的增加，那么如果你阻断去甲肾上腺素的作用会发生什么？西雅图华盛顿大学的精神病学教授默里·拉斯金德（Murray Raskind）在 2000 年偶然发现了这个问题的答案，当时他还是退伍军人管理局普吉特湾非裔美国退伍军人压力障碍项目（the Veterans Administration's Puget Sound African American Veterans Stress Disorders Program）的医疗顾问。在那里，拉斯金德有两个都患有 PSTD 的退伍军人。他们自发地、出乎意料地告诉他，在用哌唑嗪治疗一种不相关的疾病后，他们的 PTSD 梦魇的严重程度急剧下降，同时恢复了更正常的梦境。哌唑嗪（Prazosin）是一种 α1-肾上腺素能拮抗剂，能阻断脑内众多与去甲肾上腺素结合并介导其作用的受体类型中的一种。拉斯金德一直在研究阿尔茨海默病患者的去甲肾上腺素能异常，他知道有些药物会激活这些 α1-肾上腺素能受体，并产生严重的睡眠干扰。他还知道汤姆·梅尔曼发现 PTSD 患者在睡眠中的去甲肾上腺素水平增高，以及他在报告里表明这些增高的水平与患者睡眠时间的减少有关。

拉斯金德认为，也许通过减少脑中的去甲肾上腺素活动，哌唑嗪正在恢复对梦境中情景记忆重现的正常抑制。事实上，哌唑嗪已经被证明能逆转一些药物对快速眼动睡眠的抑制，而人们认为这些药物能增加脑内去甲肾上腺素水平。从那时起，拉斯金德[3]和其他人进行了一系列研究，证明了哌唑嗪在减少发生 PTSD 梦境上的功效，在某些情况下甚至能消除 PTSD 梦境的出现。通过降低 PTSD 患者脑内去甲肾上腺素水平，哌唑嗪恢复了 NEXTUP 模型所需的神经化学环境，以完成其正常运作。此外，使用哌唑嗪减少与创伤有关的慢性梦魇，与临床上睡眠质量和日间功能的明显改善有关。最后，拉斯金德的推论是正确的，而哌唑嗪已成为最常被医生推荐的治疗 PTSD 患者的创伤类梦魇的药物。

特发性梦魇

正如我们在第 10 章中所看到的，特发性梦魇（idiopathic nightmares，那些没有明显原因的梦魇）是无处不在的；大多数人每年至少有过几次经历。约有 4% 的普通成年人报告有临床意义上的梦魇，通常每周至少发生一次。这种梦魇在女性中更常见，并且通常伴随着日间对梦境的明显担忧。它们与一系列情况有关，包括失眠、抑郁症、社会心理适应不良和自杀意念。但梦魇也发生在功能相对良好的人身上。这些令人不安的梦境究竟从何而来，为什么它们如此普遍？

人们有很多关于梦魇起源根深蒂固的想法，跟对于梦本质和功能更整体的那些想法一样多。这些解释集中在恶魔、鬼魂或其他邪灵来访的想法上。当代的解释集中在压力、未解决的冲突、早期儿童的逆境、遗传学和梦魇易感性等个体特质上。让事情变得更复杂的是，一些研究人员还提出，梦魇具有生物功能；其他研究人员则认为它们反映了正常功能的崩溃；还有人认为它们与任何生物功能都无关。

这些分歧至少有一部分来自梦魇的异质性。对任何一个人来说，特发性梦魇可以是急性和间歇性的，也可以是慢性和复发性的，而且它们可能有不同的内容。它们可能在童年、青春期或成年时出现，每次都有相同的主要情绪（如无助感），也可能表现出不同的情绪。它们导致日间明显的苦恼情绪，并引发逃避睡眠的行为，有时会导致慢性失眠，又或者它们可能被认为是无关紧要的，对日常功能影响不大。因此，通常用来解释梦魇的一些因素可能只在某一些梦魇中有效，只有某些人经历过，而且只在某段时间内。

已故的欧内斯特·哈特曼花了很多时间研究梦魇患者，我们在第 7 章讨论过他关于梦功能的观点。他发现，许多经常经历梦魇的人，包括终身受梦魇折磨的人，都没有明确的童年创伤史，也没有一致的心理病理学模式。但他也发现，终身梦魇患者往往有一种人格类型，包括异常开放和信任，情绪敏感并富有创造力。他们还可能报告不寻常的经历，如梦中梦和似曾相识。基于这些观察，哈特曼[4] 提出，经常做梦魇的人有"稀薄的心理边界"（thin psychological boundaries）。他后来开发了边界问卷来测量这一人格维度，其研究证实了他的一些想法。与具有"厚实"（thick）心理边界的人相比——他们通常被描述为坚强的、防御性强的、不让步的和脸皮厚的——具有稀薄心理边界的人往往会记住更多睡梦，经历更多的梦魇，并报告更强烈和奇怪的梦境。

另一个导致梦魇发生的因素是压力，尽管对这种关系的研究在其结果中并不一致。造成这种不一致的原因之一是，压力源可以有多种形式。有急性压力（如被暴露在战争或自然灾害中），实验性压力（如让参与者观看令人不安的影片或让他们在睡前完成一个困难的"智力"测试），情绪压力（如失去工作，离婚，亲人去世），社会压力（如人际冲突、孤独感、对朋友或同事的担忧），以及普通的日常麻烦（如长时间工作，堵车，经常把钥匙或其他物品错放）。所有这些压力都能在几周、几个月甚至几年内积累起来。

当然，并不是每个人对某一特定压力源的反应都是一样的。这就是为什么有些人在压力下会发生梦魇，而其他人在接触同样的压力源后却不会有梦魇的原因之一。

我们还知道，压力反应的生物标记物，如身体主要压力激素皮质醇的水平，可能与我们对压力感觉的印象有很大差异。身体对压力的神经生物学反应很可能与对压力的主观感受不同，而它很可能也会参与决定我们何时会经历梦魇。

最后，我们对压力源的先天敏感性，无论是经验意义上的还是生物学意义上的压力源，都部分地受遗传控制。事实上，一项关于 3500 多对双胞胎的梦魇的大规模研究[5]发现，基因变异与儿童和成年人的梦魇都有关系。这些基因究竟是如何与环境因素相互作用，来影响那些生动的情绪化的梦魇的发生的？我们仍然没有答案。

然而，很清楚的是，梦魇是常见的、复杂的，是一系列心理和生物因素之间复杂的相互作用的产物，其中大部分的内容我们才刚刚有所了解。

特发性梦魇和 NEXTUP 模型

如果 PTSD 梦魇中创伤事件的重现表明 NEXTUP 功能的崩溃，而这些梦境内容的积极变化表明 NEXTUP 在将创伤性记忆整合到更广泛的联想网络中的能力至少得到了部分恢复，那么要怎么用 NEXTUP 模型来解释与创伤无关的梦魇？部分答案可以在这些梦魇的展开过程中找到。

早在第 10 章中，我们曾描述过一项研究，其中托尼和他当时的博士生吉纳维芙·罗伯特分析了数百个坏梦和梦魇的内容。作为该研究的一部分，他们还研究了日常梦境如何以及何时演变成坏梦和梦魇。他们发现，梦者外部的负面事件（例如，"我抬头看天，发现一枚导弹正向这边飞来"）是日常梦境变成坏梦或梦魇最常见的原因，在大约四分之三的坏梦或梦魇中出现。相比之下，思维（如"我在湖面上高高盘旋，但后来意识到如果我飘浮在空中，那是因为我已经死了"）和情绪（"我妹妹走进房间，我突然变得非常害怕她"）只占这些梦的四分之一。

几乎无一例外的是，这些梦的开始是无害的。梦者描述了环境、其他人物的存在，以及诸如走路或环顾四周的日常活动。但是梦魇的触发点通常就在其后不久；大约 60% 的情况下，它出现在梦境的前三分之一。但只有三分之一多的坏梦或梦魇在进入梦境后才变得令人不愉快。当托尼和吉纳维芙观察这些梦的结局时，他们发现大约 20% 的梦魇和近 40% 的坏梦发生回转，要么结局部分积极（如梦者逃脱了危险，但其同伴受伤了），要么结局完全积极（梦者控制了局势或在最后一秒被救）。这些发现提供了洞悉 NEXTUP 模型在日常梦魇和更普遍的梦境中如何运作的窗口。

几乎所有的梦境报告在开始时都描述了一个相对中立或不平静的场景。只有在梦境获得动力之后，随着 NEXTUP 模型对相关记忆的进一步探索，不断展开的叙述才会呈现出明显的负面基调。

正如我们前面所指出的，将一个普通的梦变成坏梦或梦魇的梦境事件通常起源于梦境世界，尽管它有时会出现在我们自己的梦思维和感觉中。这种区别是很重要的，因为当脑在做梦时，它既创造了我们沉浸的虚拟世界，也创造了以第一人称视角对这个模拟世界进行感知和反应的梦中自我。在第 9 章中，我们讨论了 NEXTUP 模型是如何探索清醒状态下通常不会考虑的联想，然后观察我们的思维对所产生的梦境的反应。但正如我们所指出的那样，脑也会看到正在进行中的思维、情绪和行动是如何对这一场景产生反应的，并影响不断变化的梦境中的人物和事物。我们还指出，正是在梦中的自我和模拟的梦境世界的其他部分之间的这种非凡的相互作用中，NEXTUP 模型完成了它最重要的工作。不幸的是，这也是坏梦和梦魇有机会展开的地方。

如前所述，有些人认为那些不安的梦是某些梦功能失效的反映，如解决问题或情绪调节的功能。但也有人认为恰恰相反，这些梦反映了梦功能的成功执行。从 NEXTUP 模型的角度来看，坏梦和梦魇可以反映出成功或失败，或介于两者之间的任何东西，这取决于这些梦境的频率和内容。

举个例子，我们知道，梦魇中的情绪可能会变得非常强烈，导致梦者醒来，并且通常会伴随梦醒时的高度痛苦。这种事件的发生可能是因为 NEXTUP 模型在探索与某一特定事件或情绪记忆的新联想时走到了死胡同。这种失败可能是因为缺乏对某些真正超出个人经验和理解的记忆的弱关联，也可能因为异常高水平的去甲肾上腺素阻断了对弱关联的访问，从而阻挠了 NEXTUP 模型的活动。但许多坏梦只是反映了 NEXTUP 模型在探索异常痛苦的联想，利用它们来整合更广泛网络中的关键记忆。

即使梦魇反映了 NEXTUP 模型的失败，这件事也不一定就到此为止了。就像人们在清醒时会回头重新思考情绪强烈的事件一样，做梦的脑几乎肯定也会这样做，注意到在什么情况下经历了强烈的情绪，以及任何使梦境突然结束的事件。在一个梦中，NEXTUP 模型的失败可以给这些记忆打上标签，以便在以后的梦中探索甚至解决。当然，由于我们不会在醒来后回忆出大部分梦境，这种重访的大部分内容很可能永远不会被梦者在早上醒来时记住。但我们知道，NEXTUP 模型可以在几天、几周或几个月的梦境中，一次又一次地重温一个棘手的主题。只有当坏梦和梦魇成为慢性或重复性的时候，它们才有可能反映出 NEXTUP 模型的彻底失败，并与睡眠不佳和精神不佳联系起来。

梦魇和意象排练疗法

许多有长期梦魇的人认为他们对这些令人不安的梦境无能为力，唯一能做的或许只有逃避睡眠。事实上，只有少数临床意义上的梦魇患者曾与医疗专业人员讨论过这些梦魇，而且只有不到三分之一的人认为梦魇是可以治疗的。然而，梦魇确实是可以被治疗的。早些时候，我们看到哌唑嗪如何成为 PTSD 患者治疗与创伤有关的梦魇的推荐药物的。一个安全和经济的梦魇非药物治疗的方法是意象排练疗法（imagery rehearsal therapy，IRT）[6]。

无论人们是受到与创伤有关的梦魇，还是重复出现的梦魇，或长期特发性梦魇的折磨，治疗梦魇的最佳实践指南都一致推荐意象排练疗法。这是一种认知行为干预措施，它教导患者改写他们的梦魇并排练改变后的版本[7]。

虽然意象排练疗法的实施方式各不相同，但其核心原则是相同的：梦魇患者以任何他们感觉正确的方式"改写"他们的梦魇，然后通过想象（对于年幼的儿童则是通过绘画）每天排练几分钟新梦境。通过指导来访者"以任何感觉正确的方式改变你的梦魇"，心理咨询师鼓励梦魇患者探索他们自己对如何改变梦境的偏好，而不是建议他们必须将梦魇改成积极或圆满的。有了这种自由，一些人选择改变梦境中的一个小细节，如墙壁的颜色；另一些人则专注于给梦境一个新的结局，还有一些人编织出一个全新的故事。

许多研究表明，意象排练疗法可以减少与创伤有关和无关的梦魇，在儿童、退伍军人、创伤受害者和精神疾病患者群体中均有效。重要的是，通过意象排练疗法取得的成果可以长期保持。更重要的是，成功的治疗不仅可以使人们的睡眠和梦得到明显的改善，而且可以使他们的清醒生活也得到改善。

尽管现在很清楚，意象排练疗法对大多数梦魇患者是有效的，但我们仍然不清楚它为什么有效。一种解释是，通过重写梦魇，人们打开了他们可以对其梦魇做些什么改变的可能性。

几年前，托尼与他人合作进行了一项研究，研究遭受性侵犯的女性幸存者如何用意象排练疗法重写长期梦魇[8]。他和他的同事们发现，这些女性重新编写的叙述有一个一致的特点，即通过改变梦境的具体特征来获得对梦境内容的控制权，包括行为上的（如反击或击败侵犯者或其他威胁）、社会上的（如让其他梦境中的人物帮忙）或环境上的（如将梦境中的敌对环境改为无威胁的环境）。在这样做的过程中，她们对创伤产生了新的联想，做梦的脑可以将其作为探索其他联想路径的垫脚石。在清醒状态下重新描述梦魇，似乎也改变了这些女性对梦魇的反应，使其走向更具适应性的道路。不管意象排练疗法的治疗效果背后的机制是什么，其结果都是减少了令人不安的梦。

睡眠瘫痪

第4章中简要描述过的睡眠瘫痪，是与睡眠有关的最奇怪的异态睡眠之一。提醒你一下，它的特点是快速眼动期中的肌肉瘫痪在清醒后继续存在，往往在你睁眼清醒时出现类似快速眼动的幻觉。幻觉通常包括看到一个人或一些生物在你的卧室里，甚至可能会感觉附近有一个邪恶的存在。大约四分之一的成年人有过睡眠瘫痪的经历，所以它可能不属于极不寻常的情况；对一些成年人来说，它与发作性睡病有关，而对其他人来说，它可能是他们睡眠中反复出现的特征。

可以想象的是，卧室里出现幻觉中的入侵者会令人困惑，且往往令人恐惧。你感觉你在做梦，但你又知道你是清醒的。几百年来，各种文化都在努力做出他们自己对这些事件的理解。有时，幻觉中的生物被认为是恶魔，例如亨利·富塞利（Henry Fuseli）1781 年的名画《梦魇》（*The Nightmare*）中，栖息在一位熟睡女子胸前的恶魔。有时，它们被认作天使。即使在今天，不同的文化也会把睡眠瘫痪归咎于鬼魂、女巫或邪灵，或来自死尸或未受洗新生儿的攻击[9]。

即使在西方文化中，不了解睡眠瘫痪的人也会努力去接受它。鲍勃有一个来自爱尔兰的实验室助理，她最初对研究睡眠感兴趣是因为她自己在大学时有过可怕的睡眠瘫痪的经历，并经历了一段缺乏充足睡眠的时期。有一次，她把自己的担忧告诉了当地的神父；神父甚至带着圣经和圣水来到她家，进行驱魔仪式，试图让邪灵离开。而且，他还表达了顺应时代潮流的看法，认为如果她和她男友睡在一起，可能会更安全。她跟鲍勃说："我想我以前的大学室友和房东还是认为我失去了理智。"

基于睡眠瘫痪的历史，也许可以理解，今天许多经历睡眠瘫痪的美国人认为他们被太空外星人绑架了。哈佛大学的理查德·麦克纳利（Richard McNally）和苏珊·克兰西（Susan Clancy）认为，关于外星人绑架的报告只是反映了当代文化对睡眠瘫痪体验的一种解读[10]。请看下面对某位女性的经历描述。

　　　　当她从酣睡中醒来时，她仰面躺着。她的身体完全瘫痪了，她有一种悬浮在床头的感觉。她的心脏在跳动，呼吸很浅，她感觉全身都很紧张。她被吓坏了。她能够睁开眼睛，当她睁开眼睛时，她看到在一团荧光之中有三个什么东西站在她的床边[11]。

这听起来像是一个典型的睡眠瘫痪的经历；若是在以前，她可能会判定这三个站在床边的是天使或魔鬼。确实，她的第一个想法是它们是天使。但后来她被一个朋友说服，它们一定是外星人。

有趣的是，麦克纳利和克兰西采访的 10 名"被绑架者"中，没有一个人在当时想到他们被绑架了。他们只是在后来与朋友交谈或观看有关外星人绑架的电影或电视节目后才得出这一结论。在招募过程中，研究小组并没有提到睡眠瘫痪。报纸上的招募广告说，哈佛大学的研究人员正在"寻找可能被太空外星人联系或绑架过的人，来参与一项记忆力研究"。即便如此，所有参与者都报告了睡眠瘫痪的症状，这表明大多数报告的关于这种绑架的说法是因为人们在试图解释睡眠瘫痪中的幻觉。当然，由于四分之一的成年人，即超过 5000 万的美国人报告曾有睡眠瘫痪的经历，那些将此事件解释为外星人绑架的人是少数。但无论如何，我们也许可以说，这些催眠性（与从睡眠到清醒的过渡有关）的幻觉对记忆加工或 NEXTUP 模型没有任何用处，因此很明显，睡眠瘫痪体现了一种与梦境有关的功能障碍。

快速眼动睡眠行为障碍

在第 6 章中，我们简要地讨论了快速眼动睡眠行为障碍。它可以被看成睡眠瘫痪的反面。与快速眼动睡眠瘫痪悄然进入清醒状态不同，快速眼动睡眠行为障碍是在快速眼动睡眠中瘫痪未能形成时发生的。因此，患有快速眼动睡眠行为障碍的人能够在身体上表演出他们的梦境——在某些情况下富有戏剧性——通常会伤害到自己或他们的床伴。

颇为奇怪的是，快速眼动睡眠行为障碍直到 1986 年才被确定。那一年，美国明尼苏达州明尼阿波利斯的卡洛斯·申克（Carlos Schenck）和马克·马霍瓦尔德（Mark Mahowald）报告了一种新的睡眠瘫痪，且他们在两年的时间里发现了 5 名病人。其中 4 名男性患者描述了他们的攻击性梦境，导致他们自己或配偶受到伤害。在第二年的第二篇论文中，申克和马霍瓦尔德报告了另外 5 个病例，并将这种新的睡眠瘫痪命名为快速眼动睡眠行为障碍。在提到这两项研究中的 10 名病人时，申克和马霍瓦尔德报告："在试图把梦境表演出来时，他们拳打脚踢着，从床上跳下来。（这些）病人中有 9 名重复受到这样的伤害。"[12] 据推测，每 200 名成年人中约有一名会受影响，尤其是 50 岁以上的男性，而导致这一切的快速眼动睡眠行为障碍已经存在了几百年。这种现象怎么会没有被注意到呢？

我们无法给出确切的回答，但有几个因素可能促成了这一现象。首先，最重要的是，人们可能认为这些攻击和伤害是在个人清醒的时候发生的，尽管他们坚持说不是。被丈夫在梦境中攻击的妇女被带到急诊室，人们认为她被虐待她的丈夫殴打，无论这些妇女如何否认，这种解释都不会改变诊断。其次，在临床上有睡眠记录之前，没有办法验证这些事件是否真的发生在睡眠中。请记住，快速眼动睡眠行为障碍是在快速眼动睡眠本身被发现后30年才被描述的，当时很少有临床睡眠实验室存在。但是，识别快速眼动睡眠行为障碍缓慢的另一个因素是，它是一种睡眠障碍，而直到最近，睡眠才被大多数临床医生所关注。毕竟，人们的想法是，人们在睡觉时不会发生任何有趣或重要的事情。

不幸的是，即使快速眼动睡眠行为障碍的发作可以通过药物治疗来控制，这种疾病也有其黑暗的一面。从一开始，人们就认识到，快速眼动睡眠行为障碍患者往往有其他神经系统疾病；20世纪80年代被诊断为快速眼动睡眠行为障碍的前10人中，有5人显示出其他神经系统症状。到2012年，这种模式已经很清楚了：超过80%的快速眼动睡眠行为障碍患者会发展成帕金森病或其他形式的痴呆症，而且快速眼动睡眠行为障碍的诊断与帕金森病或痴呆症的诊断之间平均延迟14年。这个观察结果也许并不令人惊讶，因为快速眼动睡眠行为障碍和帕金森病都是运动障碍，且可能是由控制运动的相同神经网络的恶化导致的。但快速眼动睡眠行为障碍仍然是那些会改变人生的神经退行性疾病的预兆[13]，尽管快速眼动睡眠行为障碍的症状可以得到有效控制，但我们仍然没有神经保护疗法能够延迟或避免这些患者发展出帕金森病等神经退行性疾病。

发作性睡病

与睡眠瘫痪一样,发作性睡病也是一种睡眠障碍。在这种睡眠障碍中,快速眼动睡眠中的瘫痪状态会在清醒状态下呈现。我们在第 1 章中简要介绍了发作性睡病,指出几乎所有的发作性睡病患者都报告对梦境是否真的发生在现实生活中感到困惑。对大多数患者来说,这种困惑每周至少出现一次。然后在第 4 章中,我们讨论了张力缺失发作,也称猝倒(cataplexy),它使发作性睡病患者在完全清醒的情况下绵软地倒在地上。现在让我们再深入探讨一下。

与我们在本章中描述的所有其他睡眠障碍不同,发作性睡病的病因是确切知道的。它是由于脑中产生神经递质促食欲素(orexin,也被称为下丘脑泌素)的一两万个神经元中的大比例细胞死亡而引起的。这些数字听起来可能很大,但与每只眼睛中的 1 亿个神经元(大约是参与分泌促食欲素的神经元数量的 1 万倍)或整个脑中的 800 亿个神经元(大约是 800 万倍)相比,便不足挂齿。促食欲素神经元的死亡是人体免疫系统攻击自身的结果。几乎所有具有猝倒症状的发作性睡病患者都有一个特定的免疫调节基因突变;这种突变导致身体产生一种抗体,攻击并破坏了促食欲素神经元。促食欲素控制着觉醒 – 睡眠周期的稳定性,在我们该清醒的时候保持清醒状态,在我们该睡眠的时候保持熟睡状态。因此,发作性睡病患者不仅在白天频繁入睡,而且每天晚上也会醒来很多次。尽管药物和生活方式的调整可以帮助患者控制他们的症状,但我们仍然不知道如何阻止或逆转促食欲素神经元的丧失，因此对这种疾病本身没有治疗或预防措施。

此外，科学家们已经很好地理解了这种促食欲素的缺乏是如何在分子、细胞和脑网络水平上影响睡眠的，但他们并不了解它对梦的影响。在醒来后的几个小时内，认为你所记起的一切是真实的清醒事件而非一个梦的错觉，是无法用促食欲素缺乏的任何直接影响来解释的。我们还需要进行更多的研究来弄清楚这种与梦有关的疾病。

梦游

托尼很幸运，他的右手没有受伤。当他还是个研究生的时候，某天晚上他下了床，从卧室的角落里拖出一把木椅，站在椅子的扶手上，正准备把手伸向头顶上旋转的吊扇时，他的女朋友醒了，向他大叫："托尼！你在做什么啊！"托尼告诉她，他们必须对房里聚集成灾的龙虾做些什么，他要从风扇上悬挂的一堆该死的虾壳开始。不用说，房间里没有龙虾。事实证明，托尼是个梦游者，是那2%到4%的普通成年人中的一员。

托尼的龙虾逸事说明了梦游或梦游症的三个关键特征。第一，梦游者在发作时能够做出令人惊讶的复杂行为。除了危险地站在椅子的扶手上，梦游者还能做饭，吃东西（包括离奇的食物组合，如花生酱拌泡菜），重新布置家具，穿衣服，弹奏乐器，在室外徘徊，爬梯子，开汽车，甚至舞枪弄棒，包括上膛了的猎枪。如果这还不够刺激，还有记录在案的疑似自杀案例，甚至还有被准确定义为杀人性梦游症的案例 [14]。

第二，大多数梦游的儿童从来不记得他们那些往往是良性的梦游事件。相反，高达80%的成年梦游者，至少偶尔会记得与他们的梦游活动有关的"小梦"。

第三，尽管梦游者的行为在外部观察者看来可能很奇怪，但它们通常不是随机事件。梦游者的行为可能是由一种紧迫感或潜在的逻辑驱动的，即使这个人的判断力较差。莎士比亚的《麦克白》对这一特征的描述最为出名。剧中，满心愧疚的麦克白夫人有一次著名的梦游事件。她大叫着："出去，这该死的地方！"她试图洗掉想象出来的手上的血迹，同时在梦中谈论她和她丈夫犯下的罪行。

梦游者在梦游时是否真的睡着了？大多数梦游产生于深度N3睡眠。但与快速眼动睡眠行为障碍的病人不同，梦游者往往看起来是清醒的；他们对环境有足够的认识，可以相对轻松地应对门和楼梯（有时还有冰箱）。他们可以与人互动，在极端情况下，甚至显示出令人惊讶的自我意识水平。曾经有一个激动的梦游者突然在床上坐起来，告诉他的妻子："我知道我有时会梦游，但现在我没有在梦游！有人闯进了房子，我们必须离开！"相反地，在其他一些时候，梦游者会误解他们的环境，对外部刺激没有反应，显示出精神错乱的迹象，而且在醒来时不记得他们曾做过什么。

对梦游发作的脑电图研究显示 [15]，他们的脑看起来既清醒又不清醒。同样，对梦游发作的脑成像研究显示，一些脑区域的活动性水平被调低，就像正常睡眠时一样。同时，其他区域的活动性水平被提高，通常只在清醒时情绪性驱动的行为中才能看到。显然，梦游者在这些事件中既不是完全清醒的也不是完全熟睡的。相反，他们的脑区处于一种睡眠和清醒共存的状态之中。更重要的是，托尼领导的一项关于梦游者的研究表明，这种深度睡眠和清醒的共存状态在梦游事件实际开始前 20 秒就可以看到[16]。

梦游者在这些事件中是否在做梦？这是个更复杂的问题。首先，梦游者在梦游时通常会意识到他们眼前的物理环境，这与正常做梦或快速眼动睡眠行为障碍中的情况不同。另外，梦游者在这些情节中通常睁着眼睛，使他们能够浏览周围的环境。相比之下，正常的快速眼动期和非快速眼动期梦是在一个虚拟的、离线的世界中发生的，对现实世界的认识非常有限。出于这些原因，有些人认为梦游者的梦境般的感知更接近于清醒时的幻觉，而不是真正的梦境。我们怀疑这种观点的正确性。与睡眠瘫痪一样，梦游者看到的是真实和想象的结合。在托尼的案例中，他察觉到了他现实中的吊扇，但出现了关于龙虾的幻觉。然而，对龙虾出没的信念是来自梦境的，可能永远都不会伴随着清醒时的幻觉。

梦游也被用作一种工具，以深入了解睡眠期间的记忆加工。伊莎贝尔·阿努尔夫与她在巴黎和日内瓦的同事开展了一项设计精巧的研究。研究中[17]，一个梦游者接受了另一个版本的鲍勃手指敲击任务的训练，该训练需要双臂进行一连串的大动作。该梦游者在 N3 睡眠中演绎出该动作序列的片段时被拍摄了下来。这些动作清楚地反映出在睡眠期间，记忆被重新激活，而这是大多数睡眠依赖型记忆加工的基础，只是伴随着梦游者的实际运动。NEXTUP 模型当时也在工作吗？遗憾的是，该研究在这次梦游之后没有再收集新的梦境报告，所以我们永远不会知道它是否伴随着探索梦游者对任务的联想的梦。

故事性多梦症

在我们结束探索与梦境有关的障碍之前，让我们再考虑一个问题。想象一下，每次你醒来的时候，你都会感到疲惫不堪，不是因为你睡得不好，而是因为你的夜晚充满了冗长乏味的梦境，梦到的都是不间断的体力活动，比如重复的家务劳动，或者无休止地在雪地或泥地里艰难跋涉。如果这描述了你的夜间梦境和随之而来的白天的疲劳，你可能患有故事性多梦症。这是一种在很大程度上未经研究的梦境紊乱，在 1995 年首次由申克和马霍瓦尔德提出 [18]（他们也是首次描述快速眼动睡眠行为的二人组）。

关于这种过度做梦的模式，除了它对女性的影响比男性大之外，我们仍对其知之甚少。睡眠实验室通常评估其为临床表现正常；尽管看似没完没了的梦境在醒来后会有疲劳或疲惫的感觉，但故事性梦境中的情绪通常被描述为中性或完全没有。即使故事性多梦与梦魇同时发生，也是整夜做梦的印象促使这些人去寻求帮助。事实证明，对故事性多梦者进行心理、行为和药物治疗，基本上是无效的。为什么故事性多梦者会有这样的感觉，这一切对 NEXTUP 模型的功能或功能障碍意味着什么，这些梦境的回忆和内容的模式在临床性疲劳症状中起什么作用？所有这些问题仍未得到解答。

在结束本章时，我们将提出最后一些观点。首先，睡眠是一个极其复杂的过程，需要广泛的脑系统以精心协调的活动模式运作。那么，这种功能的统一性有时被打破也就不足为奇了。其次，人们常常对许多与梦有关的疾病怀有迷信的恐惧和困惑，这与精神疾病的情况大致相同。但我们要清楚：这些是睡眠障碍，不是精神障碍。在每一种情况下，都是由睡眠中的脑无法正常统一地工作而引起的。然后，大多数与梦有关的障碍可以用心理治疗或药物治疗。最后，这些神奇的疾病为临床医生和研究人员提供了对梦性质和功能的深刻见解。

第 14 章　思绪清醒，脑却酣睡

清醒梦的艺术与科学

在托尼 18 岁时，他做了一个改变他人生的梦。他梦见自己被错误地判定有罪，被关进监狱，接着被一名囚犯刺伤了手和胸部，后来在枪林弹雨中，他冲出监狱的院子，跃过 15 英尺高的铁丝网，逃了出来。当他落在栅栏另一侧的雪地上时，他开始觉得有些不对劲：他身后的监狱院子（现在回想起来像他的大学校园）是绿草茵茵，而非白雪皑皑。而且，仔细想想，那个神奇的 15 英尺跳高也没道理。他检查了自己的刺伤。被刺伤的皮肉似乎已经愈合，灼热的疼痛已经消失——狙击手也不见了。只有一种解释是合理的：他在做梦。

托尼知道他真正的身体在他的卧室里睡着了，他在梦中拾了一捧雪，细看它的颗粒状质地，惊叹渗透到他手上的冰冷的感觉。

然后他向他看到的第一个人扔了一个雪球。那是一个站在 20 码外的大块头男子。他很好奇那个人会有什么反应。那个人现在看起来像个穿着皮衣的摩托车手，对他大喊大叫着，并威胁要把他打出去。当那个人朝他的方向走了几步后，托尼惊慌失措，一时忘记了自己在做梦。后来他遇到了几个耐人寻味的梦中人物，其中一个试图说服他整个事情不是一个梦。当他最终醒来时，托尼被他的梦深深迷住，而且感到更多的是困惑。他也曾有过其他这样知道自己在做梦的梦境，但从未如此令人信服地详细和曲折。

几周后，托尼在一家二手书店闲逛时，拿起了一本名为《创造性做梦》的书。这本书由作家帕特里夏·加菲尔德（Patricia Garfield）于 1974 年写就。在阅读时，他发现他最近的经历——在梦中知道自己在做梦——有它的名字：清醒梦。在接下来的一年里，托尼花了很多时间来阅读与快速眼动睡眠和做梦有关的东西，经过反复思考，他做出了一个决定。他不打算追随他哥哥的脚步，像他原来计划的那样去读医学院。相反，他要成为一名梦的研究者；而且随着事情的发展，他也成为一个相当好的清醒梦者。

像他之前的许多人一样，托尼被清醒梦的经验和概念所吸引。从专门讨论这种独特的做梦形式的书籍、网站、在线论坛、应用程序和流行文章的数量来看，公众对这一主题的兴趣可能从未如此强烈。不幸的是，关于清醒梦的神话和误解依然存在，而声称可以让人们"控制自己的梦境"的产品也比比皆是，然而大多数都是几乎毫无根据的。在本章中，我们将对这种迷人的做梦方式进行一番清醒的审视。

清醒梦是什么——它不是什么

清醒梦的概念相对简单明了，但它经常被误解。例如，许多人认为清醒梦是一种全或无的现象，即要么你意识到你在做梦，要么你意识不到。在现实中，梦境的清醒度是一个连续体。

一个极端是"预清醒"的梦，在这种情况下，人们质疑其体验的合理性，甚至会问自己："我在做梦吗？"但错误地得出结论，他们不是。（啊呀，就差那么一点！）紧接其后，是一种短暂的、低水平的清醒，人们有时会在梦魇结束时体验到；他们突然意识到"哦！这是个梦！"然后迅速把自己弄醒。再往前走，人们会在梦中模糊地感觉到自己在做梦，或者只是开头部分清醒；他们或者在很长一段时间内忘记了自己是在做梦，或者因为这种意识而变得非常兴奋，从而醒来。在连续体的另一个极端是清醒的梦。在这种梦中，人们不仅知道自己在做梦，而且表现出关键的心智能力，就好像他们完全清醒一样。他们能够回忆起清醒时的事件，能够进行逻辑推理，记得他们在梦中想要尝试的事情，并且能够有意识地操纵他们在梦中的身体动作。做这种清醒梦的人可以记住一些细节，如今天是星期几，他们在哪里睡觉；他们可以有意地做出超自然的行动，如飞行或穿墙；他们可以改变梦的进程，例如，使物体出现或消失。所有这些经历，从最简单的获得"我在做梦"的提示，到有意识地控制梦的多方面内容，都算作清醒的梦。

许多人还将清醒梦与梦境控制的概念相混淆。它们并不是一回事。虽然这两种体验可以并且经常同时发生，但也可以是你意识到了你在做梦，但没有能力或不愿意改变梦的进程；相反，你也能够以清醒生活中不可能的方式来有意改变梦中的事情，但同时从未意识到你在做梦[1]。此外，梦境控制的概念带有误导性。清醒的梦者可以有意识地引导自己在梦中的行为，但大多数人最多只能影响梦的展开。例如，你也许能让某个人物在你的梦中凭空出现，但要想控制这个人在出现后的言行举止，就得靠运气。场景也是如此。你可以决定把自己送到巴黎一家漂亮的露天咖啡馆，但这个场景将包含无数你没有意识到的细节，比如天空是晴朗的还是阴阴的，交通情况如何，你周围的人在做什么，以及，为此，你穿什么衣服。

梦，包括清醒梦，总是细节满满，然而我们通常并未多加注意，更不用说有意创造或控制它们了。更重要的是，只有大约三分之一的清醒梦者表示能够持续地操纵他们的梦境，而且即使是熟练的清醒梦者也很难在梦中执行特定的任务。

不幸的是，由于我们对清醒梦的了解大多来自自我报告，有些人质疑清醒梦是否真的存在。除了详细描述这种经历的主观报告外，还有一类问题提出，有什么客观的、科学的证据表明这些梦真的会发生。这是一个合理的问题。对许多哲学家和科学家来说，仅仅是睡眠中拥有自我意识和推理这一观点似乎就已经自相矛盾。毕竟，睡眠的特点是对实际环境失去有意识的觉察。因此，包括睡眠和科学界人士在内的许多人对清醒梦持怀疑态度，甚至几乎不相信它，也就不足为奇了。但正如我们在讨论发作性睡病、睡眠瘫痪、梦游和快速眼动睡眠行为障碍等异态睡眠时看到的那样，通常只与睡眠或清醒相关的脑加工过程在很多奇妙的情况下并存，这已经得到了科学的研究。清醒梦只是这些情况中的又一种罢了。

左 – 右 – 左 – 右

在第 2 章中，我们描述了扫描假说。该假说提出，快速眼动睡眠期间的快速眼动与做梦时的注视方向有关。这一假说仍有争议，但很明显，快速眼动睡眠中记录的眼球运动可以对应人们随后报告的在梦中特定活动中的注视方向，如爬梯子（向上的眼球运动）或观看网球比赛（重复的侧向眼球运动）。

在 20 世纪 70 年代中后期，这些对应关系使英国赫尔大学和利物浦大学的基思·赫恩（Keith Hearne）[2]和斯坦福大学的斯蒂芬·拉伯格（Stephen LaBerge）[3]（当时都是研究生）独立提出了同样有趣的想法。也许清醒的梦者可以通过一系列约定好的眼球运动（如反复向左远眺，然后向右远眺）来标记他们在梦中变得清醒的确切时间，这在实验室的眼电图记录中会很突出。他们的预感得到了验证。艾伦·沃斯利（Alan Worsley）是一个熟练的清醒梦者，也是赫恩最初调查的被试，他被认为是第一个在梦中发出清醒信号的清醒梦者。记录他眼球信号的原始文件（显示了他的眼睛在 1975 年 4 月的清醒梦中先向左转，再向右转，再向左，再向右），以及同时记录的脑电图和肌电图（证明他确实在睡觉），都在伦敦的科学博物馆中永久展出。

从那时起，几十项实验室研究表明，清醒梦者在快速眼动睡眠期间可以通过使用预定的眼球运动信号与研究人员进行交流，与刚才描述的眼球随意左右运动相似。这种方法为清醒梦提供了无可争辩的证据，而且它还允许清醒梦者对他们在梦中开始和完成特定任务的确切时间进行"时间标记"。因此，一个清醒的做梦者可以在变得清醒时发出一个"左－右－左－右"信号，在开始一个预定的活动时发出第二个信号，在行动完成时发出第三个信号。通过这种方式，研究人员可以准确地知道睡眠中的参与者在梦中进行实验任务的时间（在我们的例子中，是在第二个和第三个信号之间），从而知道任务的实时时间。它也还能告诉研究人员在他们的心理生理记录中寻找心脏和呼吸、肌肉活动、脑电图和其他身体与脑功能的相应变化。以这种方式调查的清醒梦活动包括唱歌、计数、估计时间间隔、屏住呼吸、紧握双手、做腿部下蹲，甚至发生性活动[4]。

思考一下这个问题：有一名睡眠研究人员在监测一位正在睡觉的被试，一旦进入快速眼动睡眠期间，他就会想起他们是在实验室里睡觉，而且在梦中要进行一项实验。然后，被试使用预定的眼球运动信号在梦里与梦外的研究人员联系，告诉他们，自己现在是清醒的，即将开始预定的活动。这并非科幻小说或什么稀奇古怪的东西，这是科学。

这些研究让我们对做梦有了什么认识？从整体上看，这些实验表明，在清醒梦活动中发生的生理变化与在清醒状态下进行类似活动时观察到的生理变化是一样的。例如，当清醒梦者在梦中屏住呼吸时，他们的身体通常会出现中枢性呼吸暂停，即由脑指挥的暂时停止呼吸。当参与者在清醒梦境中开始运动时，他们的心率会上升。当一位女性清醒梦者在清醒梦中进行性活动时，研究人员观察到多项实验测量指标的相应变化，包括她的呼吸频率、皮肤传导和阴道肌电图。在一项使用功能性核磁共振成像的案例研究中，人们发现，在清醒的快速眼动睡眠梦境里和在清醒状态下紧握双手，激活了脑中相同的感觉运动皮层区域[5]。尽管这些发现大多是基于单一的案例研究或只有非常小的样本量，但它们仍然是非常有趣的。

在我们之前关于快速眼动睡眠行为障碍的讨论中，通常伴随着快速眼动睡眠的瘫痪现象会被打破的情况。我们看到，该障碍的患者经常会在身体上表现出他们的梦。对清醒梦的研究补充了这一方面的临床文献，表明就我们的脑而言，梦见做某事与清醒时实际做某事可能没有什么不同，即使外显的肌肉活动被阻止了。

但是，清醒梦是否有这么一个脑部特征，可以解释睡眠期间自我反思的产生？答案似乎是肯定的，但有一些重要的注意事项。

脑何时清醒地做梦

我们早就知道，大多数清醒梦发生在快速眼动睡眠期间，特别是在睡眠后期，此时睡眠的脑显示出更高的皮层激活水平。然而，除了这一发现之外，对清醒梦的脑电图研究得出的结果复杂，而且基本上不一致。但最近的脑成像研究向我们展示了一个稍微清楚的全貌。

通常，清醒状态下与自我反思（self-reflection）意识相关的额叶区域，在快速眼动睡眠期间是关闭的，但它们在脑做清醒梦时变得更加活跃。事实上，在做清醒梦时，这些额叶区域之间的交流增加到类似于清醒时的水平[6]。但是，变得清醒会导致这些脑活动的变化，还是反过来的情况？至少有一项研究表明，是脑活动的变化导致了清醒程度发生变化。由威斯康星大学麦迪逊分校朱利奥·托诺尼实验室的本杰明·贝尔德（Benjamin Baird）带领的这项研究发现，与配对的非清醒梦者对照组相比，那些报告每周至少做三四个清醒梦的人，即使在清醒时睁眼休息，额叶脑区的活动也会增加[7]。这些结果表明，在清醒梦者中，无论是醒着还是睡着，与清醒梦有关的额叶区域脑活动水平都会上升，而且这种增加的脑活动有助于在快速眼动睡眠中让他们变得清醒。

一些研究人员试图用贴在额头上方的电极直接刺激这些额叶脑区。这是一种相对较新的脑部刺激方法，被称为经颅电刺激（transcranial electrical stimulation）。但他们只获得了梦境内容向清醒状态转变的少量证据。在一项研究中[8]，研究人员设计了一个三点量表，0分意味着没有清醒的证据，1分反映了清醒的可能迹象，2分意味着清醒的明确证据。研究小组发现，脑刺激确实提高了分数，但幅度很小，甚至无法将平均分提高0.5分，而且这只对那些报告通常有清醒梦境的参与者有作用。

第二项研究的情况也没有好到哪里去，虽然许多网站和媒体报道说它非常成功[9]。那些标题宣称这些研究人员表明清醒梦可以通过特定频率的脑刺激来触发，但结果只是显示脑刺激稍微增加了被试自主报告的分离（如在梦中采用第三人称视角）和洞察（意识到自己在做梦）维度上的分数。而且甚至没有收集到经"左－右－左－右"信号验证的清醒梦。至于被提高的洞察力水平，它们仍然不到清醒梦者报告的实际清醒梦水平的五分之一。

另外，研究人员也试图通过其他途径来加强快速眼动睡眠，从而促进梦的清醒度。其中一项研究使用了药物加兰他敏（galantamine）来增加脑内乙酰胆碱水平。乙酰胆碱调节快速眼动睡眠，而加兰他敏不仅能增加快速眼动睡眠的总量，还能提高快速眼动期梦的回忆能力、生动性和复杂性。在这项研究中，121 名被试在睡了 4 个半小时后被唤醒，并被给予加兰他敏或安慰剂，花半小时练习一种有助于诱发清醒梦的心理技巧，然后继续睡觉。在使用了安慰剂的夜晚，14% 的参与者报告做了清醒梦；在使用了加兰他敏的夜晚，几乎有一半（42%）的人报告做了清醒梦 [10]。尽管结果是显著的，但也要考虑研究的这些细节。首先，被试都是积极性很高的成年人，他们参加了一个为期八天的清醒梦研讨会，研究在培训项目的第五天开始。其次，加兰他敏与至少 30 分钟的睡眠中断相结合，在此期间，被试在继续睡觉前练习诱导清醒梦境的技术。最后，加兰他敏会有副作用，包括失眠和胃肠道症状。因此，虽然在诱导清醒方面很成功，但这个方案似乎并不是很多人都想立即尝鲜的。

但研究人员正在进行的创造性研究还没有结束。肯·帕勒（Ken Paller）和他在美国西北大学的同事与一个国际研究小组合作，正在探索研究人员可以与在实验室里快速睡着的清醒梦者进行交流的方法。其中一种方法是，清醒梦者使用"左－右－左－右"信号表示他们在快速眼动期是清醒的，然后研究人员对着他们紧闭的眼睛开闪光。闪光模式就像摩斯密码那样，而正如我们在第2章中看到的，这类外部刺激可以被纳入正在进行的梦境叙述中。清醒的梦者可以识别这些信号和它们携带的编码信息，然后用预先建立的"左－右－左－右"眼球运动模式对它们做出反应，从而使研究人员和清醒的梦者之间能够进行双向交流。早期的结果看起来很有希望，这些开创性的方法所带来的可能性确实让人难以置信。

这波新的研究表明，科学家们对了解清醒梦的神经基础以及促进梦境发生的脑加工的兴趣越来越浓厚。但公众对这些发现的兴趣往往集中在如何帮助人们成为清醒的梦者，或者对于那些已经有清醒梦的人来说，如何提高清醒梦的频率。而现在已有许多声称可以帮助人们实现这一目标的方法和设备。

清醒梦的诱导

考虑到我们做梦的时间是那么长，而人们记得的梦是那么少，可以说做清醒梦是相当罕见的。仅有一半多一点的普通人报告自己曾经做过清醒梦，只有20%到25%的人报告每个月都做过一次清醒梦。高度熟练的清醒梦者，每周都会做几次这样的梦，并能在睡眠实验室中成功产生"左－右－左－右"信号，但他们所占的比例远远低于1%。

大多数经常做清醒梦的人报告说，从他们有记忆以来就做过这种梦，或者在相对年轻的时候就训练自己做清醒梦。无论哪种情况，几乎所有熟练的清醒梦者都有出色的回忆梦的能力。如果你想成为一个清醒的梦者，你必须培养良好的梦回忆能力。就像在第 11 章中关于诱发解决问题的梦境的说明那样，如果你想学习成为一个清醒的梦者，重要的是要学会在醒来时记住梦，用日记、录音机或软件来辅助。另一个重要因素是动机。像许多其他可学习的技能一样，成为清醒梦的好手需要时间。但某些技术可以使这项学习更容易，而且越来越多的可穿戴设备旨在缩短学习过程。

说公众对这些技术有相当大的兴趣毫不夸张。在过去的十年里，几家提出诱导清醒梦的设备的公司发起的众筹活动大获成功，往往在几周内将其筹款目标翻了一番或三番。

这些设备大多使用传感器来检测与快速眼动睡眠相关的脑电活动，当人睡着并且可能在做梦时，它们会提供刺激，如灯光、声音或振动触觉，以提醒睡眠者他们在做梦。其他设备，类似于前述的经颅电刺激研究，会提供电流。尽管这些设备中的大部分会让你花掉几千元，但要命的是，这些产品的功效几乎都没有公开的数据支撑 [11]。更重要的是，由于创造一个能够可靠地诱发清醒梦的设备涉及很多挑战，许多这些公司要么已经倒闭，要么在交付产品方面延误多年。

相比之下，大约有 30 多项关于诱发清醒梦的各种认知练习的功效的研究已经发表 [12]。对这些诱发清醒梦的技术感兴趣的读者会发现有几十本书籍和众多在线资源；这些方法包括从自动暗示和可视化到旨在保持入睡时自我意识的技术。对于有兴趣试一试的读者，这里有一个可以帮助你开始的程序。

成为一个清醒的梦者的步骤

1. 每天数次问自己："我在做梦吗？"不要自动回答。考虑一下。花点时间查看你的周围环境，想想你是如何到达那里的，在你问自己这个问题之前都发生了什么。培养这种态度会帮助你认识到梦中的不协调，并注意到梦中经常出现的各种记忆断层。

2. 养成这样的习惯：每当有令人惊讶或不可能的事情发生在你身上时，或者当你体验到强烈的情绪时，就问自己："我在做梦吗？"这些情况最有可能使你意识到你实际上是在做梦。

3. 每天进行现实检查，这些行动旨在确定你是醒着还是在做梦。这类行动有多种形式，包括尝试阅读，盯着镜子里的自己，在黑暗的房间里开灯，或尝试将手指穿过手掌。在大多数梦中，你会遇到阅读困难，镜子反射很快变得不稳定，灯的开关不能正常工作，你的手指可能穿过手掌或引起其他不寻常的感觉。在梦中，这些现实检查可以帮助你意识到你在做梦。

4. 如果你有一个重复出现的梦，或在梦中重复出现的主题和场景，那么就在想象自己意识到自己在做梦的同时排练这些主题和场景。

5. 利用自动暗示的力量，在睡觉前告诉自己今晚会做一个清醒的梦；重复几次。

6. 如果你在半夜或清晨醒来，打算继续睡觉（或在午睡前），花点时间告诉自己，你将做一个清醒的梦，或想象自己在梦中是清醒的；你可能在重新入睡后不久进入快速眼动睡眠，并能够直接进入清醒的梦境。

7. 请记住，如果你真的不确定自己是醒着还是在梦中，你几乎可以肯定是在做梦！

这些技巧可以帮助你成为一个清醒梦者或更频繁地做清醒梦（对有些人来说，仅仅阅读本章就足以触发清醒梦），但在梦中变得清醒还算容易，保持清醒才是最难的部分。保持梦中的清醒就像走钢丝，总是有可能掉进一个方向——回到不清醒的梦境，或者另一个方向——进入清醒状态。而学会利用梦的清醒度来影响梦中接下来发生的事情就更加棘手了。在下面的小节中，我们将对清醒梦的这些方面和其他更高层次的方面进行研究。

期待、旋转，也许梦还待续

我们已经讨论了梦境清醒的连续性。而更多的时候，一个人的清醒程度会在特定的梦中波动，甚至是消失后又重新出现。这并不难理解。在第 9 章中，我们详细介绍了梦境的情节，特别是那些从快速眼动睡眠中产生的情节，在整个梦中很少是连续的。

相反，正如NEXTUP所预料的那样，梦境中经常会出现地点、视角或动作的转变，而我们的梦的思维也同样会随着梦境的展开而转变和摇摆。当做梦的脑将一连串不断变化的记忆和网络探索拼接在一起时，学会保持精神上的专注（以避免重新陷入不清醒的梦境）和调节情绪（以避免醒来）是清醒梦者所面临的最大挑战之一。

在梦中清醒和在梦中清醒地思考是两回事。即使在梦中清醒的情况下，梦者的推理也往往有明显的缺陷。有时，尽管是清醒的，梦者却错误地记得他们上一次是在哪里睡觉的，会忘记他们在水下不需要浮出水面呼吸，或者得出离奇的结论，比如相信与他们交谈的聪明的蚱蜢真的是一个古老的神。

一旦人们意识到他们实际上在做梦，他们往往会想影响接下来发生的事情。一些清醒的梦者能够使物体、人物，甚至整个环境随心所欲地出现或消失，但大多数人发现，有意让事物存在对他们来说不行。能做的是期待事情的发生。

在第9章中，我们描述了人们对梦中各种情况的反应方式如何影响梦的展开，在第10章中，我们研究了人们在梦中的思维、感觉和行动如何将日常的梦变成坏梦或梦魇。同样的想法也适用于清醒的梦。下面我们来看如何才能做到。

假设你想让一座豪华的房子、美味的甜点或特定的人出现在你的清醒梦中。与其试图强迫它们在你眼前出现，不如花点时间想象所需的物体或场景。然后，在梦中慢慢地转过身来，同时期待着在身后看到你想要的那个物体或场景。很有可能那个（相当相似的）物体或场景就在那里。同样，如果你在梦中发现自己在一栋办公楼里，冷静地走向一个房间，同时告诉自己，你想看到的人将在里面等你，或者他们就站在拐角处。你也可以用这种"期待效应"使你想要的东西出现在你的梦中：只要告诉自己你会在桌子的抽屉里、一些家具后面，甚至在你的裤子口袋里找到这些东西。一些有经验的清醒梦者会在梦中打开门，同时设想他们想要的东西在另一边等待。自然，这种期望效应只有在你确信自己能做到的情况下才会起作用。如果你有任何怀疑，你做梦的脑很可能会追着你的不确定性，并将梦境带向意想不到的、可能是不想要的方向。

思考一下以下这个来自托尼的朋友的例子，我们叫她萨拉。当萨拉还是个小女孩的时候，她经常梦到一只庞大而凶猛的狼在森林里追赶她。当她把这个梦告诉父亲时，父亲告诉她，梦是不会伤害人的，下次她再做这个梦时，她应该面对狼并告诉它："住手！你不能伤害我。这是个梦！"几周后，萨拉又做了这个梦，但她想起了爸爸告诉她的话。她刚重复完父亲的话，那只狼就走近她，看着她的眼睛，咆哮道："是这样吗？"然后，它迅速地、凶狠地咬住她的胳膊，把她的胳膊扯了下来。萨拉尖叫着醒来，对父亲给她如此糟糕的建议感到不满。

然而，萨拉的梦境问题不一定是建议本身。事实上，许多人报告他们已经学会了清醒梦，作为征服童年梦魔的一种方式。这里的问题是，即使萨拉在梦中说了正确的话，她内心的一部分可能也在害怕那个生物会做什么。这种潜在的恐惧感很可能被萨拉做梦的脑记录下来，并促成了她梦中令人不安的结局。类似的动态可以在某些人身上看到：当他们在做一个愉快的飞行梦时，他们开始质疑自己为什么能飞起来，其后便迅速跌落到地面。

然而，正如消极的梦思维和感觉会把我们的梦境带向不愉快的方向一样，积极的梦思维和感觉可以帮助我们把梦境引向更愉快的境地。有经验的清醒梦者利用他们的意志和意图，以无数种创造性的方式来影响或探索他们的梦境世界。

有些人甚至学会了在感觉到他们的梦即将结束时延长这些体验——例如，当梦境的视觉方面，如颜色、清晰度和亮度开始迅速消退时。由于还不想醒来，清醒的梦者已经探索了许多方法来延长他们的清醒冒险。（是的，人们确实在研究和报告这种事情。）其中比较流行的延长清醒梦的方法是旋转梦境里自己的身体。你可以在梦中简单地伸出你的手臂，像陀螺或舞者一样旋转。如何旋转并不重要；重要的是感受旋转的感觉。另一个流行的技巧是在梦中搓手，许多清醒的梦者发现这个动作对稳定梦中的意象特别有效。

没有人确切知道为什么这些方法有效。一些研究人员认为，通过强迫做梦的脑在梦中的身体上创造生动的肉体幻想感觉，你能让脑无法追踪或切换到来自你真实身体的输入（例如你的手和四肢在床上的位置）。反过来，调试你的真实身体，有助于使你保持在梦中。但这些仅仅是推测性的想法。

你是谁，我最需要知道的是什么

在一般的梦境中，特别是在清醒梦中，更吸引人的是内心生成的梦境中遇到的人。有些人在我们的梦中就像单维的临时演员，但有些人有一种真实感，他们在我们身上引起了各种反应。通过他们的面部表情、语音语调、措辞择句、情绪姿态以及整体行为和举止，梦中的人物可以把我们拉进争论中，说服我们必须帮助他们完成一些奇怪的计划，让我们厌恶地离开房间，或者疯狂地爱上他们。他们可以让我们感到愤怒、恐惧、困惑或者深深地被激起。但梦中的人物也可以表现得好像他们经历了自己独特的思想和感受。他们也可以出现真正的快乐、恐惧或悲伤。有时，他们甚至似乎知道一些我们不知道的事情！

清醒梦者有种独特的能力，可以通过故意向梦中人物提出具体问题并仔细观察他们的反应，以此来探索做梦的脑如何将梦中人物实体化。在一项关于梦境人物表现出的心理能力的精彩研究中，已故的德国梦研究者和格式塔心理学家保罗·托利（Paul Tholey）让九个精通清醒梦的人要求他们梦境中的人物完成特定的任务，如写作，绘画，念出一段韵律诗或解数学题[13]。事实证明，梦境中的人物愿意尝试这些任务，而且有些人在这方面的表现令人惊讶。除了解数学题。

当被要求解决哪怕是基本的算术问题，比如 3 乘以 4 时，梦境中的人物通常会在寻找答案时挣扎，而做梦者则不会。第二项研究也发现，大约三分之二的梦境人物答错了[14]。然而，更有趣的是，清醒梦者注意到一些不寻常的答案和反应。当被要求解一道数学题时，一个梦境人物开始哭泣。另一个人物跑开了。在少数情况下，梦境中的人物表现出问题过于私人化，或者所涉及的答案过于主观或重要而无法分享的样子。

对一些人来说，这些明显不寻常的研究只不过是有趣的怪事。但这些结果确实突出了我们与梦境人物在夜间互动的一个显著的，但经常被忽视的方面。即使清醒梦者有意识地决定向梦境人物提出具体的问题，并且知道他们是在做梦，眼前的人物是他们想象的产物，他们仍然不知道梦境人物会对他们的问题做出什么反应。这种不可预测性的感觉在不清醒的梦中只是会被放大。事实上，我们在做梦时参与的几乎所有互动都是在不知道梦境人物接下来会说什么或做什么的情况下展开的。换句话说，即使在清醒梦者的预期下，梦境人物的行为也常常是出乎意料的，就像他们在遵循自己的想法和意图一样。由于梦境人物是由做梦的脑创造的，所以每次在梦中发生这样的事情时，从一个非常真实的意义上说，人们都会让自己感到惊讶。

一些清醒梦者，特别是新手，会告诉梦境人物他们不是真的，只是想看看他们的反应。大多数时候，梦境人物会忽略梦者的陈述，对这个说法嗤之以鼻，或者对梦者感到不满。对于许多有经验的清醒梦者来说，与中心梦境人物互动的一个更有趣的方法是向他们提出潜在的有洞察力的问题，如你是谁？我是谁？你能如何帮助我？我应该知道的最重要的事情是什么（比如关于你、我自己、在前面等着我们的事）？梦境人物回答这些问题时经常是在纯粹地胡言乱语，但往往他们看起来在很认真地对待这些问题，而他们的回答可能出人意料地幽默或有见地。

一旦你学会了在梦中变得清醒，你可以自己尝试一下，看看你的梦境人物为你准备了什么类型的反应。然而，请记住，即使在清醒的梦中，你也从来不是能把握住方向盘的司机；你做梦的脑才是。不过，通过与梦境人物进行新奇的、有时发人深省的互动，并注意到思维、情绪和行动如何影响梦境展开，你很可能可以了解到你在做梦的脑是如何构建你的内心梦境的——在这个过程中，你会发现一些关于自己的东西。

在结束本章时，我们将提最后一些观点。首先，清醒梦经常被描绘成几乎任何人都能轻易学会的东西。但大多数不熟悉这种经验的人只有在投入相当多的时间和精力后才能掌握这种技能。

其次，人们经常把清醒梦说成是弹指一挥间就能让任何事情发生的能力。然而，对于绝大多数清醒梦者来说，以持续或稳定的方式影响梦境要难得多：多达一半的清醒梦没有显示出任何形式的梦境控制的证据。更重要的是，即使是熟练的清醒梦者也常常喜欢"随波逐流"，在梦境自然展开时进行探索，而不是积极尝试改变梦境。

再次，尽管关于清醒梦的好处的说法比比皆是（从帮助你克服恐惧症，到促进身体康复，再到解决复杂的现实生活问题），但这些说法大多没有临床或科学证据的支持。我们并不是说这种效果是不可能的，而是说它们的真实性还没有被适当地研究或证明。我们确实知道清醒梦可以带来很多乐趣，它可以被用来治疗梦魇，促进创造力，甚至可能改善运动技能。这不是一个坏的开始，但离人们赋予清醒梦的诸多益处还很远。

最后，也许也是最重要的，那就是清醒梦并不适合所有人。做清醒梦或想学习如何做清醒梦通常没有什么坏处，但有些人——包括清醒梦者——可能会经历可怕的清醒梦，他们无法控制，并努力从梦中醒来[15]。除了强烈的恐惧和无助感，这些梦——也被称为清醒梦，通常包含针对梦者的暴力行为。在许多情况下，这些行为是由食尸鬼或恶魔生物实施的。关于这些独特的恐怖梦境的记载已经存在了几个世纪，甚至被荷兰精神病学家弗雷德里克·凡·伊登（Frederik van Eeden）详细描述过，他在1913年创造了清醒梦这个术语。即便如此，我们对哪些人有可能做清醒梦以及为什么有人能做清醒梦仍然知之甚少。此外，经常伴随着清醒梦的虚假觉醒的经历，对一些人来说是非常令人不安的，虽然这类案例不会那么令人忧虑。

尽管有这些缺点，清醒梦在很大程度上是相当刺激的，令人兴奋的，而且往往是大开眼界的经历。它们已经产生了一系列令人着迷的实验室结果，而且越来越多的研究人员正在使用一系列创新工具对它们进行研究。在理解和测试清醒梦的潜在临床和日常应用方面也正在取得进展，尽管进展较慢。最终，清醒梦为自我探索提供了一个独特的窗口，而它通常是通过与其他梦境人物的互动来进行的。但不要指望清醒梦对你的数学作业有什么帮助。

第 15 章　心灵感应与预知梦

或为什么你可能已经梦到了这一章

读心术的梦。梦见远处展开的事件。预示未来的梦。似乎每个人都做过这样的梦，或者认识这样的人。除了自古以来就备受关注并在我们的文化精神中根深蒂固之外，心灵感应（telepathy）和预知梦（precognitive dreams）是引起最多问题和激烈争论的两种体验，涉及梦境中奇怪且似乎无法解释的部分。

这可能解释了为什么我们收到的大量对做梦有疑问的人的电子邮件都涉及超自然的梦现象。人们特别喜欢详述他们的梦是如何预测未来事件的，从飞机失事到爆炸再到自然灾害。这些人中有许多人不遗余力地说明他们做这些梦的频率，以及他们如何知道这些梦会成真，然后他们提供了他们梦到的后来发生的事情的例子。而且，他们经常会在邮件的结尾说："你怎么解释呢？"

正如你在本章中所看到的，科学地解释这类梦境有许多困难，尽管许多超自然的梦境可以被解释，但其他的梦境根本无法解释。如果你曾经做过这种预知（看到未来）的梦，或者涉及心灵感应（与某人直接进行心灵交流）或"千里眼"（观察到实际上无法感知的事件）的梦，你就知道要摆脱这种感觉是多么困难，因为有一些特别神秘的、超出了科学范围的东西已经发生了。而且你并不孤单。

早在19世纪80年代，英国"心灵研究协会"（该组织至今仍存在）的调查员就在研究各种超自然的经历。其中，弗雷德里克·迈尔斯（Frederic W. H. Myers）在1882年创造了"心灵感应"这一术语。1886年，包括迈尔斯在内的该协会的三位创始人出版了《生前幻影》（*Phantasms of the Living*）[1]，这是一本开创性的作品，详细介绍了作者对数百个心灵感应和幽灵案例的重要调查。该书包括了149例自发梦境心灵感应的案例，其中绝大多数是发生在亲戚或朋友之间的。这些报告中有一半以上涉及死亡的主题，而关于某人处于危险或困境中的心灵感应梦是第二大类。在研究了报告的准确性、确凿的证据、涉及偶然性的解释、"潜意识"记忆、欺骗等因素后，作者论证了心灵感应的真正证据的存在，无论是在梦中还是在清醒的生活中。

当时的一些主要科学家，如美国心理学家威廉·詹姆斯（William James），赞扬了这本书及其作者；其他人则对其理论和科学结论提出批评。正如我们将讨论的那样，那些认为超自然现象值得调查的人和那些认为这种说法是垃圾的人之间的鸿沟可能比以往任何时候都大。

阿尔弗雷德·阿德勒是继弗洛伊德和荣格之后的精神分析运动第三位奠基人，也是一位认为超自然体验是无稽之谈的人。相比之下，弗洛伊德和荣格都涉足这些神秘的现象，并写了相当多的文章。弗洛伊德在他 1922 年的论文《梦与心灵感应》（"Dreams and Telepathy"）[2] 中阐述了他对心灵感应的态度，既矛盾又娇俏。在美丽但矛盾的细节中，该文以这样的陈述开始。

> 毫无疑问，以"梦与心灵感应"这个题目发表的论文会引起人们的期待。因此，我要赶紧解释，千万别带着这样的期望。你不会从这篇论文中了解到任何关于心灵感应这一谜题的信息；事实上，你甚至不会知道我是否相信心灵感应的存在[3]。

相比之下，荣格完全没有表现出矛盾，他在 1933 年的一封信中宣称："心灵感应在时间和空间上的存在仍然只被积极的无知者所否认。"[4] 他明确认为梦的内容的一个决定因素是心灵感应。

> 这种现象的真实性在今天已经没有争议了。当然，不检查证据就否认它的存在是非常简单的，但这是一种不科学的程序，不值得注意。
> 我根据经验发现，心灵感应事实上确实影响了梦境，这一点自古以来就被断言过。某些人在这方面特别敏感，经常有被心灵感应影响的梦[5]。

到 1944 年，弗洛伊德已经更倾向于接受心灵感应（但不是预知）梦是真实的。此时距那封荣格的书信已有10年，距他本人发表《梦与心灵感应》已有20年。在一篇题为《梦的神秘意义》[6]的论文中，他得出结论说，根据现有的信息，"人们得出了一个临时意见，即心灵感应很可能真的存在"。[7]最后，他指出："在我私人圈子里的实验过程中，我经常有这样的印象：带有强烈情绪色彩的回忆可以成功且轻松地［靠心灵感应］转移，［而且］不能排除它们在睡眠中联络某人并在梦中被他接收的可能性。"[8]然而，这些关于心灵感应现象的描述，尽管得到了弗洛伊德和荣格等人的认可，不过是没有实际科学证据支持的逸事而已。然而……

1962年，蒙塔古·乌尔曼——我们在第12章中讨论过他的团体梦境工作方法——在纽约市建立了第一批睡眠实验室的其中一所。更重要的是，迈蒙尼德精神健康中心（Maimonides Mental Health Center）的梦境实验室，正如它最初被称为的那样，是第一个也是唯一一个致力于梦心灵感应实验研究的睡眠实验室。1964年，乌尔曼与威斯康星州人斯坦利·克里普纳（Stanley Krippner）加入，后者成为更名后的梦境实验室的主任。这些研究人员一起花了十年时间研究梦的心灵感应。克里普纳是心理学研究领域公认的领导者，是美国心理学会人本主义心理学会的前任主席。在十年的时间里，乌尔曼和克里普纳发表了一系列的论文，声称要证明梦中心灵感应的存在。

在他们首次发表的研究中[9]，乌尔曼和克里普纳指定一名参与者为"发送者"，让他专注于一张图片，而另一名参与者（"接收者"）则在隔壁房间睡觉。然后，发送者试图将图片在脑海中的图像发送给接收者。在他们的第一个实验中，图片是简单的线条画，如发送者在接收者入睡后画的圆圈或弓箭，或杂志上的图片。然后，发送者会在接收者处于快速眼动睡眠时将其唤醒，并要求其提供梦境报告，提出进一步的问题来获得细节。在 22 次实验中有14 次，乌尔曼和克里普纳发现他们认为发送者一直专注于的图片和接收者的梦境报告之间有明显的相似之处。在这些结果的鼓舞下，随着迈蒙尼德大学睡梦实验室的建立，这两位科学家开始进行更严格的实验。

在他们的第二个实验中，乌尔曼和克里普纳用经典绘画代替了线条画和杂志图片，例如萨尔瓦多·达利的《最后晚餐的圣礼》（*The Sacrament of the Last Supper*）。同样，发送者将注意力集中在随机选择的十几幅画中的一幅上，接收者将尝试梦到它。

随后，一名或多名评委将阅读梦境报告，查看整组图片，然后挑选他们认为与梦境报告内容最匹配的图片。如果这张"最匹配"的图片确实是发送者一直在关注的图片，这将表明发送者的想法已经以某种方式传递给隔壁房间的接收者，并被纳入他们的梦中。当然，这种匹配可能完全是偶然的，但根据这种重合的发生率，乌尔曼和克里普纳得出结论，这些重合的结果很可能不仅仅是偶然的。相反，这两位研究人员认为，他们实际上是在观察梦中的心灵感应。你可以想象，当他们发表其结果时，会面对反对和否定的风暴，一些人认为做梦的人可能以某种方式看到了发送者选择的图片，另一些人则认为所使用的统计方法是不恰当的。

对超自然梦的实验调查在概念和方法上都存在困难。有一个实验显示了这一研究领域固有的问题，该实验由卡莱尔·史密斯于 2013 年进行。他是一位备受尊敬的科学家，在研究睡眠依赖型记忆加工方面发挥了重要作用 [10]。

在这项研究中，史密斯邀请他的特伦特大学（Trent University）梦心理学课的 65 名学生——作为课程的一部分，他们都已经记录并提交了两份梦境报告——参与一项"针对"他们不认识的人的不明疾病的实验。那些选择参与实验的人看到了一张女人的照片，并被告知要"孵化一个关于她病情的梦"（梦境孵化的概念在第 11章有详细介绍）。史密斯和学生们都不知道这位中年妇女，也不了解她的疾病，直到实验结束后才知道她的乳腺癌已经转移到了一条腿上。

最后，只有十几个学生认为他们可能梦到了这个女人，并将这些梦提交给他们进行内容分析。只有在那时，史密斯和学生们才被告知她所患何疾。但在阅读任何梦报告之前，他们设计了一个方案，对报告中提到的相关主题进行客观评分，即任何提到躯干、四肢、乳房、癌症或临床环境的内容。正如史密斯所预测的那样，在学生们看到这位女士并被要求梦到她的疾病后收集的梦报告，比之前收集的梦报告更多地与她的癌症有关，而且出现这一结果的偶然概率只有 3% 或 4%。

但是这个设计有一个问题。你看见了吗？如果我们简单地让你猜测中年妇女最害怕的疾病是什么，你会怎么猜？很可能你会猜到乳腺癌。因此，这些学生在看到这个女人的照片并得知她患病后，比在知道实验真实目的之前做了更多与目标主题有关的梦，这一发现并不令人惊讶：我们不知道这种相关梦比例的增加是否与"千里眼"有任何关系，或者只是在得知这个患病女人后有意识或无意识地想到了乳腺癌。

为了回应这种批评，史密斯设计了第二个更好的实验。这一次，他增加了一个对照组，让他们看一个计算机生成的，但令人相信的、不存在的女性的合成图像。同样，实验组被展示了一张有多种生活问题的真实女性的照片，他们在看到照片后比之前有更多与她的问题有关的梦。然而，被展示了一个不存在的女人的图像的对照组，在看到假脸之后，没有产生比之前更多的关于生活问题的梦。对于实验组来说，新的实验与第一个实验有同样的问题——猜测这个女人试图应对什么生活问题。

但对于新实验的对照组来说，研究的局限性更微妙。不幸的是，这个小组的实验是在实验组一年后进行的。因此，对照组的被试有可能从去年的学生那里听说了这项研究，所以在看到仿真女性并正式听到实验描述之前和之后，都会被期望梦到女人的生活问题。如果两组学生同时参与实验，然后随机展示真实女性或合成女性，情况会好得多。这将消除我们对实验设计的反对意见，尽管我们可能会提出其他反对意见。

我们该如何看待这一切呢？在这一章的开头，我们提到我们经常收到详述各种超自然梦经历的电子邮件。多年来，托尼要求十几个坚持认为自己经常做预知梦的人在这些梦发生后立即给他发电子邮件报告（从而确定一个日期），然后让他知道预言的事件何时真正发生。大多数人都没有给他发过任何梦报告，而少数发过梦报告的人没有跟进，只发了一封确认预言成真的电子邮件。我们还提到，在描述了他们的超自然梦后，人们似乎经常想让我们去测试，问："你怎么解释这个？"因此，这里给出几种对这类梦的解释。

对"睡梦成真"的第一种解释，也可能是最常见的解释，与概率和记忆偏差有关。我们每晚都会经历几个梦，数十亿人每晚都在做梦，所以很可能在任何一个晚上，都有数百人在梦见飞机坠毁、火山爆发或海啸，或名人死亡。但没有人写信给朋友或研究人员说："我两个月前梦见了一次巨大的工业爆炸，你猜怎么着？我还在等着它发生！"我们只记得并谈论那些似乎已经实现的梦。我们大多数人都会忘记那些没有实现的梦。

尽管如此，任何一个预知梦都可能只是一个巧合，但通常看来，这种巧合显然是不可能的，以至于超感知觉才是更可能的解释。当我们坐在一个由20到25人组成的团体中，发现我们中的两个人有相同的生日时，我们也有同样的想法。这有多大可能呢？好吧，如果有23个人，这个概率比五五开要大。如果你计算一下，实际上小组中两个人的生日相同比没有两个人的生日相同更有可能发生。关键是，直觉上不可能的事情往往不是这样的，这可能解释了许多（如果不是大多数）关于梦境超感知觉的例子。

在现实中，我们所做的梦和随后发生的清醒生活事件之间的对应关系的可能性，可能比人们想象的还要大。其中一个原因是我们不记得那些梦了。我们知道，脑储存了许多梦记忆，但我们在早上没有回忆起来。你醒来时没有梦记忆，进入淋浴间，打开水，突然想起你梦到了在淋浴间里。或者在当天晚些时候，你看到一只猫从一辆汽车前面跑出来，然后说："哦！我昨晚梦到了一只猫。"整个梦境又出现在了你的眼前。（不管是不是巧合，这两个例子都发生在托尼和鲍勃身上）。最有可能的是，根据我们自发回忆的梦的比例，我们还有更多的梦储存在我们的记忆中；但我们不会回忆起被储存起来的梦，除非有什么事件提醒了我们。而且我们不知道这些梦记忆保持了多长时间，能够在发生一些类似的事件，如自然灾害或父母的死亡时被唤起。因此，能够偶然显示出这种相似性的梦的数量也可能比我们意识到的要多得多。

还有一种可能性是，我们对梦的回忆往往是模糊的（"有关于猫的东西……"），再加上梦的超联想性质，可能导致我们在回想时认为某个梦是关于某个主题的，比如父母的死亡，而实际上它和这个主题根本没有什么共同之处（"我记得我当时感到非常悲伤，好像我失去了什么……"）。当鲍勃提交他关于俄罗斯方块研究的论文时（在第7章中描述过），一位审稿人提出了这个问题。他指出，人们可能在梦中看到了几何形状——这在催眠梦的报告中经常被描述，当他们醒来时，认为这些形状一定是俄罗斯方块的图像。这个结论被证明是不可能的；当鲍勃看了没有玩过俄罗斯方块的被试的催眠梦报告，报告里没有几何形状。意料之中的是，你会发现自己有时会巧妙地、不知不觉地改变对梦境的回忆，以配合第二天发生的事情。只要这种改变确实发生了，它就会再次增加梦与未来事件有意义的可能性，而实际上它只是一个巧合。

然而，也许对超自然梦最有趣的解释是类似于弗洛伊德的提议，即"做梦的人在无意识中进行估计和猜测"。从这个角度来看，你真的是在读懂别人的思维或看到未来，但不是通过任何一种超感知觉。

当托尼还是个研究生的时候，他的一个邻居告诉他，那天早些时候，她在二楼公寓外的楼梯上行走时，其中一个台阶在她的重压下被折断了，差点导致她严重摔伤。但她真正想与这位年轻的梦研究者分享的是，就在几天前的晚上，她做了一个梦，在梦中她从那个相同的楼梯上摔了下来。当托尼去看那个断裂的台阶时，他注意到一些木制台阶的外缘附近有腐烂的迹象，特别是在连接台阶和扶手的金属铆钉周围。邻居坚持说她从未注意到腐烂，否则她就会把楼梯修好，而不会冒着严重受伤的危险。但她的脑很可能确实注意到了腐烂的木头。从这里不难看出，她做梦的脑最终是如何探索与这段"无意识"记忆有关的可能性的。

然而，这种无意识的估计和猜测的过程，可能要微妙得多。思考一下下面的例子。一位刚退休的叔叔告诉他的侄女（我们称她为苏珊），他和朋友们很好地打了一轮高尔夫球，但这次锻炼使他的肩膀有些疼痛——这是衰老的一个标志。当天晚上，苏珊梦见她的叔叔意外地死于心脏病，第二天早上，当她得知他确实在晚上遭受了致命的心脏病发作时，她感到非常震惊。苏珊刚刚体验了一个"千里眼"之梦。

也可能不是。肩膀上的疼痛是心绞痛的典型标志，当你的心脏没有得到足够的氧气时，你会感到疼痛。苏珊可能在某个时候了解到了这一点，尽管她可能多年来都没有想到这一点，所以当她叔叔提到他打高尔夫球时，甚至当她得知他的心脏病发作时，她都没有想到。但这些信息仍然储存在她脑内的某个地方，而且根据 NEXTUP 模型，她的脑做了它应该做的事。它探索了联想网络，以了解各种可能性，并发现了这段相当令人不安的关于肩部疼痛的记忆，将其制作成了她的梦。她做梦的脑确实预测了未来，但它是通过脑机制来告诉我们下一步会发生什么的。而且，几乎如同所有其他的梦，她的脑并没有告诉她如何或为什么构建这个梦。

即使苏珊的叔叔在这个梦的三天后就去世了，苏珊可能仍然会把她的梦解释为神奇地预言了她叔叔的死亡。这可能会使她的信念更加坚定，因为现在她的梦似乎能看到未来，而不仅仅是看到近期。事实上，她可能已经梦到了她父亲的死亡，并且仍然觉得那是来自未来的关于她叔叔即将发生的心脏病的"信息"，只是被扰乱了一些。回想一下我们在第 8 章所说的关于梦的"感受意义"，以及我们如何在神经化学上被驱使去相信梦是有意义的。因为她叔叔的死显然证实了这个梦的重要性，所以苏珊很容易跃跃欲试地做出预知的解释。

但有时这些都不像是充分的解释。我们以前曾谈论过鲍勃的狗实验室梦。提醒你一下，这是早在 1980 年，鲍勃做了这个梦。

> 我又在狗实验室里，我们刚刚切开了狗的胸部。当我往下看时，我突然意识到那不是一只狗；那是他（五岁的女儿）杰西。我目瞪口呆地站在那里，不明白我们怎么会犯这样的错误。然后，在我的注视下，切口的边缘重新合拢并愈合，我注意到甚至没有一丝的疤痕。

　　30 年后，鲍勃的第二个儿子亚当出生了。亚当出生时患有法洛四联症（tetralogy of Fallot），这是一种先天性的心脏缺陷，是导致"蓝婴"的原因。为了纠正这个致命的心脏缺陷，亚当在四个月大的时候就接受了矫正手术。外科医生切开了他的胸部，进行了开放式心脏手术。幸运的是，手术完全成功，现在 16 岁的亚当从此过上了正常的生活。他身上几乎没有留下任何疤痕。

　　当鲍勃将亚当的手术与他很久以前的狗实验室梦联系起来时，已经是亚当手术后一年多了。真怪异！巧合的是，他做了一个如此令人难忘的梦，而这个梦又如此完美地预示了 30 年后亚当的手术，这有多大可能？鉴于这种先天性心脏缺陷的罕见性，可能性不大。尽管有这种可能性，鲍勃觉得有信心说这只是一个巧合。但这是因为他不能接受另一种说法，即某种神奇的预知能力。（而托尼也同意他的观点。）

　　最后，真正的问题是，如果梦心灵感应或类似的东西真的存在，它是罕见的，象征性多于具体细节，而且不可靠。目前还没有发现有谁能在多年内持续做到这一点；它在有像彩票号码这样的目标的研究中不起作用；也没有万无一失的实验设计可以反复显示出超出偶然预期的明显实验效果。

　　但可以说，一个更大的问题是绝大多数科学界人士对这个概念的全盘否定。即使在睡眠研究者中，也很少有人读过任何已发表的关于梦心灵感应的研究，而那些读过的人往往会耸耸肩说："实验一定有问题。"或者"我还是不相信。"

　　这种反应并不限于睡眠界。2018 年夏天，《美国心理学家》（*American Psychologist*）——美国心理学会的旗舰同行评审期刊——发表了一篇回顾超心理学现象（parapsychological phenomena，也被称为 psi 现象）数据的论文。其作者得出结论："证据为超心理学现象的真实性提供了累积性支持，不能轻易用研究质量、欺骗、选择性报告、实验或分析无能或其他经常性的批评来解释。"[11] 后来同一杂志上发表了对该评论文章的反驳。在那篇文章中，作者直截了当地表示，他们并没有费心去检查超心理学现象的数据。给出的理由是"这些数据没有存在的价值"[12]；它们是不相关的。整个反驳可以总结为：超心理学现象是不可能的，所以这些说法都不可能是真的。此案就此了结。

我们提到这个例子是为了说明科学家们有时对梦心灵感应等话题所采取的态度和信念。尽管少数研究人员愿意运用科学方法来研究异常现象，但其他研究人员则从旁表现出带有怀疑的兴趣，还有一些人——正如我们刚刚看到的——拒绝考虑这种现象存在的可能性，即使经验证据可能表明并非如此。

有些人认为，鉴于正在调查的主题，对超自然现象的研究应该采用不同的科学标准。这种立场不是没有道理的。天文学家卡尔·萨根（Carl Sagan）有句名言："超凡的主张需要超凡的证据。"法国数学家皮埃尔–西蒙·拉普拉斯（Pierre-Simon Laplace）和英国哲学家大卫·休谟（David Hume）在 18 和 19 世纪也曾提出过这种观点。

但什么才算是非同寻常或不可能的主张，这部分取决于你的知识和信念。历史上充满了曾经被认为是非同寻常的想法和主张的例子，但它们最终被证明是真实的，或者至少是被科学界广泛接受的：如行星运动、孟德尔遗传学、电和量子力学的想法，以及梦在记忆加工中发挥作用的观念。此外，许多熟悉的概念——包括意识本身——仍然无法得到科学的解释，而且可能让许多人感到惊讶的是，没有人真正知道什么是重力[13]。如果科学的历史可以告诉我们什么的话，那就是，教条式的确信——关于我们知道什么或我们认为我们知道什么——并不总是有道理的。

在结束本章时，我们要强调我们之前说过的话。当我们的脑在做梦时，它有时可以预测未来，或显示当时在遥远的地方正在发生什么。有时它之所以这样做，是因为在有意识或无意识的情况下，我们有信息可以让脑计算并从字面上设想出这些事件的可能性。在其他时候，它的发生纯粹是巧合。这种可能性由于梦的模糊性和脑在梦中寻找意义的偏向而增加。这些因素加在一起，使我们更有可能发现梦和后知的事件之间的联系——尽管事实上脑在构建梦时并没有使用这些联系。不幸的是，我们不能自信地说，就像它经常让我们感觉到的那样，是通过心灵感应或预知来发生的。

最后，你应该知道，我们之所以把这一章聚焦在超自然梦里，并不是因为我们自己做过这些梦（尽管有鲍勃的狗实验室梦），也不是因为我们相信它们的真实性。我们这样做是因为研究人员正在积极尝试通过实验来研究这些现象，而他们的发现仍然是有争议的。为了记录在案，鲍勃对此事的看法与阿德勒的相似（很可能是痴人说梦），而托尼的看法则更接近弗洛伊德的（不太可能，但也许呢！）。而这对我们两个人来说都可以。

后记

我们知道的，我们不知道的

我们可能永远不会知道的，以及为什么这一切都很重要

最后，让我们回顾一下前几章的一些要点，并提出一些最后的问题。首先，我们将思考与梦有关的观点和科学发现的快速增长，并研究它们如何融入更广泛的时间视角，而其中许多观点和发现在本书中已提及。然后我们将回顾 NEXTUP 模型的一些核心特征，这是我们在写作本书时产生的关于梦功能的新理论。最后，我们将讨论一些没有被解决的问题，一些只回答了一半的问题，以及一些摆在面前的挑战和令人激动的事情。

梦研究的高峰和低谷

当弗洛伊德在 1899 年写下《梦的解析》时，他在开篇就对 20 世纪前关于梦科学的文献进行了广泛回顾。换句话说，他把一百年来的梦研究纳入了一个章节。今天，即使是对当代一小部分梦研究进行同样彻底的回顾，也可以写满一整本书。关于梦的内容、梦的神经生物学、梦的回忆以及与梦有关的疾病，已经有了数百篇文章。如果我们把梦作为一个整体来考虑，这个数字将上千。

弗洛伊德的工作和随后的众多研究之间的对比，揭示了新的梦的研究的爆炸性增长。但这些研究成果和发现的洪流是一波接一波的[1]。其中第一波主要是临床性的；在弗洛伊德出版《梦的解析》后约十年开始，一直持续到 20 世纪 30 年代末。第二波浪潮，可以说是名副其实的海啸，产生于 1953 年快速眼动睡眠的发现。阿瑟林斯基和克莱特曼在著名的《科学》杂志上发表了具有里程碑意义的论文，详细介绍了这个不寻常的睡眠阶段及其与做梦的密切联系。作者提出了诱人的问题，为梦的研究的新方法打开了大门。由于快速眼动睡眠的发现，许多科学家开始将他们的注意力转向对梦的实验室研究。

但事实证明，"快速眼动睡眠 = 做梦"这一充满希望的等式过于简单化。尽管研究获得了关于快速眼动睡眠梦的心理生理学的有趣见解，但这项工作基本上没有达到预期。此外，人们原本希望对快速眼动睡眠和快速眼动睡眠梦怪异性的实验室研究将帮助科学家了解精神疾病，如精神分裂症和精神病，然而令人失望的结果粉碎了这个希望。在许多方面，在发现快速眼动睡眠之后的 20 年里，科学家们并没有比 19 世纪的睡眠研究先驱们更接近于回答关于梦的本质和功能的基本问题（在第 2 章中讨论过）。

在沮丧中，一些梦研究者放弃了这个领域。结果，很多用于实验室梦研究的资金都枯竭了，特别是在美国。霍布森和麦卡利在 1977 年发表的激活 - 合成假说于 20 世纪 80 年代产生了一种流行的观点（在一般的科学界也很普遍），即梦很可能是睡眠中脑准随机活动的无意义的反映。这些发展使得对梦的科学研究变得更加没有说服力。当我们两个人把与梦有关的问题作为自己研究工作的重点时，梦科学正面临着一场艰难的战斗。

但是，进展一直在发生。做梦的认知和现象学方面的新兴趣，支撑起了梦研究的一次复兴。对意识本质感兴趣的科学家数量急剧上升，同时有越来越多的证据表明睡眠——也许是做梦本身——在学习和记忆中发挥着关键作用。对梦的临床和日常使用的新方法的发展，公众对与 PTSD 梦魇相关的痛苦的认识提高，以及对清醒梦境的兴趣激增，都有助于振兴这一领域。

到 21 世纪初，所有这些因素的协同作用引起了对梦的新一轮兴趣和兴奋。今天我们可以很高兴地报告，梦和做梦被广泛接受为科学研究的合理对象。更重要的是，研究做梦方式和原因的临床医生、哲学家、实验心理学家和神经科学家的数量前所未有地高。和其他梦研究者一样，我们不胜荣幸。

在这本书中，我们汇编了大量关于睡眠脑和梦本质的最新见解和发现，并将大量文献中的观点和发现编织在一起。我们的目标是向你展示为什么人脑需要做梦，而在这个过程中对我们最初的四个问题都提供了新的答案：梦为何物，从何而来，有何深意，有何作用。我们希望我们的努力能让你相信做梦的脑是多么了不起，并解释为什么研究它在夜间的创作能有如此多的收获。

关于 NEXTUP 模型和做梦功能的进一步思考

当你的脑构建一个梦时，它在你的脑中创造了一个惊人的全面的虚拟世界。它产生了虚幻的感觉体验，这些体验往往与你清醒时的感觉器官所产生的体验没有区别。但正如托尼向他的侄子指出的，当你的脑在做梦时，你不用眼睛就能看到东西，不用耳朵就能听到东西。你的脑也会产生虚幻的运动，而你的肌肉实际上没有收缩，你的身体也没有移动[2]。它甚至可以让四肢瘫痪的人身上产生虚幻的性高潮，而这些人在清醒时是与这种感觉隔绝的[3]。

你的脑会产生虚幻的情绪。你感觉到的情绪并没有在身体中表达出来；你体验到肌肉紧绷，手臂上的汗毛竖起，皮肤出汗，胃绞痛，你感到恐惧，尽管这些恐惧并没有物理性地实际发生。这个虚幻世界的存在提出了一个深刻的问题。如果梦境缺乏来自外部世界的“真实”感知输入，如果梦境中的体验在很大程度上与许多哲学家、心理学家和认知神经科学家认为的意识所必需的身体过程脱节，那么脑是如何产生我们在梦境中体验到的那些非常真实的感觉的呢？

正如 NEXTUP 模型所解释的那样，我们知道，当你的脑在做梦时，它不仅仅是创造了“在睡眠中出现的一系列思维、图像和情绪”，而且还完成了一些更为复杂和非凡的事情。当你做梦的脑激活作为你的自我意识和对世界的理解的基础的神经地图时，你会体验到一个丰富的、沉浸的和多方面的感官梦境，并不断与之互动，因为它随着时间的推移而展开，而且你是以非常个人的、第一人称的视角这样做的。因为你的脑通常用人、生物、宠物和其他你可以互动的物体来填充这个梦境世界，你也会体验到更多社会导向的感觉，如羡慕、同情、友爱、羞耻、傲慢和自豪。不仅如此，当你的脑在做梦时，它还会欺骗你，让你相信居住在你梦中的其他人也在体验这种感觉。因此，你会梦见配偶因嫉妒而发怒，老板对你的工作不满，一群因久别重逢而欣喜若狂的朋友，或者是来刺杀你的入侵者的邪恶行为。

现在暂停一下，想一想这个现象。我们都习惯于做梦，感觉非常熟悉，以至于我们忘了脑在我们的意识中构建这些奇妙的梦境是多么不寻常。我们每个人都有自己特定的想法、感受、认知和行动，每天晚上都可以参与到这个具有无限可能性的世界中。

通过创造你和你的虚幻环境，你的脑不仅观察着你的思维对梦中描述的情况的反应，而且还会描绘你的反应如何影响你梦中的人和事。梦中的自己和梦中世界的其他部分之间这种不断变化的、动态的相互作用为脑提供了一个完美的环境，使你能够探索你在清醒时通常不会考虑的关联。正是在这个神奇的梦境中，NEXTUP 模型教你了解你自己和你所居住的世界，利用这个梦境来探索你的过去，并为你不确定的未来做好准备。

所有这些睡眠中的脑活动都指向 NEXTUP 模型的主要优势之一。除了结合神经生物学、睡眠、学习和记忆领域的最新发现，NEXTUP 模型还考虑到并试图解释做梦体验的关键方面。正如第 8 章到第 10 章所详述的那样，从 NEXTUP 模型中得出的几个预测与当代对梦的形式属性及其具体内容的描述完全一致。NEXTUP

模型还提出了一种概念化的方法，即当前的关注点如何以及为什么会体现在梦中，做梦的脑如何去探索与这些关注点相关的弱关联和可能性。此外，正如我们在本书后面的章节中所看到的那样，NEXTUP 模型可以帮助我们理解不同种类的梦的关键特征，从预知梦到梦魇和清醒梦。该模型还有助于解释梦是如何促进创造力的，以及为什么梦可以成为个人洞察力的来源。NEXTUP 模型也是第一个提出做梦在不同睡眠阶段具有不同——尽管是相互关联的——功能的模型。最后，通过其神经认知和神经生物学基础，NEXTUP 模型可以扩展到任何其他可能经历某种形式的做梦的哺乳动物。我们已经在本书的附录中总结了 NEXTUP 模型的主要特点。

下一步是什么

当鲍勃的女儿杰西（她的鸭子木偶梦是本书的开始）开始考虑上大学时，她告诉父亲她想成为一名工程师。"为什么不是科学家？"他问。"因为，"她带着讽刺的微笑回答说，"在一天的工作结束后，我希望未解答的问题变少了，而不是变得更多了！"

作为科学家，我们已经习惯了这种窘境。我们从来没有真正地、令人满意地回答过任何问题。每当我们似乎回答了一个问题，我们就会发现，这个回答只是提出了更多的问题。NEXTUP 模型就是一个完美的例子。阐述这个模型使我们能够解决关于梦的本质和功能的几个问题。但是，我们又不得不增加多个段落，这些段落来自我们对 NEXTUP 模型所提出的新问题的探索。所有这些都是理所当然的，而对我们来说，这也是科学之所以令人兴奋的一个重要部分。

有什么关键挑战摆在我们的面前？尽管我们在了解梦是如何组成的方面取得了相当大的进展，但我们仍然不知道脑是如何挑选记忆来构建一个特定的梦的。我们不知道梦中陌生人的脸是来自储存的记忆，而我们只是忘记了其背景，还是通过将各种记忆中的个别特征组合在一起而临时构建起来的。我们不确定是什么指导了梦境人物的行为、感受和个性。我们不知道梦的叙事结构是如何交织成一个整体的，也不知道情绪是如何被带入这些叙事中的。而且我们也不知道这整个过程是如何以梦的形式上升到意识中的。

其中一些问题——那些与面孔、叙事结构和记忆的选择有关的问题——最终将由科学来回答，我们已经讨论了最近的神经网络和脑成像技术，这些技术无疑将有助于回答这些问题。但是，要找到与做梦现象学有关的答案，即梦境的实际意识体验，时间要长得多。这些问题是哲学家和神经科学家几千年来一直试图解决的问题；坦率地说，我们不知道何时或如何能得到答案。我们甚至不确定我们是否会找到答案。

然而，这些棘手的问题都不是梦研究所独有的。相反，它们属于更大的认知和意识研究领域。回忆一下昨天发生在你身上的事情，想一想。明白了吗？好吧，作为科学家，我们对脑如何做到这一点没有什么概念，它如何搜索昨天的记忆，只选择其中的一个，并找到能够定义它对你意味着什么的关联。而且我们对你如何意识到这些信息一无所知。如果你认为做梦是意识的一个特例——一种改变了的意识状态——很明显，梦的研究者正试图回答关于这个特例的问题，而这些问题在一般的意识中还没有得到答案。

20 年前，当人们要求鲍勃解释睡眠依赖型的记忆演化是如何运作的时候，他也提出了同样的抱怨。当时研究人员对清醒状态下的记忆演化没有什么概念。至少现在，而且主要是由于睡眠研究者的发现，一般记忆研究界还有许多人正在解决这些关于清醒状态下记忆加工的问题。也许意识研究也会是这样的情况。也许梦研究将是对意识进行更大规模探索的先锋。如果是这样，你就是这个先锋队的一部分。

但是，未来也有其他更令人不安的问题，涉及整个现代社会。首先，那些试图改变你夜间梦境的新兴技术，无论是通过放大梦境的感觉强度，调节梦境中的情绪体验，还是诱导特定类型的梦境体验，如清醒梦境，对个人和社会都有什么影响？人们对这种技术有着极大的兴趣，但我们对其可能产生的后果几乎一无所知。你的睡眠会在多大程度上被这些技术所改变，这些改变会如何影响睡眠的核心功能，包括情绪和记忆加工？会不会有某种梦成瘾的风险？人工诱导的梦会不会成为一些人的避难所，让他们从清醒生活中的残酷现实中退避？而通过操纵梦的内容，人们是否会在无意中阻断做梦的脑的关键功能？

再往前看，如果科学家真的能够记录我们夜里的梦，会发生什么？诚然，在我们有办法记录人们在清醒状态下的想法和幻想之前，对梦体验进行记录的可能性仍然很小。但是，正如我们在第7章中所看到的，研究人员已经在使用计算技术来重建梦大致轮廓方面取得了一些进展。当这种技术变得完善和可用时，你会想记录夜里的梦吗？你的配偶或子女的梦又如何呢？谁应该有机会接触这些梦，以及你如何控制谁能接触到？在所有的可能性中，正如大多数睡眠追踪器和其他可穿戴生物传感器一样，这种商业发展将依赖于专有（和严密保护）的算法。你会有多大的意愿相信他人来处理梦这样的私事，比如高科技公司、云计算或企业计算服务器？当你上网时弹出的建议不是来自你以前的搜索，而是来自昨晚的睡梦，你会有什么感觉？

这些问题似乎是在遥远的未来，但它们在今天是值得思考的。考虑到目前生物医学和技术进步的速度，我们可能会后悔现在没有停下来思考这些问题。

关于梦的神秘和神奇

对于一些人来说，通过科学研究来扩展我们对梦的理解，这种想法会威胁这些真正奇妙事件的美丽和神奇之处。我们相信这本书将有助于打消这种顾虑。我们在本书中提出的科学观点和发现，如果揭示了什么，那就是梦是在心理和神经水平上富有意义的体验，以及梦者、艺术家、临床医生和科学家是如何从关注梦中获益的。对我们来说，我们所了解的关于梦是如何形成的及其功能的这一切，只是增加了我们对做梦的脑的敬畏。它并没有夺走梦所创造的神秘感，而是放大了它。我们希望这本书也能帮助你创造和增强这种神奇的感觉。

　　我们希望 NEXTUP 模型让你对做梦的本质和功能有更好的理解。NEXTUP 模型认为，做梦的功能是解释过去和预测未来，发现我们生活中的"下一步"是什么。这就是我们做梦时脑的任务。但为了实现这一目标，做梦的脑只试图向我们展示已经发生的事情和可能发生的事情。它这样做的方式与伟大画家、作曲家、小说家或剧作家一样，向我们展示我们还不能完全解释的东西。可以说，这就是艺术的功能；我们相信这也是做梦的功能。和好的艺术一样，做梦丰富了我们的生活，同时帮助指导我们。与我们的肌肉不同，我们的脑和思维从不休息；它们不分昼夜地运作。这也许是一个经典的讽刺：到头来，脑从未真正地睡过觉。它在做梦。

附 录

NEXTUP：关于如何做梦与
为何做梦的模型

注：本附录中提到的睡眠阶段的描述，包括 N1、N2 和快速眼动睡眠，可以在第 4 章中找到。

1. 做梦是一种独特的睡眠依赖型的记忆演化形式，它通过发现和加强出乎意料的、往往是以前没有探索过的关联，从现有的信息中提取新的知识。

（1）为了做到这一点，梦会探索脑在清醒时通常不会考虑的关联；它们会寻找并在发现后加强新奇的、有创意的和有洞察力的关联，而脑计算出这些关联有可能在未来使用。

（2）脑内去甲肾上腺素的分泌减少（在 N2 中）或缺失（在快速眼动睡眠中）促进了对弱关联的搜索。

（3）梦不是为了解决正在发生的问题，而是为了探索这些问题及其可能的解决方案，以便更好地理解它们对做梦者的意义。

（4）梦通常与当前关注点没有什么明显的关联性或有用性。相反，它们确定了出乎意料的关联，而脑计算出这些关联对解决未来的此类及相似问题会有帮助。

（5）血清素水平（在 N2 中）的降低或（在快速眼动睡眠中）缺失导致脑倾向于接受梦中的关联为有意义和有用的状态。

2. 并非所有清醒生活经历和事件都有同等机会被纳入梦中。

（1）当脑在做梦时，它倾向于选择那些具有情绪突出性的持续关注点。

（2）所选择的关注点包含未解决的问题，而脑计算出这些问题的答案将对未来有帮助。

（3）这些关注点不一定是大问题，它们可以很简单，比如不知道早些时候听到的一句话是什么意思，或者不知道第二天的公交车会在什么时间离开。

（4）在实际事件中，或在心智游移或白日梦中，甚至在睡眠开始时，这些担忧都可以被 NEXTUP 模型识别和标记用于梦加工。

（5）睡眠开始阶段（N1）、N2 和快速眼动期的梦中包含了不同的关注点和联想。

①睡眠开始阶段（N1）的梦倾向于与睡眠开始前不久正在考虑的问题有明显的联系。

②N2 的梦倾向于纳入最近情景记忆中发现的关联，尽管不那么明显。

③快速眼动期的梦包含了较早的、较弱的语义关联，与当前的关注点甚至没有明显的关系。

3. 梦要素汇集在一起的方式，决定了它们的性质。

（1）梦并不像白天进行回忆时那样重放生活中的事件。相反，它们讲述关于那些事件的故事。

（2）梦将情景记忆和语义记忆的片段汇集在一起。

（3）完整的情景记忆不会被纳入梦中，而直接提到或纳入当前的关注点是罕见的。

4. 为了实现这一目标，对梦的有意识体验是必要的。

（1）有意识地体验梦是必要的，这样才能创造出允许探索可能的情景的叙述。

（2）它也需要产生对评估这些情景至关重要的情绪感受。

（3）它使脑能够追踪做梦者的思维对梦中所描述的情况的反应，并反过来注意到做梦者的反应如何影响梦中的人和事。

5. NEXTUP 模型的结果

（1）做梦时血清素水平的降低使脑倾向于将弱关联归类为不仅有用的而且有意义的，这可能解释了为什么梦经常让我们感觉很重要。

（2）因为被脑纳入梦中的联想通常是弱的，而且是以前没有探索过的，它们与当前关注点的联系通常是不明显的；即使这种联系是可识别的，它们通常也被埋藏在纠结的叙述中，被梦中常见的怪异现象所掩盖。

（3）梦不需要在醒来后被回忆，就能发挥 NEXTUP 模型的功能。

WHEN BRAINS
DREAM

推荐阅读

　　我们希望你对睡眠和梦的求知欲被吊起来了。如果是这样的话，我们已经汇编了一份你可能感兴趣的资源列表。我们的推荐不多，主要集中在我们认为对普通读者来说最好的基于科学的资源。其中一些资源也被列在本书所引用的几十本书籍、科学文章和其他参考资料中。

关于睡眠的在线资源

美国国家睡眠基金会：

https://www.sleepfoundation.org

哈佛医学院睡眠医学部：

http://healthysleep.med.harvard.edu/healthy

美国睡眠医学会：

http://sleepeducation.org

Sleep on It！加拿大关于睡眠的公共卫生运动：

https://sleeponitcanada.ca

关于梦的在线资源

国际睡梦研究协会：

https://www.asdreams.org

比尔·多姆霍夫（Bill Domhoff）和亚当·施奈德（Adam Schneider）的《梦的定量研究》(*The Quantitative Study of Dreams*)：

https://dreams.ucsc.edu

凯利·巴尔克利（Kelly Bulkeley）的《梦的研究与教育》(*Dream Research & Education*)：

http://kellybulkeley.org

梦的数据库

http://www.dreambank.net

http://sleepanddreamdatabase.org

关于睡眠和梦的普及性书籍

考虑到多年来我们已经阅读并喜欢上了几十本关于睡眠和梦的书籍，而且这些作品所涉及的主题也很广泛，我们不可能将推荐范围缩小到少数几本。抛开本书中引用的许多经典之作，以下是我们的一些推荐。

寻找关于睡眠及其重要性的深刻概述的读者，可以参考马修·沃克（Matthew Walker）的《我们为什么要睡觉》（*Why We Sleep*）和威廉·C.丹特（William C. Dement）的《睡眠的承诺》（*Promise of Sleep*）。对自己的梦感兴趣的读者可以考虑克拉拉·希尔［Clara Hill，著有《治疗中的梦境工作》（*Dream Work in Therapy*）］、蒙塔古·乌尔曼［Montague Ullman，著有《睡梦欣赏》（*Appreciating Dreams*）］和盖尔·德莱尼［Gayle Delaney，著有《活出你的睡梦》（*Living Your Dreams*）、《突破睡梦》（*Breakthrough Dreaming*）］的作品。

关于清醒梦的书籍数量似乎每周都在增加，但我们仍然认为斯蒂芬·拉伯奇［Stephen LaBerge，著有《清醒梦》（*Lucid Dreaming*）、《探索清醒梦的世界》（*Exploring the World of Lucid Dreaming*）］的原创作品难以超越，不过对深入的、多学科探索清醒梦感兴趣的人应该考虑两卷本的《清醒梦：新视角看睡眠中的意识》（*Lucid Dreaming: New Perspectives on Consciousness in Sleep*），由瑞安·赫德（Ryan Hurd）和凯利·巴尔克利编写。

对更多学术性的睡梦书籍感兴趣的人，请研究威廉·多姆霍夫的任何作品，如《寻找睡梦的意义》（*Finding Meaning in Dreams*）、《开始做梦》（*The Emergence of Dreaming*）和两卷本的《梦》（*Dreams*）。罗伯特·霍斯（Robert Hoss）、卡蒂娅·瓦利（Katja Valli）和罗伯特·贡洛夫（Robert Gongloff）编写的《梦：理解生物学、心理学和文化》（*Dreams: Understanding Biology,*

Psychology, and Culture）。那些对梦研究的哲学方法感兴趣的人，可以阅读珍妮弗・M. 温特（Jennifer M. Windt）的《做梦：思维哲学和实证研究的概念框架》（*Dreaming: A Conceptual Framework for Philosophy of Mind and Empirical Research*）。

前往睡梦远方的旅程

如果你被我们关于人们理解做梦概念的不同方式的讨论所吸引，或者你被关于清醒梦的章节中提出的观点所吸引，你可能会对阅读托尼最近的悬疑小说《守梦人》（*The Dreamkeepers*）感兴趣。这部神秘的惊悚小说融合了睡眠科学和梦神话，探索了虚构的梦境世界，深入研究了居住在其中的力量，并将清醒梦的概念提升到新的高度。托尼梦中的几个人发现它极具娱乐性。也许你也会这样想。

WHEN BRAINS
DREAM

致谢

　　我们深深地感谢许多人，远比我们能够单独感谢的人要多，是他们使这本书和书中提出的新观点成为可能。我们衷心感谢所有的研究参与者，他们通过写梦日记，填写问卷，在实验室里睡觉——有时是在极其困难的条件下睡觉——或者参加任何其他的实验，研究他们的脑活动、思维或情绪与睡眠和梦的关系，从而帮助推进梦科学的发展。同样，如果没有几十个研究生、实习生和技术人员的辛勤和坚持不懈的努力，在我们各自的实验室里进行的许多工作也是不可能的。特别是，托尼在此感谢 Nicholas Pesant、Mathieu Pilon、Mylène Duval、Geneviève Robert、Aline Gauchat、Marie-Éve Desjardins、François White、Alexandra Duquette、Cristina Banu、Eugénie Samson-Daoust、Dominic Beaulieu-Prévost、Benoit Adam 和 Dominique Petit。鲍勃在此感谢 April Malia、Cindi Rittenhouse、Dara Manoach、David Roddenberry、Denise Clarke、Ed Pace-Schott、Erin Wamsley、Ina Djonlagic、

Jason Rowley、Jess Payne、Magdalena Fosse、Margaret O'Connor、Matt Walker 和 Sarah Mednick，以及他的实验室技术人员、研究生、博士后和同事。

最后，我们衷心感谢我们出色的经纪人 Jessica Papin，以及 W. W. Norton 的 Quynh Do 和抄写员 Christianne Thillen，感谢他们出色的反馈和精辟的编辑。

托尼：我要特别感激 Bob Pihl 和 Don Donderi。在我探索对睡梦的兴趣的过程中，从我还是一个充满好奇的本科生开始，到后来的博士研究阶段，他们都给予了我极大的支持和帮助。我将永远感谢他们的支持、指导，以及愿意让我探索我（在当时）不寻常的研究想法。大量的朋友和同事在加深我对所有梦的理解和欣赏方面发挥了关键作用。我特别感谢 Bill Domhoff、Tore Nielsen、Rita Dwyer、Gayle Delaney、Alan Moffitt、Harry Hunt、Joseph De Koninck、Daniel Deslauriers、Anne Germain、Jacques Montplaisir、Carlyle Smith、Mark Blagrove、Jim Pagel、Ernest Hartmann、Ross Levin、Jacques Montangero、Isabelle Arnulf、Michael Schredl、Katja Valli、Mark Mahowald、Carlos Schenck 和 Tracey Kahan。我也感谢国际睡梦研究协会的成员，感谢他们的年度会议。从 20 世纪 80 年代末开始，这些令人愉快的兼收并蓄的活动让我认识了几十个人，他们对梦的热忱令人惊叹，也令人振奋。我要感谢 Social Sciences and Humanities Research Council of Canada 以及 Canadian Institutes of Health Research 为我的研究提供资金。特别要感谢我的父母，尤其是我的母亲，她认为研究梦是除了去医学院以外的一个很好的选择。感谢你们俩的鼓励和坚定不移的支持。我还要感谢我的两个了不起的儿子和我了不起的妻子 Anne，感谢他们令人难以置信的耐心和支持。最后，我最深切地感谢我的长期朋友和现在的合作者罗伯特·斯蒂克戈尔德。鲍勃，我知道和你一起工作会得到脑力上的刺激，但我从未想到会有这么多的乐趣。你宽广的胸怀、严谨的科学态度、创造性的洞察力，以及在重温旧观点的同时探索新观点的意愿，使这个令人兴奋的项目成为一次非凡的冒险，进入了我们如何做梦和为什么做梦的核心。

　　鲍勃：我写这本书的道路是由许多人铺就的，首先是我六年级的老师 Mr. Hampton，他把我变成了一个科学家，我的高中生物老师 Fred Burdine，他把我变成了一个生物化学家。美国西北大学的 Frank Neuhaus 是我第一个真正的导师，他教我如何成为一名科学家；哈佛大学的 Steve Kuffler 把我变成了一名神经生物学家；Allan Hobson 磨炼了我作为一名梦研究者的技能。我想，如果这些人中的任何一个没有出现在我的生活中，我现在就不会写这本书。感谢 McArthur Foundation 的 Bob Rose 和 National Institute of Mental Health，他们为我的研究提供了资金和精神上的支持。我还欠托尼在上面列出的许多梦研究者一个感谢，以及 Rosalind Cartwright、Ray Greenberg 和 Milt Kramer。我还要感谢我的妻子 Debbie，她的爱和支持支撑着我写完了这本书。最后，我不会试图超越托尼对我的感谢，所以，我只想引用一句童年的老话：托尼，"对你也一样，双倍奉上"。

WHEN BRAINS
DREAM

参考文献

第 1 章 梦之畅想

1. Examples include Kelly Bulkeley, ed., *Dreams: A Reader on Religious, Cultural, and Psychological Dimensions of Dreaming* (New York: Palgrave, 2001); Robert L. Van de Castle, *Our Dreaming Mind* (New York: Ballantine Books, 1994), 3–106; and W. B. Webb, "Historical Perspectives: From Aristotle to Calvin Hall," in *Dreamtime and Dreamwork: Decoding the Language of the Night*, ed. Stanley Krippner (Los Angeles: J. P. Tarcher–St. Martin's Press, 1990), 175–84.
2. Monique Laurendeau and Adrien Pinard, *Causal Thinking in the Child* (New York: International Universities Press, 1962).
3. Laurendeau and Pinard, *Causal Thinking in the Child*, 106.
4. E. Wamsley, C. E. Donjacour, T. E. Scammell, G. J. Lammers, and R. Stickgold, "Delusional Confusion of Dreaming and Reality in Narcolepsy," *Sleep* 37 (2014): 419–22.
5. J. F. Pagel, M. Blagrove, R. Levin, B. States, R. Stickgold, and S. White, "Definitions of Dream: A Paradigm for Comparing Field Descriptive Specific Studies of Dream," *Dreaming* 11 (2001): 195–202.

第 2 章 梦之理解

1. J. Sully, "The Dream as Revelation," *Fortnightly Review* 53 (1893): 354–65.
2. Henri F. Ellenberger, *The Discovery of the Unconscious: The History and*

Evolution of Dynamic Psychiatry (New York: Basic Books, 1970); Frank J. Sulloway, *Freud, Biologist of the Mind: Beyond the Psychoanalytic Legend* (New York: Basic Books, 1983); P. Lavie and J. A. Hobson, "Origin of Dreams: Anticipation of Modern Theories in the Philosophy and Physiology of the Eighteenth and Nineteenth Centuries," *Psychological Bulletin* 100 (1986): 229–40; G. W. Pigman, "The Dark Forest of Authors: Freud and Nineteenth-Century Dream Theory," *Psychonanalysis and History* 4 (2002): 141–65.

3. Sigmund J. Freud, Jeffrey Moussaieff Masson, and Wilhelm Fliess, *The Complete Letters of Sigmund Freud to Wilhelm Fliess, 1887–1904* (Cambridge, MA: Belknap Press of Harvard University Press, 1985), 335.

4. Sigmund Freud, *The Interpretation of Dreams*, trans. J. Strachey (London: George Allen & Unwin, 1900/1954), 1.

5. Pigman, "The Dark Forest of Authors," 165.

6. Alfred L. F. Maury, *Le Sommeil et les Rêves: Études Psychologiques sur ces Phénomènes et les Divers États qui s'y Rattachent* [Sleep and dreams: Psychological studies on these phenomena and the various states associated with them] (Paris: Didier et Cie, 1861).

7. Karl A. Scherner, *Das Leben des Traums* [The life of dreams] (Berlin: H. Schindler, 1861).

8. Medard Boss, *The Analysis of Dreams* (New York: Philosophical Library, 1958), 25.

9. Freud, *The Interpretation of Dreams*, 359.

10. J. M. L. Hervey de Saint-Denys, *Les Rêves et les Moyens de les Diriger: Observations pratiques* [Dreams and the ways to guide them: Practical observations] (Paris: Amyot, 1867).

11. M. Calkins, "Statistics of Dreams," *American Journal of Psychology* 5 (1892): 311–43.

12. Calkins, "Statistics of Dreams," 312.

13. Sante de Sanctis, *I Sogni: Studi Psicologici e Clinici di un Alienista* [Dreams: Psychological and clinical studies of an alienist] (Turin: Bocca, 1899).

14. R. Foschi, G. P. Lombardo, and G. Morgese, "Sante De Sanctis (1862–1935), a Forerunner of the 20th Century Research on Sleep and Dreaming," *Sleep Medicine* 16 (2015): 197–201.

15. Sante de Sanctis, "L'interpretazione dei sogni [The interpretation of dreams]," *Rivista di Psicologia* 10 (1914): 358–75.

第 3 章　弗洛伊德发现了梦的秘密

1. M. Kramer, "Sigmund Freud's *The Interpretation of Dreams*: The Initial Response (1899–1908)," *Dreaming* 4 (1994): 47–52.
2. Sigmund Freud, *The Interpretation of Dreams*, trans. J. Strachey (London: George Allen & Unwin, 1900/1954), xxv.
3. Freud, *The Interpretation of Dreams*, 233.
4. C. G. Jung, "Two Essays on Analytical Psychology," in *The Collected Works of C. G. Jung* (vol. 7), ed. Sir H. Read, M. Fordham, G. Adler, and W. McGuire (Princeton, NJ: Princeton University Press, 1967), 282.
5. Frederick C. Crews, *Freud: The Making of an Illusion* (New York: Metropolitan Books/Henry Holt, 2017).
6. J. F. Kihlstrom, "Freud Is a Dead Weight on Psychology," in *Hilgard's Introduction to Psychology*, ed. R. Atkinson, R. C. Atkinson, E. E. Smith, D. J. Bem, and S. Nolen-Hoeksema (New York: Harcourt Brace Jovanovich, 2009), 497.
7. Henri F. Ellenberger, *The Discovery of the Unconscious: The History and Evolution of Dynamic Psychiatry* (New York: Basic Books, 1970).
8. Sigmund Freud, "The Complete Letters of Sigmund Freud to Eduard Silberstein, 1871–1881," in *The Complete Letters of Sigmund Freud to Eduard Silberstein, 1871–1881*, ed. Walter Boehlich (Cambridge, MA: Harvard University Press, 1900), 149.
9. Sigmund Freud, Jeffrey Moussaieff Masson, and Wilhelm Fliess, *The Complete Letters of Sigmund Freud to Wilhelm Fliess, 1887–1904* (Cambridge, MA: Belknap Press of Harvard University Press, 1985), 417.
10. Freud, S., "Project for a Scientific Psychology," in *The Standard Edition of the Complete Psychological Works of Sigmund Freud, Volume I (1886–1899): Pre-Psycho-Analytic Publications and Unpublished Drafts*, ed. J. Strachey (London: Hogarth Press, 1895).
11. Benjamin Ehrlich and Santiago Ramón y Cajal, *The Dreams of Santiago Ramón y Cajal* (New York: Oxford University Press, 2017), 26.
12. Ehrlich and Cajal, *The Dreams of Santiago Ramón y Cajal*.

第 4 章 新的梦科学的诞生

1. E. Aserinsky and N. Kleitman, "Regularly Occurring Periods of Eye Motility, and Concomitant Phenomena, during Sleep," *Science* 118 (1953): 273–74.
2. W. Dement and N. Kleitman, "The Relation of Eye Movements during Sleep to Dream Activity: An Objective Method for the Study of Dreaming," *Journal of Experimental Psychology* 53 (1957): 339–46.
3. D. Millett, "Hans Berger: From Psychic Energy to the EEG," *Perspectives in Biology and Medicine* 44 (2001): 522–42.
4. M. F. van Driel, "Sleep-Related Erections throughout the Ages," *Journal of Sexual Medicine* 11 (2014): 1867–75.
5. A. Rechtschaffen and A. A. Kales, *Manual of Standardized Terminology, Techniques, and Scoring System for Sleep Stages of Human Participants* (Washington, DC: U.S. Government Printing Office, 1968).
6. H. P. Roffwarg, W. Dement, J. Muzio, and C. Fisher, "Dream Imagery: Relationship to Rapid Eye Movements of Sleep," *Archives of General Psychiatry* 7 (1962): 235–38.
7. H. S. Porte, "Slow Horizontal Eye Movement at Human Sleep Onset," *Journal of Sleep Research* 13 (2004): 239–49.
8. D. R. Goodenough, H. A. Witkin, D. Koulack, and H. Cohen, "The Effects of Stress Films on Dream Affect and on Respiration and Eye-Movement Activity during Rapid-Eye-Movement Sleep," *Psychophysiology* 12 (1975): 313–20.
9. T. A. Nielsen, "A Review of Mentation in REM and NREM Sleep: 'Covert' REM Sleep as a Possible Reconciliation of Two Opposing Models," *Behavioral and Brain Sciences* 23 (2000): 851–66; discussion 904–1121.
10. J. A. Hobson, *The Dreaming Brain* (New York: Basic Books, 1988).

第 5 章 睡眠：只是为了治疗困倦吗

1. B. C. Tefft, "Prevalence of Motor Vehicle Crashes Involving Drowsy Drivers, United States, 2009–2013" (Washington, DC: AAA Foundation for Traffic Safety, 2014), https://aaafoundation.org/wp-content/uploads/2017/12/PrevalenceofMVCDrowsyDriversReport.pdf.

2. M. M. Mitler, M. A. Carskadon, C. A. Czeisler, W. C. Dement, D. F. Dinges, and R. C. Graeber, "Catastrophes, Sleep, and Public Policy: Consensus Report," *Sleep* 11 (1988): 100–109.

3. S. W. Lockley, L. K. Barger, N. T. Ayas, J. M. Rothschild, C. A. Czeisler, and C. P. Landrigan; Health Harvard Work Hours and Safety Group, "Effects of Health Care Provider Work Hours and Sleep Deprivation on Safety and Performance," *Joint Commission Journal on Quality and Patient Safety* 33 (2007): 7–18.

4. M. Lampl, J. D. Veldhuis, and M. L. Johnson, "Saltation and Stasis: A Model of Human Growth," *Science* 258 (1992): 801–803.

5. K. Spiegel, J. F. Sheridan, and E. Van Cauter, "Effect of Sleep Deprivation on Response to Immunization," *Journal of the American Medical Association* 288 (2002): 1471–72.

6. T. Lange, B. Perras, H. L. Fehm, and J. Born, "Sleep Enhances the Human Antibody Response to Hepatitis A Vaccination," *Psychosomatic Medicine* 65 (2003): 831–35.

7. K. Spiegel, R. Leproult, and E. Van Cauter, "Impact of Sleep Debt on Metabolic and Endocrine Function," *Lancet* 354 (1999): 1435–39.

8. L. Xie, H. Kang, Q. Xu, M. J. Chen, Y. Liao, M. Thiyagarajan, J. O'Donnell, D. J. Christensen, C. Nicholson, J. J. Iliff, T. Takano, R. Deane, and M. Nedergaard, "Sleep Drives Metabolite Clearance from the Adult Brain," *Science* 342 (2013): 373–77.

9. N. E. Fultz, G. Bonmassar, K. Setsompop, R. A. Stickgold, B. R. Rosen, J. R. Polimeni, and L. D. Lewis, "Coupled Electrophysiological, Hemodynamic, and Cerebrospinal Fluid Oscillations in Human Sleep," *Science* 366 (2019): 628–31.

10. R. Stickgold, J. A. Hobson, R. Fosse, and M. Fosse, "Sleep, Learning, and Dreams: Off-line Memory Reprocessing," *Science* 294 (2001): 1052–57.

11. M. P. Walker, T. Brakefield, A. Morgan, J. A. Hobson, and R. Stickgold, "Practice with Sleep Makes Perfect: Sleep-Dependent Motor Skill Learning," *Neuron* 35 (2002): 205–11.

12. J. D. Payne, D. L. Schacter, R. E. Propper, L. W. Huang, E. J. Wamsley, M. A. Tucker, M. P. Walker, and R. Stickgold, "The Role of Sleep in False Memory Formation," *Neurobiology of Learning and Memory* 92 (2009): 327–34.

13. D. L. Schacter and D. R. Addis, "Constructive Memory: The Ghosts of Past and Future," *Nature* 445 (2007): 27.

14. J. D. Payne, R. Stickgold, K. Swanberg, and E. A. Kensinger, "Sleep Preferentially Enhances Memory for Emotional Components of Scenes," *Psychological Science* 19 (2008): 781–88.

15. M.P. Walker and E. van der Helm, "Overnight Therapy? The Role of Sleep in Emotional Brain Processing," *Psychological Bulletin* 135 (2009): 731–48.

16. I. Djonlagic, A. Rosenfeld, D. Shohamy, C. Myers, M. Gluck, and R. Stickgold, "Sleep Enhances Category Learning," *Learning & Memory* 16 (2009): 751–55.

17. R. L. Gomez, R. R. Bootzin, and L. Nadel, "Naps Promote Abstraction in Language-Learning Infants," *Psychological Science* 17 (2006): 670–74.

18. D. J. Cai, S. A. Mednick, E. M. Harrison, J. C. Kanady, and S. C. Mednick, "REM, Not Incubation, Improves Creativity by Priming Associative Networks," *Proceedings of the National Academy of Sciences USA* 106 (2009): 10130–34.

19. R. Stickgold, L. Scott, C. Rittenhouse, and J. A. Hobson, "Sleep-Induced Changes in Associative Memory," *Journal of Cognitive Neuroscience* 11 (1999): 182–93.

第 6 章　狗会做梦吗

1. S. Coren, "Do Dogs Dream?" *Psychology Today*, October 28, 2010, https://www.psychologytoday.com/blog/canine-corner/201010/do-dogs-dream.

2. E. A. Lucas, E. W. Powell, and O. D. Murphree, "Baseline Sleep-Wake Patterns in the Pointer Dog," *Physiology and Behavior* 19 (1977): 285–91.

3. K. Louie and M. A. Wilson, "Temporally Structured Replay of Awake Hippocampal Ensemble Activity during Rapid Eye Movement Sleep," *Neuron* 29 (2001): 145–56.

4. E. Goode, "Rats May Dream, It Seems, of Their Days at the Mazes," *New York Times*, January 25, 2001, https://www.nytimes.com/2001/01/25/us/rats-may-dream-it-seems-of-their-days-at-the-mazes.html.

5. David John Chalmers, *The Character of Consciousness* (New York: Oxford University Press, 2010), 3.

6. T. Nagel, "What Is It Like to Be a Bat?" *Philosophical Review* 83 (1974): 435–50.

7. M. Grigg-Damberger, D. Gozal, C. L. Marcus, S. F. Quan, C. L. Rosen, R. D. Chervin, M. Wise, D. L. Picchietti, S. H. Sheldon, and C. Iber, "The

Visual Scoring of Sleep and Arousal in Infants and Children," *Journal of Clinical Sleep Medicine* 3 (2007): 201–40.

8. D. Foulkes, *Children's Dreaming and the Development of Consciousness* (Cambridge, MA: Harvard University Press, 1999); P. Sandor, S. Szakadat, and R. Bodizs, "Ontogeny of Dreaming: A Review of Empirical Studies," *Sleep Medicine Reviews* 18 (2014): 435–49.

9. Inge Strauch and Barbara Meier, *In Search of Dreams: Results of Experimental Dream Research* (Albany: State University of New York Press, 1996), 58–59.

10. Mark Solms, *The Neuropsychology of Dreams: A Clinico-Anatomical Study* (Mahwah, NJ: Erlbaum, 1997), 137–51.

11. E. Landsness, M. A. Bruno, Q. Noirhomme, B. Riedner, O. Gosseries, C. Schnakers, M. Massimini, S. Laureys, G. Tononi, and M. Boly, "Electrophysiological Correlates of Behavioural Changes in Vigilance in Vegetative State and Minimally Conscious State," *Brain* 134 (2011): 2222–32.

12. University of Liège, "Patients in a Minimally Conscious State Remain Capable of Dreaming during Their Sleep," *Science Daily*, August 30, 2011, https://www.sciencedaily.com/releases/2011/08/110815113536.htm.

13. B. Herlin, S. Leu-Semenescu, C. Chaumereuil, and I. Arnulf, "Evidence That Non-dreamers Do Dream: A REM Sleep Behaviour Disorder Model," *Journal of Sleep Research* 24 (2015): 602–609.

14. F. Siclari, B. Baird, L. Perogamvros, G. Bernardi, J. J. LaRocque, B. Riedner, M. Boly, B. R. Postle, and G. Tononi, "The Neural Correlates of Dreaming," *Nature Neuroscience* 20 (2017): 872–78.

15. "Animals Have Complex Dreams, MIT Researcher Proves," MIT News Office, January 24, 2001, https://news.mit.edu/2001/dreaming.

16. "Singing Silently during Sleep Helps Birds Learn Song," University of Chicago Medicine, October 27, 2000, https://www.uchospitals.edu/news/2000/20001027-dreamsong.html.

第 7 章　我们为什么会做梦

1. T. Horikawa, M. Tamaki, Y. Miyawaki, and Y. Kamitani, "Neural Decoding of Visual Imagery during Sleep," *Science* 340 (2013): 639–42.

2. P. Maquet, J. Peters, J. Aerts, G. Delfiore, C. Degueldre, A. Luxen, and G. Franck, "Functional Neuroanatomy of Human Rapid-Eye-Movement Sleep and Dreaming," *Nature* 383 (1996): 163–66.

3. J. A. Hobson and R. W. McCarley, "The Brain as a Dream-State Generator: An Activation-Synthesis Hypothesis of the Dream Process," *American Journal of Psychiatry* 134 (1977): 1335–48.

4. R. W. McCarley and J. A. Hobson, "The Neurobiological Origins of Psychoanalytic Dream Theory," *American Journal of Psychiatry* 134 (1977): 1211–21.

5. Hobson and McCarley, "The Brain as a Dream-State Generator," 1347.

6. Hobson and McCarley, "The Brain as a Dream-State Generator," 1347.

7. F. Crick and G. Mitchison, "The Function of Dream Sleep," *Nature* 304 (1983): 111–14; 112.

8. A. Revonsuo, "The Reinterpretation of Dreams: An Evolutionary Hypothesis of the Function of Dreaming," *Behavioral and Brain Sciences* 23 (2000): 877–901; discussion 904–1121.

9. A. Zadra, S. Desjardins, and E. Marcotte, "Evolutionary Function of Dreams: A Test of the Threat Simulation Theory in Recurrent Dreams," *Consciousness and Cognition* 15 (2006): 450–63.

10. A. Revonsuo, J. Tuominen, and K. Valli, "The Avatars in the Machine—Dreaming as a Simulation of Social Reality," in *Open MIND*, ed. T. Metzinger and J. M. Windt (Cambridge, MA: MIT Press, 2016), 1295–1322.

11. Ernest Hartmann, *The Nature and Functions of Dreaming* (New York: Oxford University Press, 2010).

12. R. D. Cartwright, "Dreams and Adaptation to Divorce," in *Trauma and Dreams*, ed. Deirdre Barrett (Cambridge, MA: Harvard University Press, 1996), 79–185.

13. Owen Flanagan, *Dreaming Souls: Sleep, Dreams and the Evolution of the Conscious Mind* (New York: Oxford University Press, 2000).

14. David Foulkes, *Children's Dreaming and the Development of Consciousness* (Cambridge, MA: Harvard University Press, 1999).

15. G. William Domhoff, *The Emergence of Dreaming: Mind-Wandering, Embodied Simulation, and the Default Network* (New York: Oxford University Press, 2018).

16. R. Stickgold, A. Malia, D. Maguire, D. Roddenberry, and M. O'Connor, "Replaying the Game: Hypnagogic Images in Normals and Amnesics," *Science* 290 (2000): 350–53; 353.

17. Stickgold et al., "Replaying the Game," 353.

18. E. J. Wamsley, M. Tucker, J. D. Payne, J. A. Benavides, and R. Stick-

gold, "Dreaming of a Learning Task Is Associated with Enhanced Sleep-dependent Memory Consolidation," *Current Biology* 20 (2010): 850–55.

19. S. F. Schoch, M. J. Cordi, M. Schredl, and B. Rasch, "The Effect of Dream Report Collection and Dream Incorporation on Memory Consolidation during Sleep," *Journal of Sleep Research* (2018): e12754.

20. Wamsley et al., "Dreaming of a Learning Task."

21. G. W. Domhoff, "The Repetition of Dreams and Dream Elements: A Possible Clue to a Function of Dreams," in *The Functions of Dreaming*, ed. A. Moffett, M. Kramer, and R. Hoffmann (Albany: State University of New York Press, 1993), 293–320; 315.

22. A. R. Damasio, *The Feeling of What Happens* (New York: Harcourt Brace, 1999).

第 8 章　NEXTUP 模型

1. R. Stickgold, L. Scott, C. Rittenhouse, and J. A. Hobson, "Sleep-Induced Changes in Associative Memory," *Journal of Cognitive Neuroscience* 11 (1999): 182–93.

2. J. A. Hobson and R. W. McCarley, "The Brain as a Dream-State Generator: An Activation-Synthesis Hypothesis of the Dream Process," *American Journal of Psychiatry* 134 (1977): 1335–48; 1347.

3. G. W. Domhoff, "Dreams Are Embodied Simulations That Dramatize Conceptions and Concerns: The Continuity Hypothesis in Empirical, Theoretical, and Historical Context," *International Journal of Dream Research* 4 (2011): 50–62.

4. M. E. Raichle, A. M. MacLeod, A. Z. Snyder, W. J. Powers, D. A. Gusnard, and G. L. Shulman, "A Default Mode of Brain Function," *Proceedings of the National Academy of Sciences USA* 98 (2001): 676–82.

5. D. Stawarczyk, S. Majerus, M. Maj, M. Van der Linden, and A. D'Argembeau, "Mind-Wandering: Phenomenology and Function as Assessed with a Novel Experience Sampling Method," *Acta Psychologica* 136 (2011): 370–81.

6. M. F. Mason, M. I. Norton, J. D. Van Horn, D. M. Wegner, S. T. Grafton, and C. N. Macrae, "Wandering Minds: The Default Network and Stimulus-Independent Thought," *Science* 315 (2007): 393–95.

7. M. D. Gregory, Y. Agam, C. Selvadurai, A. Nagy, M. Vangel, M. Tucker, E. M. Robertson, R. Stickgold, and D. S. Manoach, "Resting State

Connectivity Immediately Following Learning Correlates with Subsequent Sleep-Dependent Enhancement of Motor Task Performance," *Neuroimage* 102, Pt 2 (2014): 666–73.

8. G. W. Domhoff and K. C. Fox, "Dreaming and the Default Network: A Review, Synthesis, and Counterintuitive Research Proposal," *Consciousness and Cognition* 33 (2015): 342–53; 345.

9. G. William Domhoff, *The Emergence of Dreaming: Mind-Wandering, Embodied Simulations, and the Default Network* (New York: Oxford University Press, 2018).

10. S. G. Horovitz, M. Fukunaga, J. A. de Zwart, P. van Gelderen, S. C. Fulton, T. J. Balkin, and J. H. Duyn, "Low Frequency BOLD Fluctuations during Resting Wakefulness and Light Sleep: A Simultaneous EEG-fMRI Study," *Human Brain Mapping* 29 (2008): 671–82.

11. C. J. Honey, E. L. Newman, and A. C. Schapiro, "Switching between Internal and External Modes: A Multiscale Learning Principle," *Network Neuroscience* 1 (2018): 339–56; 356.

12. Honey et al., "Switching between Internal and External Modes," 353.

13. E. J. Wamsley, K. Perry, I. Djonlagic, L. B. Reaven, and R. Stickgold, "Cognitive Replay of Visuomotor Learning at Sleep Onset: Temporal Dynamics and Relationship to Task Performance," *Sleep* 33 (2010): 59–68.

14. S. M. Fogel, L. B. Ray, V. Sergeeva, J. De Koninck, and A. M. Owen, "A Novel Approach to Dream Content Analysis Reveals Links between Learning-Related Dream Incorporation and Cognitive Abilities," *Frontiers in Psychology* 9 (2018): 1398.

15. A. S. Gupta, M. A. van der Meer, D. S. Touretzky, and A. D. Redish, "Hippocampal Replay Is Not a Simple Function of Experience," *Neuron* 65 (2010): 695–705.

第 9 章　梦境之恶作剧

1. Carolyn N. Winget and Milton Kramer, *Dimensions of Dreams* (Gainesville: University Presses of Florida, 1979).

2. Calvin S. Hall, *The Meaning of Dreams* (New York: Harper & Brothers, 1953).

3. Calvin S. Hall and Robert. L. Van de Castle, *The Content Analyses of Dreams* (New York: Meredith, 1966).

4. Calvin S. Hall and Robert. L. Van de Castle, "The Content Analyses of Dreams," dreamresearch.net, https://www2.ucsc.edu/dreams/Coding/.
5. A. Schneider and G. W. Domhoff, "DreamBank," www.dreambank.net.
6. C.Vandendorpe,N.Bournonnais,A.Hayward,G.Lachlèche,Y.G.Lepage, and A. Zadra, "Base de textes pour l'étude du rêve" [Text bank for the study of dreams], www.reves.ca.
7. D. Foulkes, "Dream Reports from Different Stages of Sleep," *Journal of Abnormal and Social Psychology* 65 (1962): 14–25; A. Rechtschaffen, P. Verdone, and J. Wheaton, "Reports of Mental Activity during Sleep," *Canadian Journal of Psychiatry* 8 (1963): 409–14; R. Fosse, R. Stickgold, and J. A. Hobson, "Brain-Mind States: Reciprocal Variation in Thoughts and Hallucinations," *Psychological Science* 12 (2001): 30–36.
8. K. Emmorey, S. M. Kosslyn, and U. Bellugi, "Visual Imagery and Visual-Spatial Language: Enhanced Imagery Abilities in Deaf and Hearing ASL Signers," *Cognition* 46 (1993): 139–81.
9. N. König, L. M. Heizmann, A. S. Göritz, and M. Schredl, "Colors in Dreams and the Introduction of Color TV in Germany: An Online Study," *International Journal of Dream Research* 10 (2017): 59–64.
10. J. Montangero, "Dreams Are Narrative Simulations of Autobiographical Episodes, Not Stories or Scripts: A Review," *Dreaming* 22 (2012): 157–72.
11. E. F. Pace-Schott, "Dreaming as a Story-Telling Instinct," *Frontiers in Psychology* 4 (2013): 159.
12. B. O. States, *Seeing in the Dark: Reflections on Dreams and Dreaming* (New Haven: Yale University Press, 1997).
13. M. Seligman and A. Yellen, "What Is a Dream?" *Behavioral Research and Therapy* 25 (1987): 1–24.
14. R. Stickgold, C. D. Rittenhouse, and J. A. Hobson, "Dream Splicing: A New Technique for Assessing Thematic Coherence in Subjective Reports of Mental Activity," *Consciousness and Cognition* 3 (1994): 114–28.
15. P. C. Cicogna and M. Bosinelli, "Consciousness during Dreams," *Consciousness and Cognition* 10 (2001): 26–41.
16. A. D. Wilson and S. Golonka, "Embodied Cognition Is Not What You Think It Is," *Frontiers in Psychology* 4 (2013): 58.
17. G. W. Domhoff and A. Schneider, "Much Ado about Very Little: The Small Effect Sizes When Home and Laboratory Collected Dreams Are Compared," *Dreaming* 9 (1999): 139–51; E. Dorus, W. Dorus, and A.

Rechtschaffen, "The Incidence of Novelty in Dreams," *Archives of General Psychiatry* 25 (1971): 364–68; C. Colace, "Dream Bizarreness Reconsidered," *Sleep & Hypnosis* 5 (2003): 105–28; Inge Strauch and Barbara Meier, *In Search of Dreams: Results of Experimental Dream Research* (Albany: State University of New York Press, 1996), 95–103.

18. E. J. Wamsley, Y. Hirota, M. A. Tucker, M. R. Smith, and J. S. Antrobus, "Circadian and Ultradian Influences on Dreaming: A Dual Rhythm Model," *Brain Research Bulletin* 71 (2007): 347–54.

19. C. D. Rittenhouse, R. Stickgold, and J. Hobson, "Constraint on the Transformation of Characters, Objects, and Settings in Dream Reports," *Consciousness and Cognition* 3 (1994): 100–113.

20. P. Sikka, K. Valli, T. Virta, and A. Revonsuo, "I Know How You Felt Last Night, or Do I? Self- and External Ratings of Emotions in REM Sleep Dreams," *Consciousness and Cognition* 25 (2014): 51–66.

21. T. A. Nielsen, D. Deslauriers, and G. W. Baylor, "Emotions in Dream and Waking Event Reports," *Dreaming* 1 (1991): 287–300.

22. M. Schredl and E. Doll, "Emotions in Diary Dreams," *Consciousness and Cognition* 7 (1998): 634–46.

23. Mélanie St-Onge, Monique Lortie-Lussier, Pierre Mercier, Jean Grenier, and Joseph De Koninck, "Emotions in the Diary and REM Dreams of Young and Late Adulthood Women and Their Relation to Life Satisfaction," *Dreaming* 15 (2005): 116–28.

第 10 章　梦中何所见，缘何所见

1. C. Hall and R. Van de Castle, *The Content Analysis of Dreams* (New York: Appleton-Century-Crofts, 1966); D. Kahn, E. Pace-Schott, and J. A. Hobson, "Emotion and Cognition: Feeling and Character Identification in Dreaming," *Consciousness and Cognition* 11 (2002): 34–50.

2. G. William Domhoff, *Finding Meaning in Dreams: A Quantitative Approach* (New York: Plenum, 1996), 119–20.

3. R. M. Griffith, O. Miyagi, and A. Tago, "Universality of Typical Dreams: Japanese vs. Americans," *American Anthropologist* 60 (1958): 1173–79.

4. T. A. Nielsen, A. Zadra, V. Simard, S. Saucier, P. Stenstrom, C. Smith, and D. Kuiken, "The Typical Dreams of Canadian University Students," *Dreaming* 13 (2003): 211–35.

5. J. Mathes, M. Schredl, and A. S. Goritz, "Frequency of Typical Dream Themes in Most Recent Dreams: An Online Study," *Dreaming* 24 (2014): 57–66; F. Snyder, "The Phenomenology of Dreaming," in *The Psychodynamic Implications of the Physiological Studies on Dreams*, ed. H. Madow and L. Snow (Springfield, IL: Charles Thomas, 1970).

6. A. Zadra, "Recurrent Dreams: Their Relation to Life Events," in *Trauma and Dreams*, ed. Deirdre Barrett (Cambridge, MA: Harvard University Press, 1996), 241–47; A. Zadra, S. Desjardins, and E. Marcotte, "Evolutionary Function of Dreams: A Test of the Threat Simulation Theory in Recurrent Dreams," *Consciousness and Cognition* 12 (2006): 450–63; A. Gauchat, J. R. Seguin, E. McSween-Cadieux, and A. Zadra, "The Content of Recurrent Dreams in Young Adolescents," *Consciousness and Cognition* 37 (2015): 103–11.

7. G. Robert and A. Zadra, "Thematic and Content Analysis of Idiopathic Nightmares and Bad Dreams," *Sleep* 37 (2014): 409–17.

8. A. Zadra and J. Gervais, "Sexual Content of Men and Women's Dreams," *Sleep and Biological Rhythms* 9 (2011): 312.

9. M. Schredl, S. Desch, F. Röming, and A. Spachmann, "Erotic Dreams and Their Relationship to Waking-Life Sexuality," *Sexologies* 18 (2009): 38–43.

10. A. Zadra, "Sex Dreams: What Do Men and Women Dream About?" *Sleep* 30 (2007): A376.

11. D. B. King, T. L. DeCicco, and T. P. Humphreys, "Investigating Sexual Dream Imagery in Relation to Daytime Sexual Behaviours and Fantasies among Canadian University Students," *Canadian Journal of Human Sexuality* 18 (2009): 135–46.

12. M.-P. Vaillancourt-Morel, M.-È. Daspe, Y. Lussier, A. Zadra, and S. Bergeron, "Honey, Who Do You Dream Of? Erotic Dreams and Their Associations with Waking-Life Romantic Relationships," in *Great Debates and Innovations in Sex Research* (Montreal: Annual Meeting, Society for the Scientific Study of Sexuality, November 8–11, 2018), www.sexscience.org.

13. J. Clarke, T. L. DeCicco, and G. Navara, "An Investigation among Dreams with Sexual Imagery, Romantic Jealousy and Relationship Satisfaction," *International Journal of Dream Research* 3 (2010): 54–59.

14. J. B. Eichenlaub, E. van Rijn, M. G. Gaskell, P. A. Lewis, E. Maby, J. E. Malinowski, M. P. Walker, F. Boy, and M. Blagrove, "Incorporation of

Recent Waking-Life Experiences in Dreams Correlates with Frontal Theta Activity in REM Sleep," *Social Cognitive and Affective Neuroscience* 13 (2018): 637–47.

第 11 章　梦与内在创造力

1. Paul Strathern, *Mendeleyev's Dream: The Quest for the Elements* (New York: Hamish Hamilton, 2000), 286.
2. O. Theodore Benfey, "August Kekulé and the Birth of the Structural Theory of Organic Chemistry in 1858," *Journal of Chemical Education* 35 (1958): 21–23; 22.
3. Salvador Dalí, *50 Secrets of Magic Craftsmanship*, trans. Haakon M. Chevalier (New York: Dover Press, 1992), 36–38.
4. Deirdre Barrett, *The Committee of Sleep* (New York: Crown, 2001); D. Barrett, "Dreams and Creative Problem-Solving," *Annals of the New York Academy of Sciences* 1406 (2017): 64–67.
5. Robert E. Franken, *Human Motivation* (Pacific Grove, CA: Brooks/Cole, 1994), 396.
6. Mihaly Csikszentmihalyi, *Creativity: Flow and the Psychology of Discovery and Invention* (New York: HarperCollins, 1996), 28.
7. Csikszentmihalyi, *Creativity*, 28.
8. Engineering Dreams Workshop, MIT, Cambridge, MA, January 28–29, 2019.

第 12 章　梦境工作

1. Clara E. Hill, *Working with Dreams in Therapy: Facilitating Exploration, Insight, and Action* (Washington, DC: American Psychological Association, 2003).
2. Clara E. Hill and Patricia Spangler, "Dreams and Psychotherapy," in *The New Science of Dreaming: Volume 2—Content, Recall, and Personality Correlates*, ed. Deirdre Barrett and Patrick McNamara (Westport, CT: Praeger/Greenwood, 2007), 159–86.
3. N. Pesant and A. Zadra, "Working with Dreams in Therapy: What Do We Know and What Should We Do?" *Clinical Psychology Review* 24 (2004): 489–512; C. L. Edwards, P. M. Ruby, J. E. Malinowski, P. D. Ben-

nett, and M. T. Blagrove, "Dreaming and Insight," *Frontiers in Psychology* 4 (2013): 979, https://doi.org/ 10.3389/fpsyg.2013.00979.

4. Montague Ullman, *Appreciating Dreams: A Group Approach* (Thousand Oaks, CA: Sage, 1996).

5. C. L. Edwards, J. E. Malinowski, S. L. McGee, P. D. Bennett, P. M. Ruby, and M. T. Blagrove, "Comparing Personal Insight Gains Due to Consideration of a Recent Dream and Consideration of a Recent Event Using the Ullman and Schredl Dream Group Methods," *Frontiers in Psychology* 6 (2015): 831, https://doi.org/10.3389/fpsyg.2015.00831.

6. R. J. Brown and D. C. Donderi, "Dream Content and Self-Reported Well-being among Recurrent Dreamers, Past-Recurrent Dreamers, and Nonrecurrent Dreamers," *Journal of Personality & Social Psychology* 50 (1986): 612–23.

第 13 章　夜半魍魉

1. M. J. Fosse, R. Fosse, J. A. Hobson, and R. J. Stickgold, "Dreaming and Episodic Memory: A Functional Dissociation?" *Journal of Cognitive Neuroscience* 15 (2003): 1–9.

2. T. A. Mellman, A. Kumar, R. Kulick-Bell, M. Kumar, and B. Nolan, "Nocturnal/Daytime Urine Noradrenergic Measures and Sleep in Combat-Related PTSD," *Biological Psychiatry* 38 (1995): 174–79.

3. M. A. Raskind, D. J. Dobie, E. D. Kanter, E. C. Petrie, C. E. Thompson, and E. R. Peskind, "The Alpha1-adrenergic Antagonist Prazosin Ameliorates Combat Trauma Nightmares in Veterans with Posttraumatic Stress Disorder: A Report of 4 Cases," *Journal of Clinical Psychiatry* 61 (2000): 129–33.

4. Ernest Hartmann, *Boundaries in the Mind: A New Psychology of Personality* (New York: Basic Books, 1991).

5. C. Hublin, J. Kaprio, M. Partinen, and M. Koskenvuo, "Nightmares: Familial Aggregation and Association with Psychiatric Disorders in a Nationwide Twin Cohort," *American Journal of Medical Genetics* 88 (1999): 329–36.

6. B. Krakow and A. Zadra, "Clinical Management of Chronic Nightmares: Imagery Rehearsal Therapy," *Behavioral Sleep Medicine* 4 (2006): 45–70.

7. T. I. Morgenthaler, S. Auerbach, K. R. Casey, D. Kristo, R. Maganti,

K. Ramar, R. Zak, and R. Kartje, "Position Paper for the Treatment of Nightmare Disorder in Adults: An American Academy of Sleep Medicine Position Paper," *Journal of Clinical Sleep Medicine* 14 (2018): 1041–55.

8. A. Germain, B. Krakow, B. Faucher, A. Zadra, T. Nielsen, M. Hollifield, T. D. Warner, and M. Koss, "Increased Mastery Elements Associated with Imagery Rehearsal Treatment for Nightmares in Sexual Assault Survivors with PTSD," *Dreaming* 14 (2004): 195–206.

9. E. Olunu, R. Kimo, E. O. Onigbinde, M. U. Akpanobong, I. E. Enang, M. Osanakpo, I. T. Monday, D. A. Otohinoyi, and A. O. John Fakoya, "Sleep Paralysis: A Medical Condition with a Diverse Cultural Interpretation," *International Journal of Applied Basic Medical Research* 8 (2018): 137–42.

10. R. J. McNally and S. A. Clancy, "Sleep Paralysis, Sexual Abuse, and Space Alien Abduction," *Transcultural Psychiatry* 42 (2005): 113–22.

11. McNally and Clancy, "Sleep Paralysis, Sexual Abuse, and Space Alien Abduction," 116.

12. C. H. Schenck, S. R. Bundlie, A. L. Patterson, and M. W. Mahowald, "Rapid Eye Movement Sleep Behavior Disorder: A Treatable Parasomnia Affecting Older Adults," *Journal of the American Medical Association* 257 (1987): 1786–89.

13. Y. Dauvilliers, C. H. Schenck, R. B. Postuma, A. Iranzo, P. H. Luppi, G. Plazzi, J. Montplaisir, and B. Boeve, "REM Sleep Behaviour Disorder," *Nature Reviews Disease Primers* 4 (2018): 19.

14. R. Broughton, R. Billings, R. Cartwright, D. Doucette, J. Edmeads, M. Edwardh, F. Ervin, B. Orchard, R. Hill, and G. Turrell, "Homicidal Somnambulism: A Case Report," *Sleep* 17 (1994): 253–64.

15. A. Zadra, A. Desautels, D. Petit, and J. Montplaisir, "Somnambulism: Clinical Aspects and Pathophysiological Hypotheses," *Lancet Neurology* 12 (2013): 285–94.

16. M. E. Desjardins, J. Carrier, J. M. Lina, M. Fortin, N. Gosselin, J. Montplaisir, and A. Zadra, "EEG Functional Connectivity Prior to Sleepwalking: Evidence of Interplay between Sleep and Wakefulness," *Sleep* 40 (2017): https://doi.org/10.1093/sleep/zsx024.

17. D. Oudiette, I. Constantinescu, L. Leclair-Visonneau, M. Vidailhet, S. Schwartz, and I. Arnulf, "Evidence for the Re-Enactment of a Recently Learned Behavior during Sleepwalking," *PLoS ONE* 6(3) (2011): e18056, https://doi.org/10.1371/journal.pone.001805.

18. C. H. Schenck and M. W. Mahowald, "A Disorder of Epic Dreaming

with Daytime Fatigue, Usually without Polysomnographic Abnormalities, That Predominantly Affects Women," *Sleep Research* 24 (1995): 137.

第 14 章　思绪清醒，脑却酣睡

1. A. Zadra and R. O. Pihl, "Lucid Dreaming as a Treatment for Recurrent Nightmares," *Psychotherapy and Psychosomatics* 66 (1997): 50–55.
2. Keith M. T. Hearne, "Lucid Dreams: An Electrophysiological and Psychological Study" (PhD diss., University of Liverpool, 1978).
3. Stephen LaBerge, "Lucid Dreaming: An Exploratory Study of Consciousness during Sleep" (PhD diss., Stanford University, 1980).
4. S. LaBerge, W. Greenleaf, and B. Kedzierski, "Physiological Responses to Dreamed Sexual Activity during Lucid REM Sleep," *Psychophysiology* 20 (1983): 454–55.
5. M. Dresler, S. P. Koch, R. Wehrle, V. I. Spoormaker, F. Holsboer, A. Steiger, P. G. Samann, H. Obrig, and M. Czisch, "Dreamed Movement Elicits Activation in the Sensorimotor Cortex," *Current Biology* 21 (2011): 1833–37.
6. B. Baird, S. A. Mota-Rolim, and M. Dresler, "The Cognitive Neuroscience of Lucid Dreaming," *Neuroscience & Biobehavioral Reviews* 100 (2019): 305–23.
7. B. Baird, A. Castelnovo, O. Gosseries, and G. Tononi, "Frequent Lucid Dreaming Associated with Increased Functional Connectivity between Frontopolar Cortex and Temporoparietal Association Areas," *Scientific Reports* 8 (2018): 17798, https://doi.org/10.1038/s41598-018-36190-w.
8. T. Stumbrys, D. Erlacher, and M. Schredl, "Testing the Involvement of the Prefrontal Cortex in Lucid Dreaming: A tDCS Study," *Consciousness and Cognition* 22 (2013): 1214–22.
9. U. Voss, R. Holzmann, A. Hobson, W. Paulus, J. Koppehele-Gossel, A. Klimke, and M. A. Nitsche, "Induction of Self Awareness in Dreams through Frontal Low Current Stimulation of Gamma Activity," *Nature Neuroscience* 17 (2014): 810–12.
10. S. LaBerge, K. LaMarca, and B. Baird, "Pre-sleep Treatment with Galantamine Stimulates Lucid Dreaming: A Double-Blind, Placebo-Controlled, Crossover Study," *PloS One* 13 (2018): e0201246.
11. S. A. Mota-Rolim, A. Pavlou, G. C. Nascimento, J. Fontenele-Araujo, and S. Ribeiro, "Portable Devices to Induce Lucid Dreams—Are They Reli-

able?" *Frontiers in Neuroscience* 13 (2019): 428, https://doi.org/10.3389/fnins.2019.00428.

12. T. Stumbrys, D. Erlacher, M. Schadlich, and M. Schredl, "Induction of Lucid Dreams: A Systematic Review of Evidence," *Consciousness and Cognition* 21 (2012): 1456–75.

13. P. Tholey, "Consciousness and Abilities of Dream Characters Observed during Lucid Dreaming," *Perceptual and Motor Skills* 68 (1989): 567–78.

14. T. Stumbrys, D. Erlacher, and S. Schmidt, "Lucid Dream Mathematics: An Explorative Online Study of Arithmetic Abilities of Dream Characters," *International Journal of Dream Research* 4 (2011): 35–40.

15. T. Stumbrys, "Lucid Nightmares: A Survey of Their Frequency, Features, and Factors in Lucid Dreamers," *Dreaming* 28 (2018): 193–204.

第 15 章　心灵感应与预知梦

1. Edmund Gurney, Frederic W. H. Myers, and Frank Podmore, *Phantasms of the Living*, 2 vols. (London: Trübner, 1886).

2. S. Freud, "Dreams and Telepathy," *International Journal of Psychoanalysis* 3 (1922): 283–305.

3. Freud, "Dreams and Telepathy," 283.

4. Gerhard Adler and Aniela Jaffé, eds., *C. G. Jung Letters, Vol. I* (Princeton, NJ: Princeton University Press, 1992).

5. C. G. Jung, "Practice of Psychotherapy," in *Collected Works of C. G. Jung, Vol. 16*, ed. Gerhard Adler and R.F.C. Hull (Princeton, NJ: Princeton University Press, 1982), 503.

6. S. Freud, "Additional Notes Upon Dream-Interpretation. (C) The Occult Significance of Dreams," *International Journal of Psycho-Analysis* 24 (1943): 73–75.

7. Freud, "Additional Notes Upon Dream-Interpretation," 74.

8. Freud, "Additional Notes Upon Dream-Interpretation," 75.

9. M. Ullman, "An Experimental Approach to Dreams and Telepathy. Methodology and Preliminary Findings," *Archives of General Psychiatry* 14 (1966): 605–13.

10. C. Smith, "Can Healthy, Young Adults Uncover Personal Details of Unknown Target Individuals in Their Dreams?" *Explore* 9 (2013): 17–25.

11. E. Cardena, "The Experimental Evidence for Parapsychological Phenom-

ena: A Review," *American Psychologist* 73 (2018): 663–77; 663.

12. A. S. Reber and J. E. Alcock, "Searching for the Impossible: Parapsychology's Elusive Quest," *American Psychologist* (2019): Advance online publication, https://dx.doi.org/10.1037/amp0000486.

13. Richard Panek, *The Trouble with Gravity: Solving the Mystery beneath Our Feet* (Boston: Houghton Mifflin Harcourt, 2019); Richard Panek, "Everything You Thought You Knew about Gravity Is Wrong," Outlook, *Washington Post*, August 2, 2019, https://www.washingtonpost.com/outlook/everything-you-thought-you-knew-about-gravity-is-wrong/2019/08/01/627f3696-a723-11e9-a3a6-ab670962db05_story.html.

后记　我们知道的，我们不知道的

1. T. A. Nielsen and A. Germain, "Publication Patterns in Dream Research: Trends in the Medical and Psychological Literatures," *Dreaming* 8 (1998): 47–58.

2. A. Zadra, T. A. Nielsen, A. Germain, G. Lavigne, and D. C. Donderi, "The Nature and Prevalence of Pain in Dreams," *Pain Research and Management* 3 (1998): 155–61.

3. A. E. Commar, J. M. Cressy, and M. Letch, "Sleep Dreams of Sex among Traumatic Paraplegics and Quadriplegics," *Sexuality and Disability* 6 (1983): 25–29.

脑 与 认 知

《重塑大脑，重塑人生》

作者：[美]诺曼·道伊奇 译者：洪兰

神经可塑性领域的经典科普作品，讲述该领域科学家及患者有趣迷人的奇迹故事。

作者是四次获得加拿大国家杂志写作金奖、奥利弗·萨克斯之后最会讲故事的科学作家道伊奇博士。

果壳网创始人姬十三强力推荐，《最强大脑》科学评审魏坤琳、安人心智董事长阳志平倾情作序

《具身认知：身体如何影响思维和行为》

作者：[美]西恩·贝洛克 译者：李盼

还以为是头脑在操纵身体？原来，你的身体也对头脑有巨大影响！这就是有趣又有用的"具身认知"！

一流脑科学专家、芝加哥大学心理学系教授西恩·贝洛克教你全面开发使用自己的身体和周围环境。

提升思维、促进学习、改善记忆、激发创造力、改善情绪、做出更好决策、理解他人、帮助孩子开发大脑

《元认知：改变大脑的顽固思维》

作者：[美]大卫·迪绍夫 译者：陈舒

元认知是一种人类独有的思维能力，帮助你从问题中抽离出来，以旁观者的角度重新审视事件本身，问题往往迎刃而解。

每个人的元认知能力也是不同的，这影响了学习效率、人际关系、工作成绩等。

通过本书中提供的心理学知识和自助技巧，你可以获得高水平的元认知能力

《大脑是台时光机》

作者：[美]迪恩·博南诺 译者：闫佳

关于时间感知的脑洞大开之作，横跨神经科学、心理学、哲学、数学、物理、生物等领域，打开你对世界的崭新认知。神经现实、酷炫脑、远读重洋、科幻世界、未来事务管理局、赛凡科幻空间、国家天文台屈艳博士联袂推荐

《思维转变：社交网络、游戏、搜索引擎如何影响大脑认知》

作者：[英]苏珊·格林菲尔德 译者：张璐

数字技术如何影响我们的大脑和心智？怎样才能驾驭它们，而非成为它们的奴隶？很少有人能够像本书作者一样，从神经科学家的视角出发，给出一份兼具科学和智慧洞见的答案

更多>>>

《潜入大脑：认知与思维升级的100个奥秘》 作者：[英]汤姆·斯塔福德 等 译者：陈能顺
《上脑与下脑：找到你的认知模式》 作者：[美]斯蒂芬·M.科斯林 等 译者：方一雲
《唤醒大脑：神经可塑性如何帮助大脑自我疗愈》 作者：[美]诺曼·道伊奇 译者：闫佳